侏罗系宝塔山砂岩
高承压强富水特征与疏降技术

吕玉广 赵宝峰 肖庆华 管彦太 张 勇／著

Zhuluoxi Baotashan Shayan

Gaochengya Qiangfushui Tezheng yu Shujiang Jishu

中国矿业大学出版社
·徐州·

内 容 提 要

本书以新上海一号煤矿底板宝塔山砂岩含水层作为研究对象，以采矿学、水文地质学、水文地球化学、地下水动力学、沉积学、构造地质学等学科为基础，采用现场试验、数值模拟、室内分析等手段，系统地对井田内宝塔山砂岩含水层的地质和水文地质条件进行了探查，获取了含水层的水文地质参数，分析了含水层的微观结构，探查了断层的含（导）水性，预测了 18 煤层底板破坏深度，对 18 煤层首采区受底板砂岩水害的威胁程度进行了定量评价，最终提出了有针对性的底板砂岩水害防控措施。

本书可供相关专业的研究人员借鉴、参考，也可供广大教师教学和学生学习使用。

图书在版编目(CIP)数据

侏罗系宝塔山砂岩高承压强富水特征与疏降技术/吕玉广等著.—徐州：中国矿业大学出版社，2022.1

ISBN 978-7-5646-5136-7

Ⅰ.①侏… Ⅱ.①吕… Ⅲ.①砂岩—x 含水层—研究—延安 Ⅳ.①TD163

中国版本图书馆 CIP 数据核字(2021)第 201303 号

书　　名	侏罗系宝塔山砂岩高承压强富水特征与疏降技术
著　　者	吕玉广　赵宝峰　肖庆华　管彦太　张　勇
责任编辑	何晓明
出版发行	中国矿业大学出版社有限责任公司 （江苏省徐州市解放南路　邮编 221008）
营销热线	(0516)83884103　83885105
出版服务	(0516)83995789　83884920
网　　址	http://www.cumtp.com　**E-mail**:cumtpvip@cumtp.com
印　　刷	苏州市古得堡数码印刷有限公司
开　　本	787 mm×1092 mm　1/16　**印张** 16.75　**字数** 300 千字
版次印次	2022 年 1 月第 1 版　2022 年 1 月第 1 次印刷
定　　价	68.00 元

前　言

我国煤炭资源较为丰富，是我国最主要的能源。煤炭资源的可持续开发不仅涉及我国能源可持续发展问题，同时事关我国未来能源安全、生态安全和社会经济发展。位于我国中部的鄂尔多斯盆地建设有宁东、黄陇、陕北和神东等4个大型煤炭生产基地，其中侏罗系延安组煤炭资源主要受到顶板水害的影响和威胁。

以往侏罗系煤田水害防治主要集中在顶板水害形成机理、风险性评价和防控技术等方面，随着许多矿井开采水平不断向深部延伸，底板砂岩水害逐渐成为威胁侏罗系煤田煤炭资源开发不可忽视的问题。内蒙古上海庙矿业有限责任公司新上海一号煤矿一分区胶带暗斜井在下山掘进至20煤层底板以下时，发生了底板突水，初始水量约为1 500 m^3/h，峰值水量约为3 600 m^3/h，根据对突水过程和暗斜井水文地质条件分析，判断水源为底板宝塔山砂岩含水层，为一起典型的底板砂岩水害。宁东煤田部分矿井也发生了不同程度的底板砂岩水害。

由于在煤炭资源勘探时施工的钻孔终孔位置位于含煤地层最下部煤层以下10～20 m，一般揭露含煤地层底部的砂岩含水层厚度较小，有些区域甚至尚未揭露此含水层，导致对煤层底板砂岩含水层水文地质条件认识不足，无法制定相应的底板砂岩水害防治措施。新上海一号煤矿面临的底板砂岩水害较为严重，主要表现在对底板砂岩含水层的勘探精度不够，含水层的地质和水文地质条件尚未掌握，底板砂岩含水层与煤系间含水层及煤层顶板砂岩含水层是否具有水力联系不清，无法客观评价下组煤开采受底板砂岩水害的威胁程度，缺乏有效的底板砂岩水害的防控技术。

本书针对以上问题，以新上海一号煤矿底板宝塔山砂岩含水层作为研究对象，以采矿学、水文地质学、水文地球化学、地下水动力学、沉积学、构造地质学等学科为基础，采用现场试验、数值模拟、室内分析等手段，系统地对井田内宝塔山砂岩含水层的地质和水文地质条件进行了探查，获取了含水层的水文地质参数，分析了含水层的微观结构，探查了断层的含(导)水性，预测了18煤层底板破坏深度，对18煤层首采区受底板砂岩水害的威胁程度进行了定量评价，最终提出了有针对性的底板砂岩水害防控措施。

全书共10章，第1、2章由肖庆华撰写，第3章由管彦太撰写，第4章由张勇撰写，第5～7章由吕玉广撰写，第8～10章由赵宝峰撰写。

本书的相关研究工作得到了李德彬、韩港、吕文彬、贾东秀、胡发仑、孙国等的大力支持和帮助。同时，对书中引用文献的作者表示诚挚的感谢！

由于水平有限，书中难免存在疏漏与不妥之处，恳请广大读者不吝赐教。

著　者

2021年9月

目　　录

第1章 绪 论

1.1 研究背景

煤炭是我国重要的基础能源，2020年在一次性能源消费中占57%左右，这种比例在今后相当长时间内不会有根本性的改变。西北侏罗纪煤炭资源储量达3.46×10^{12} t以上，占全国煤炭资源总量的62.3%左右[1]。随着我国煤炭生产重点的西移，侏罗纪煤炭资源开发在国民经济发展中具有重要的战略地位[2]。这一区域主要开采煤层的上覆地层中广泛发育有砂岩裂隙和第四系松散含水层，受顶板水害威胁严重[3]。近些年来围绕顶板水害条件探查与分析[4-6]、水害形成机理[7-10]、综合防控技术[11-14]等方面开展了大量研究，取得了丰硕的成果，保障了受顶板水害威胁工作面的安全生产。

随着侏罗纪煤田开拓水平逐步向深部延伸，一种新型的水害开始引起人们的关注——底板砂岩水害。神东矿区布尔台矿22201工作面回风巷掘进时，揭露E_{91}封闭不良钻孔导通22煤层底板煤系地层底界延安组与三叠系顶界延长组之间的粗砂岩含水层，单孔涌水量达70 m^3/h，水压为0.22 MPa[15]；宁东煤田鸳鸯湖矿区某矿6煤层和10煤层工作面两次揭露同一个封闭不良钻孔，导通底板宝塔山砂岩含水层，涌水量分别为25 m^3/h和31 m^3/h，18煤层首采工作面机巷施工过程中发生底板涌水，涌水量为60 m^3/h，水压为0.25 MPa；碎石井矿区某矿风井掘进揭露封闭不良钻孔发生集中涌水，底板涌水量达120 m^3/h。

2015年11月25日早8时左右，一分区胶带暗斜井穿层下山掘进至20煤层底板以下(+746 m水平)，施工躲避硐室时发现迎头出现底鼓，随后发生出水，出水集中，水压大。据水位上升速度，估计初始水量有1 500 m^3/h左右。至11月26日早8时，在24 h内平均出水量约3 600 m^3/h，最终造成淹井。根据一分区胶带暗斜井突水时所掌握的矿井水文地质资料，井田范围内主要含水层富水性为弱至中等，不具备造成一分区胶带暗斜井突水的条件，由于突水位置为巷道底板，并且对井田延安组底部宝塔山砂岩含水层掌握的水文地质资料较少，需要针对宝塔山砂岩含水层开展水文地质条件探查和分析。

以上实例说明鄂尔多斯盆地侏罗纪煤田延安组底部宝塔山砂岩含水层水文地质条件较复杂，当封闭不良钻孔或巷道揭露含水层后，往往会造成底板集中涌水。以往认为延安组含煤岩系含水层富水性和渗透性较差，特别是底部的砂岩含水层厚度较薄，对煤层开采的影响和威胁程度较小，从而忽视了对其水文地质条件的探查及采取相应的防治水措施，造成了底板砂岩水害事故的发生。本书以鄂尔多斯盆地西部新上海一号煤矿胶带暗斜井掘进过程中发生的底板砂岩水害为例，首次针对侏罗纪煤田煤层底板砂岩含水层水文地质条件开展系统研究，通过实施专项水文地质补充勘探、大流量大降深放水试验和水化学分析等，查明了底板砂岩含水层水文地质条件，总结了底板砂岩水害特征，并提出了具体的防治措施。

1.2 研究现状

1.2.1 宝塔山砂岩研究现状

宝塔山砂岩位于侏罗系延安组底部，岩性为灰白色、肉红色含砾粗砂岩，是延安组与下伏地层区分的标志层。国内外针对直罗组砂岩和延安组砂岩的研究较多，包括砂体沉积相、煤岩层划分、砂岩特征等方面。

目前，对于鄂尔多斯盆地直罗组砂岩的研究已经较为成熟。贾立城等[16]分析了鄂尔多斯盆地内直罗组砂体的物性变化规律，指出较低的渗透性成为制约盆地南部某些地区成矿的不利因素，深入讨论了成岩作用对该区的直罗组砂岩起控制作用，为下一步铀成矿预测提供了依据。邢秀娟等[17]通过鄂尔多斯盆地南部店头地区含矿砂岩的普通薄片观察、薄片染色、阴极发光、扫描电镜及能谱分析、电子探针、全岩及黏土矿物 X 射线衍射、流体包裹体等分析，对研究区直罗组含矿砂岩成岩作用进行了较全面的研究，探讨了成岩演化与铀成矿的关系。吴兆剑[18]对鄂尔多斯盆地东北部 8 个钻孔的 24 个未或低蚀变的直罗组砂岩样品进行了岩石学和地球化学研究，认为直罗组砂岩与华北北缘显生宙闪长岩-花岗闪长岩有着很强的亲缘性，并建立了铀成矿的地球化学模型。李宏涛等[19]对鄂尔多斯盆地东胜地区中侏罗统直罗组砂岩中烃类包裹体进行镜下观察和描述，利用压碎抽提法对烃类包裹体进行色谱-质谱分析，并与白垩系油苗、三叠系油砂及源岩抽提物进行对比，探讨了其来源。

针对延安组砂岩的研究主要集中在储层特征、沉积环境分析及其对油藏控制作用等方面。唐建云等[20]通过岩石薄片、铸体薄片、物性、高压压汞、阴极发光、扫描电镜及 X 射线衍射等测试手段，对定边地区延 9 砂岩储层作用进行了研究。孟康等[21]通过岩心观察、薄片鉴定、扫描电镜观察等手段研究了马岭油田侏罗系延安组储层特征及其控制因素。郭正权等[22]通过对下侏罗统延安组延10油层组和富县组地层等厚线图及延长组顶面起伏图的编绘，基本恢复了前侏罗纪古地貌形态。潘星等[23]通过岩心观察和各类薄片显微镜下鉴定统计，综合X射线衍射、荧光、物性和压汞等多种测试手段，对殷家城-合道地区延安组三角洲平原砂岩差异成岩演化及其对储层分类的控制作用进行了研究。刘昊娟等[24]根据储层岩性和实测物性资料，结合铸体薄片、压汞、扫描电镜等手段反映出的孔隙结构特征，从宏观和微观两个角度研究了志丹延安组下部储层特征与物性影响因素。

由以上文献可以看出，基于油气田勘探和开发的需要，针对侏罗系直罗组和延安组砂岩的相关研究较多，但是针对延安组底部宝塔山砂岩的相关研究较少，导致侏罗纪煤田底板砂岩水害的形成机理、水文地质条件及防治技术缺乏基础资料。

1.2.2 放水试验研究现状

放水试验是利用井下放水钻孔标高低于地下水水位标高的有利条件，让地下水自由沿钻孔流出，同时观测其流量与观测孔水位变化情况的水文地质试验方法。20世纪50年代，峰峰矿区和淄博夏庄矿就开始应用井下放水试验疏降薄层灰岩含水层，后期多个矿区的矿井采用放水试验开展了对煤层底板薄层灰岩水文地质条件的探查。

吴基文等[25]在放水试验过程中通过对水质的监测，判定桃园煤矿北八采区太灰含水层与奥灰含水层存在水力联系，并且太灰含水层接受奥灰含水层的补给。王赫生等[26]通过大型干扰井群放水试验，查明了安徽淮北某矿6煤层底板太灰含水层的富水性、补径排条件及其与奥灰含水层的水力联系，并且利用FEFLOW软件模拟了太灰含水层地下水的流场演化规律。高家平等[27]利用3个阶段4个落程的放水试验探查了城郊煤矿太灰含水层的水文地质条件，通过水化学分析，认为太灰含水层具有受到奥灰含水层补给的可能，并制定了相应的防治水措施。杨小刚等[28]通过放水试验建立了岱庄煤矿的水文地质概念模型，以天然条件下岩溶水系统的水文地质条件进行参数识别，以放水孔关闭以后的水位恢复资料进行参数校正，建立了有限元数学模型，对下组煤涌水量进行了预测。潘国营等[29]对平禹一矿寒灰含水层进行了3个落程的群孔放水试验，查明了寒灰含水层的富水性及连通性，评价了寒灰含水层疏放难易程度。田增林等[30]利用AquiferTest软件对灵新煤矿18煤层底板宝塔山砂岩含水层放水试验进行了参数求解，并结合标准曲线对比法、直线图解法和水位恢复法对水文地质参数进行了可靠性分析。邵红旗等[31]利用以柠条塔煤矿放水试验中水量衰减率、单位涌水量下的水位降深值及水位恢复速率为主要指标的分析方法，绘制了采区的含水层地下水初始流场图，提出了水文地质条件存在水平分区及垂向分段现象。赵宝峰等[32-33]通过麦垛山煤矿开展的2煤层顶板含水层放水试验，计算了含水层的水文地质参数，对含水层的可疏放性进行了评价。

1.2.3 底板水害防治研究现状

由于我国早期煤炭资源开发的重点主要集中在华北型煤田，关于底板灰岩含水层水害防治的理论与技术相关研究成果较多，这些研究成果有效指导了底板水害的防治，保障了华北型煤田资源的安全开发。

关于底板水害防治的相关理论与技术主要有“下三带”理论、薄板模型理论、强渗通道说、岩石应力关系说、关键层理论、“下四带”理论、五图双系数法、突水系数法等。荆自刚等[34]提出煤层开采后底板也像覆岩一样存在“三带”：破坏带（底板导水破坏带、矿压破坏带、采动底板破坏带）、阻水带（完整岩层带、保护带、有效隔水层带）、导升带（原始导升带、承压水导升带、隐伏水头带）。王作宇等[35]提出工作面在矿压和水压的联合作用下可划分为“三段”：超前压力压缩段、卸压膨胀段和采厚压力压缩-稳定段。张金才等[36]提出工作面底板岩体由采动导水裂隙带及底板隔水带组成。钱鸣高等[37]认为煤层底板在采动破坏带之下、含水层之上存在一层承载能力最高的岩层，称为关键层。施龙青等[38]将开采煤层底板自开采煤层底板的顶部到含水层之间划分为矿压破坏带、新增损伤带、原始损伤带和原始导高带。武强等[39]提出了针对底板水害威胁程度评价的五图双系数法和脆弱性指数法。目前，应用较为普及的主要还是煤科总院西安勘探分院（现中煤科工集团西安研究院有限公司）于20世纪60年代提出的突水系数法。对于底板水害治理主要包括疏水降压、帷幕注浆和底板改造。疏水降压指的是把承压含水层的水头值降到安全水头值以下，并制定安全措施；承压含水层的集中补给边界已经基本查清的情况下，可以预先进行帷幕注浆，截断水源，然后疏水降压开采；当承压含水层的补给水源充沛，不具备疏水降压和帷幕注浆的条件时，可以采用地面区域治理，或者局部注浆加固底板隔水层、改造含水层的方法[40]。

1.3 主要研究目标、研究内容

1.3.1 研究目标

本项目的研究目标包括获取宝塔山砂岩含水层的水文地质参数，查明其水文地质条件，掌握其物理特征与微观结构，评价宝塔山砂岩含水层的可疏放性，分析典型采区受底板宝塔山砂岩含水层的水害威胁程度，论证疏水降压方案的适用性，最终形成侏罗纪煤田宝塔山砂岩水害防治技术体系。

1.3.2 研究内容

侏罗纪煤田宝塔山砂岩含水层水文地质条件研究基础薄弱，煤层底板宝塔山砂岩水害具有隐蔽性强、突发性强、致灾性强等特点，是影响和威胁延安组下组煤的主要水害威胁。为了保障矿井的安全生产，本项目的研究内容包括以下几个方面：

（1）宝塔山砂岩含水层的水文地质参数。针对宝塔山砂岩含水层开展专项水文地质勘探，利用解析法和数值法等获取含水层的水文地质参数，包括导水系数、单位涌水量、影响半径等。

（2）宝塔山砂岩含水层的物理及微观特征。分析宝塔山砂岩含水层的矿物成分、微观结构特征、胶结类型、孔隙度、崩解特性等。

（3）宝塔山砂岩含水层的水文地质特征。查明宝塔山砂岩含水层在平面上的展布特征、与其他含水层之间的水力联系、水化学条件、补径排条件等。

（4）宝塔山砂岩含水层的可疏性。论证宝塔山砂岩含水层的可疏性，查明影响含水层可疏性的主要因素。

（5）宝塔山砂岩水害威胁程度的评价。基于宝塔山砂岩含水层地下水水位、底板隔水层厚度计算煤层的突水系数，评价煤层受宝塔山砂岩水害的威胁程度。

（6）宝塔山砂岩含水层的疏水降压技术。利用地下水流数值模型研究宝塔山砂岩含水层地下水水位对不同位置、不同疏放水量与不同疏放时间的响应，制订满足煤层安全开采的疏水降压方案。

1.4 研究方法

（1）理论分析。采用地下水动力学分析宝塔山砂岩含水层水文地质特征，采用突水系数论证煤层受宝塔山砂岩水害的威胁程度。

（2）现场试验。通过地面抽水试验和井下放水试验，探查宝塔山砂岩含水层水文地质条件，计算水文地质参数。

（3）室内试验。利用扫描电镜、X射线衍射、压汞试验、崩解试验对宝塔山砂岩进行物理特征及微观结构分析；利用水化学分析、3DEEM分析对地下水水化学特征进行研究。

（4）数值分析。采用地下水流数值模拟软件 Visual MODFLOW 对放水试验过程宝塔山砂岩含水层地下水流进行研究；采用 FLAC 3D 软件对工作面底板破坏深度进行分析。

1.5 研究成果

为了保障新上海一号煤矿18煤层一分区安全生产，在前期放水试验的基础上，对18煤层一分区底板宝塔山砂岩含水层的水文地质进行了分析，论证了受底板水害的威胁程度，对底板宝塔山砂岩含水层疏放水工程进行了设计，并利用数值模型对各疏放水方案的效果进行了研究。

(1) 根据宝塔山砂岩含水层抽水试验成果，含水层平均厚度为58.39 m，水位平均标高为+1 208.11 m，单位涌水量为0.461 3 L/(s·m)，渗透系数为0.827 0 m/d，是井田内富水性最强的含水层，也是威胁下组煤安全开采的主要含水层。

(2) 根据宝塔山砂岩含水层放水试验成果，通过采用配线法、AquiferTest软件和直线图解法对B_6、B_7、B_{44}和B_{45}钻孔的水文地质参数进行了计算，渗透系数为0.991～1.569 m/d。根据数值法对水文地质参数进行计算，渗透系数平均值为1.91 m/d；对F_2放水孔进行计算，单位涌水量为0.264 3 L/(s·m)。

(3) 18煤层一分区底板宝塔山砂岩含水层整体由西向东倾斜，为一单斜构造，含水层顶板标高为+649.26～+904.94 m，平均标高为+758.59 m。其中，西部含水层顶板最高点为B_{12}钻孔附近，东部含水层顶板最低点为B_7钻孔附近。18煤层一分区底板宝塔山砂岩含水层厚度整体由西北向东南逐渐变薄，厚度为42.18～81.00 m，平均厚度为63.14 m。其中，含水层厚度最大处为B_{44}钻孔附近，含水层厚度最小处为B_{47}钻孔附近。18煤层一分区内部及周边水文地质钻孔单位涌水量为0.037 7～1.070 9 L/(s·m)，平均单位涌水量为0.599 2 L/(s·m)。其中，单位涌水量最大为B_{44}钻孔，单位涌水量最小为B_{12}钻孔。

(4) 18煤层一分区底板宝塔山砂岩含水层整体上东北部富水性强、西南部富水性弱，其余区域富水性均为中等。一分区各工作面底板宝塔山砂岩含水层富水性以中等为主，只有121183工作面切眼附近底板宝塔山砂岩含水层富水性为弱。利用18煤层一分区内部及周边长观孔水位绘制宝塔山砂岩含水层地下水水位等值线图，从图中可以看出宝塔山砂岩含水层水位最高处位于B_{44}钻孔附近(+1 198.32 m)，水位最低处位于B_{47}钻孔附近(+1 171.62 m)，整体地下水由北向南径流。

(5) 根据地质勘探资料，通过1803孔对DF_{20}断层进行抽水试验，DF_{20}断层富水性弱；2013年水文地质补勘Z_{15}孔位于F'_2断层上，F'_2断层富水性中等；Z_9孔位于FD_5断层上，FD_5断层富水性中等；根据放水试验资料，DF_{20}和F_2断层为导水断层。

(6) 18煤层一分区工作面在推进过程中，底板破坏范围为“马鞍”状，破坏深度随工作面回采呈现出“快速增加→平缓增加→快速增加→趋于平缓”的特点，最大破坏深度基本稳定在 28.3 m。

(7) 18 煤层一分区工作面底板隔水层厚度为 27.36～72.21 m，平均值为 54.88 m，工作面底板最大破坏深度为 28.3 m，故工作面底板有效隔水层厚度为 0～43.91 m，平均值为 26.58 m。18 煤层一分区整体由西向东倾斜，地势西高东低，结合宝塔山砂岩含水层地下水水位分析，一分区工作面底板隔水层带压程度呈西低东高，隔水层带压 2.81～5.39 MPa，平均带压 4.29 MPa，整体带压程度较高。除了 121181 工作面切眼附近小范围区域突水系数小于 0.1 MPa/m，其余所有区域突水系数均大于 0.1 MPa/m，说明 18 煤层一分区所有工作面均存在底板突水的危险。

(8) 宝塔山砂岩含水层各水文地质钻孔降深与涌水量的比值均大于 10，说明宝塔山砂岩含水层易疏降。根据放水试验资料，随着放水量的增加，宝塔山砂岩含水层地下水降落漏斗中心降深、观测孔降深和扩散范围均有所增加，说明在加大放水量和增加放水孔的条件下，宝塔山砂岩含水层具有可疏性。

(9) 设计了 4 个宝塔山砂岩含水层疏放水钻场，每个钻场 2 个底板宝塔山砂岩含水层疏放水钻孔，后期可根据疏放水效果适当增加；所有疏放水钻孔倾角为 $-90°$，钻孔的终孔位置位于进入宝塔山砂岩含水层底板以下 5 m，钻孔采用三级套管。

(10) 对疏放水钻孔的参数、结构、技术要求、疏放水顺序、各钻场排水系统能力等做出了要求。

(11) 根据宝塔山砂岩含水层地下水流数值模型分析结果，在疏放区范围内设置 4 个疏放场，其中 1# 钻场为 4 个钻孔，单井放水量为 2 000 m^3/d；2#、3#、4# 钻场均设置 2 个钻孔，单井放水量为 3 000 m^3/d。

(12) 根据各疏放水方案，对宝塔山砂岩含水层水位降深情况及突水系数等值线图进行分析，一号和二号方案对宝塔山砂岩含水层的疏放效果不能满足要求，三号方案仅使局部区域宝塔山砂岩含水层水位满足要求，四号方案可以使大部分区域宝塔山砂岩含水层满足要求。

第2章 矿井概况

2.1 矿井基本情况

新上海一号煤矿隶属于内蒙古上海庙矿业有限责任公司，是上海庙能源化工基地及电厂的主力供煤矿井，位于内蒙古自治区鄂托克前旗境内，行政区划属鄂托克前旗上海庙镇。

新上海一号煤矿于2008年5月21日正式开工建设，矿井工业资源/储量为484.84 Mt，设计资源/储量为452.46 Mt，矿井设计可采储量为345.14 Mt。按4.00 Mt/a的规模、考虑1.4的储量备用系数计算，矿井服务年限为61.6年。全井田划分两个开采水平，一水平标高+880 m，开采2、$2_{下}$、5、8、15、16煤层；二水平标高+700 m，开采18、19、20、21煤层。矿井初期开采一水平的5、8、15、16煤层，采用一次采全高综合机械化开采，全部垮落法管理工作面顶板。

2.2 位置与交通

新上海一号煤矿位于内蒙古自治区鄂托克前旗境内，东距内蒙古自治区鄂托克前旗约74 km，西距银川市48 km。

井田呈南北条带状展布，交通位置如图2-1所示。根据国土资源部国土资划字〔2008〕78号文件对新上海一号煤矿矿区范围的批复，井田南北长约12.5 km，东西宽2.0～3.5 km，井田面积26.604 3 km^2。地理坐标：106°40′30″～106°43′00″E、38°16′30″～38°23′15″N。井田范围由11个拐点构成。

(1) 公路运输

鄂(托克前旗)—银(川)公路自东向西沿新上海一号煤矿井田南部边界横穿本区，可与银川—定边高速公路及包兰铁路相接，交通比较便利。

另根据规划，新上海一号煤矿井田西部边界规划一条重载运煤公路，届时本区的交通运输条件将更加方便。

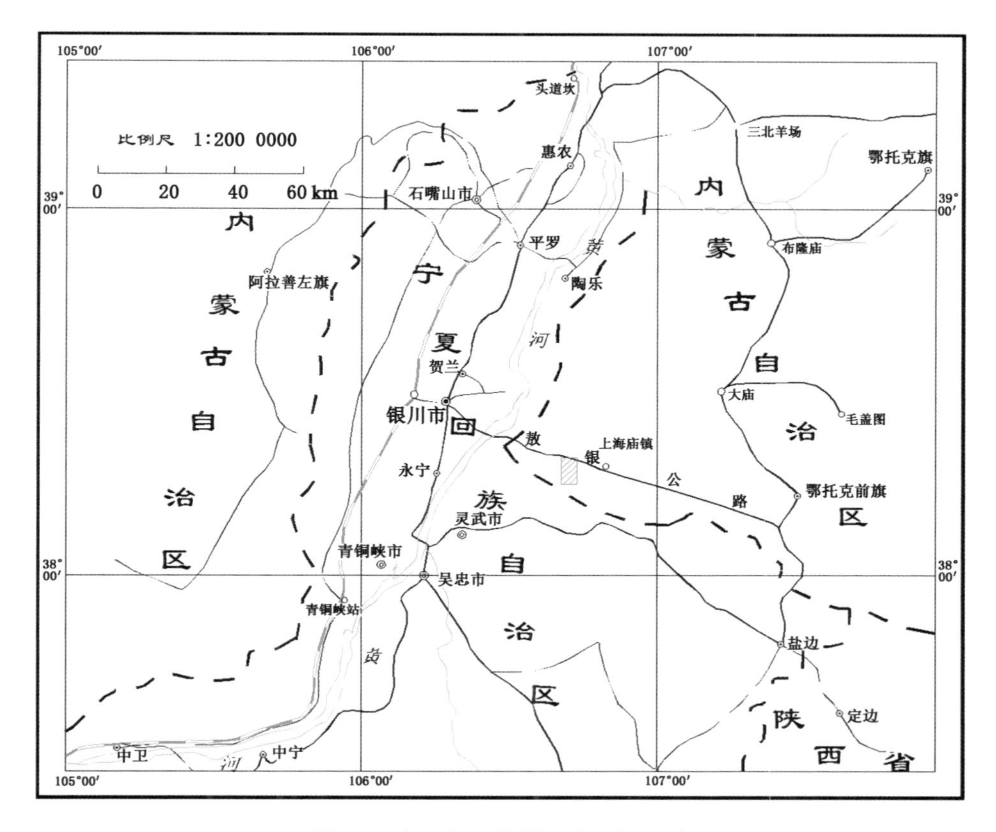

图 2-1 新上海一号煤矿交通位置图

(2) 铁路运输

太原—中卫—银川铁路从上海庙矿区南侧约 10 km 处的宁夏境内通过，在古窑子附近设有古窑子车站。东胜—乌海铁路从上海庙矿区北侧约 88 km 处的鄂托克旗境内通过，三北羊场车站距上海庙矿区较近。

上海庙矿区铁路专用线北接东乌铁路的三北羊场车站，经上海庙经济技术开发区后，交汇于太中银铁路上的古窑子车站，该铁路专用线已经建成通车。纵观全区，井田交通发达，煤炭外运便利。

2.3 地形地貌

新上海一号煤矿位于毛乌素沙漠西北边缘，井田内多为沙丘、低缓丘陵、草滩戈壁，地形呈缓波状起伏，海拔高度+1 298～+1 325 m，相对高差约 27 m。

2.4 水文气象

新上海一号煤矿井田内地表径流不发育，无常年河流及溪沟。

井田地处西北内陆地区，属半干旱半沙漠大陆性气候，四季分明，降水稀少，蒸发量大，昼夜温差大。年降水量最大为 299.1 mm，多在 150 mm 以内，年蒸发量 2 771 mm，降水集中在每年 6—9 月；最高气温 41.4 ℃(1953 年)，最低气温 −28.0 ℃(1954 年)，气候干热，昼夜温差大；风季多集中在春秋两季，最大风力达 8 级，一般为 4～5 级，多为北及西北风，春季沙尘暴天气出现频繁，尤以 3—5 月为甚；无霜期短，约在 5 月中旬至 9 月底，冰冻期多自每年 10 月至翌年 3 月下旬，最大冻土深度为 1.09 m(1968 年)，一般为 0.5～1.0 m。

第3章　地质概况

3.1　区域地层

本井田位于鄂尔多斯断块的西缘褶皱冲断带(图 3-1),区域褶皱及断裂发育,以断裂构造为主,地表及钻孔均未见岩浆岩,地层倾角平缓。

区域范围内新生界地层广泛分布,厚度不大,一般不超过 80 m。下伏基岩以中生界为主,详见表 3-1。

表 3-1 所列地层中,新上海一号井田未发现侏罗系的芬芳河组、安定组、富县组地层。

延安组为区域主要含煤地层,属河流-湖泊相沉积,含煤 13～29 层,可采及局部可采煤层 10～18 层,可采总厚一般在 20 m 左右。

鄂尔多斯盆地三叠纪晚期大面积沉陷,沉积了上三叠统的延长组陆相长石砂岩建造。印支运动使本区全部开始隆起,这次运动以褶皱作用为主,形成中、下侏罗系,普遍地不整合于三叠系地层之上。至侏罗纪开始,地壳下降,沉积区扩大,剥蚀区缩小,气候温湿,大量植物衍生,形成聚煤条件,特别是延安组中段沉积时期,河流洪积平原及湖泊三角洲环境的广泛出现,为煤层的形成与发育提供了良好条件,聚煤作用最为强烈。侏罗系直罗组沉积早期,河流广泛发育,以七里镇砂岩为代表的低弯河流相沉积遍布全区,后期则以湖相为主。侏罗纪末期的燕山运动使本区发生褶皱,同时产生逆断层和横断层,由于升降运动,白垩系和侏罗系地层多呈不整合接触。早白垩世阶段鄂尔多斯盆地又开始下降沉积,主要为河流相沉积,砾岩普遍出现。

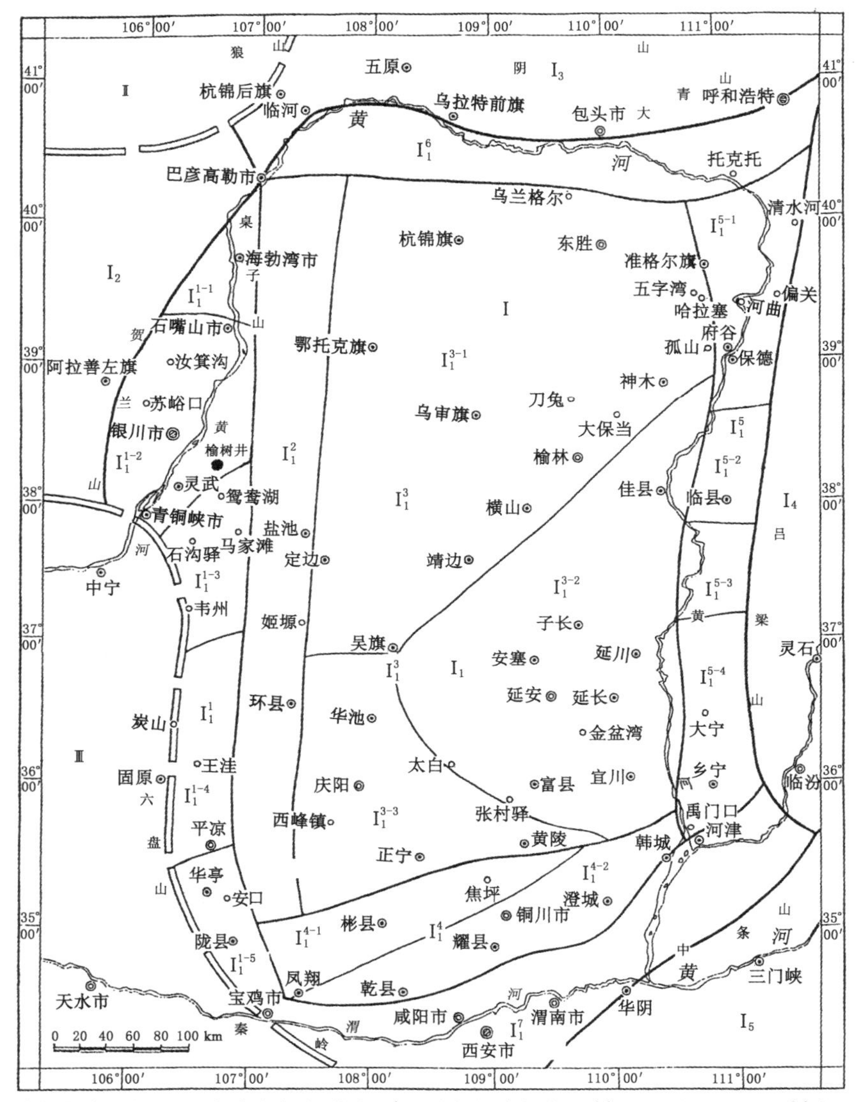

Ⅰ—中朝大陆板块：Ⅰ$_1$ 鄂尔多斯断块，其中Ⅰ$_1^1$ 西缘褶皱冲断带，Ⅰ$_1^{1-1}$ 乌达-桌子山段、Ⅰ$_1^{1-2}$ 贺兰山-横山堡段、Ⅰ$_1^{1-3}$ 马家滩-甜水堡段、Ⅰ$_1^{1-4}$ 沙井子-平凉段、Ⅰ$_1^{1-5}$ 华亭-陇县段，Ⅰ$_1^2$ 天环坳陷，Ⅰ$_1^3$ 伊陕单斜区，其中Ⅰ$_1^{3-1}$ 东胜-靖边单斜、Ⅰ$_1^{3-2}$ 延安单斜、Ⅰ$_1^{3-3}$ 庆阳单斜，Ⅰ$_1^4$ 渭北断隆区，其中Ⅰ$_1^{4-1}$ 彬县-黄陵坳褶带、Ⅰ$_1^{4-2}$ 铜川-韩城断褶带，Ⅰ$_1^5$ 河东断褶带，其中Ⅰ$_1^{5-1}$ 准格尔-兴县段、Ⅰ$_1^{5-2}$ 兴县-临县段、Ⅰ$_1^{5-3}$ 离石-吴堡段、Ⅰ$_1^{5-4}$ 石楼-乡宁段，Ⅰ$_1^6$ 乌拉山-呼和浩特断陷，Ⅰ$_1^7$ 汾渭断陷；Ⅰ$_2$ 阿拉善断块；Ⅰ$_3$ 阴山断块；Ⅰ$_4$ 山西断块；Ⅰ$_5$ 豫皖断块。Ⅱ—兴蒙褶皱带。Ⅲ—秦祁褶皱带。

图 3-1　鄂尔多斯盆地构造分区图

表 3-1 鄂尔多斯西缘地层表

地层时代		组	岩性描述
白垩纪（K）	早白垩世（K_1）	志丹群	下部为紫红色、杂色陆相沉积的砂岩及砾岩；上部为湖泊相砂质泥岩及泥岩，区域厚度140～1 100 m
侏罗纪（J）	晚侏罗世（J_3）	芬芳河组	局部地区发育，棕红色、紫灰色块状砾岩及钙质粉砂岩、钙质泥岩
	中侏罗世（J_2）	安定组	杂色泥岩、白色中细粒砂岩，厚度 100 m
		直罗组	杂色（黄绿、灰绿、紫灰、暗紫）中粗粒砂岩及少量砾岩，河流-湖泊相碎屑沉积岩。308～598 m，最厚可达 669 m，底部为七里镇砂岩
		延安组	灰白色砂岩、深灰色泥岩及煤，主要含煤地层。上、下段岩性粗，煤层厚度大；中部岩性细，煤层多而薄，含瓣鳃类化石；底部为宝塔山砂岩。本组厚度 270～420 m
	早侏罗世（J_1）	富县组	残积相-湖泊相零星沉积于三叠系风化面之上，厚度数十米，无长石、黑云母等不稳定矿物，以红色、紫杂色的碎屑岩为主
三叠纪（T）	晚三叠世（T_3）	延长组	灰绿色河湖相沉积的碎屑岩，无紫杂色，厚度1 280～1 760 m，夹泥灰岩

3.2 区域构造

本井田外围大的区域断裂构造主要有两条，分别为新上海一号井田西侧外围的沙葱沟正断层和东侧外围的马柳逆断层，对本区煤系地层及煤层赋存和展布起到控制作用。沙葱沟断层为区域深大断裂，在井田西南侧的灵武布东侧断层走向 N47°E，倾向东南，倾角 70°，断距大于 1 500 m，下盘赋存石炭-二叠纪煤田，为横城矿区；上盘为侏罗系煤田，属碎石井矿区，断层向北东延展，穿过明长城进入内蒙古境内，断层走向折为近南北向，在新上海一号井田西侧外围穿过，断层延展长度大于 40 km。马柳断层为一级主干逆断层带，走向北北东，倾向西，倾角 50°～70°，断距大于 10 km，延展长度超过 60 km，控制了煤田的分布。

区域范围内呈现典型的逆冲推覆构造特征，构造线总体方向为近南北向，断裂、褶皱相伴而生，断面东倾，向西逆冲为主干断裂，如锁草台逆断层延展长度超过 20 km，垂直断距大于 500 m。主干断裂东侧发育与之平行的次级逆断层，在剖面上构成 Y 形，中国煤田地质总局编著的《鄂尔多斯盆地聚煤规律及煤炭资源评价》一书中将此命名为“逆地垒组合”。总体分析，马家滩-柳条井断裂属于本区推覆系统的前缘带。

3.3 井田地层

新上海一号煤矿井田内钻孔揭露地层主要有三叠系延长组（T_3y），侏罗系延安组（J_2y）、直罗组（J_2z），白垩系志丹群（K_1zd），第三系（E）及第四系（Q），如图 3-2 所示。其中，含煤地层为侏罗系延安组；盖层为白垩系、第三系及第四系；三叠系延长群为侏罗系含煤岩系的基底。现由老至新分述如下。

（1）三叠系延长组（T_3y）

该组地层区域上连续分布，属大型内陆湖泊型碎屑岩沉积建造。新上海一号井田内钻孔揭露地层埋深 215.86～780.95 m，西浅东深；钻孔最大揭露厚度为 497.10 m。岩性以粉红色、黄绿色、灰绿色中粗粒砂岩为主，夹灰、深灰色粉砂岩及泥岩，具交错层理、波状层理等，顶部为一古侵蚀面，上覆侏罗系地层，两者呈假整合接触。

（2）侏罗系（J）

总体为一套河流-湖泊-湖泊三角洲相碎屑岩沉积建造，主要发育中侏罗系地层，自下而上依次为延安组和直罗组，其中延安组为煤系地层。

① 延安组（J_2y）

延安组为区域含煤地层。岩性组合为灰、灰白色砂岩，灰黑、黑色粉砂岩，泥岩夹煤层，碳质泥岩。新上海一号井田内本组地层地表没有出露，基本连续分布，F_2 断层以东因受其影响缺失，西部因剥蚀缺失中上部部分地层。钻孔穿见顶板深度 279.00～463.00 m，根据完整揭露的钻孔资料，本组地层厚度159.75～345.94 m，平均 288.29 m。地层总体上西浅东深、西薄东厚。

本组岩性上部为浅灰色、灰色泥质粉砂岩，富含植物化石，岩层为波状层理，产状平缓，近似水平，局部表现为水平层理和斜层理、交错层理，见可采煤层 1～3 层，夹多层煤线、碳质泥岩和泥炭，岩石较为坚硬；中部以灰色、灰黑色的细砂岩、粉砂岩、中粗砂岩为主，夹灰白色的泥质粉砂岩和薄层泥岩，岩石中多见菱铁

界	系	组	厚度/m	柱状图	煤层 编号	煤层 厚度/m	标志层	岩性描述
新生界	第四系		1.00～29.4 6.86	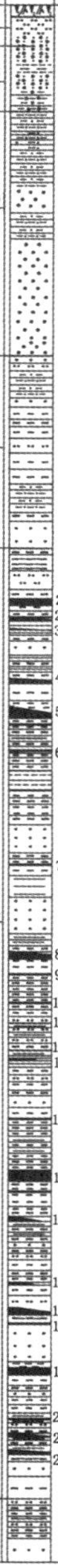				主要为风积砂、黄土，底部含砾石
	第三系		9.20～75.45 31.75					灰白色砾岩夹砖红色泥岩薄层，底部含砾石
中生界	白垩系		122.03～300.10 188.28					上部灰白色、褐黄色粗细粒砂岩，夹砾岩、粉砂岩；下部以灰白色砾岩为主，局部地段全部为砾岩
	侏罗系	直罗组	0～270.05 107.86				七里镇砂岩	主要为灰绿、紫红色粉砂岩、细砂岩、中砂岩及粗砂岩，粉砂岩与细砂岩或中砂岩互层，间隔出现巨厚层，局部夹泥岩或砂质泥岩，底部常见粗砂岩，俗称七里镇砂岩
		延安组	159.75～345.94 288.29		2	1.11～3.95 2.14	2煤层是厚度较大的上部煤层	上部：浅灰色中粒砂岩与灰黑色泥岩、粉砂岩互层。下部：浅灰、灰黑色粉砂岩、中细粒砂岩，含煤屑及化石。底部为粗粒砂岩
					2下	0.45～2.50 1.51		
					3	0.38		
					4	0.64		
					5	2.95～6.25 4.34	5煤层是煤组下部的可采厚煤层，煤厚稳定	浅灰、深灰色细砂岩、粉砂岩互层，顶部夹泥岩、砂质泥岩，两个旋回底部有粗砂岩分布，岩石含炭屑、植物化石、黄铁矿结核。浅灰、灰黑色细砂岩、粉砂岩及泥岩含丰富的炭屑，植底部因距蚀源区远近、河床部位不同，粗、中、细粒砂岩分别发育，5煤层为主要可采煤层
					6	0.21		
					7	0.45	7煤层底板多为厚层粗粒砂岩	
					8	0.85～4.25 2.56	8煤层位于煤组中上部，厚度大，层位稳定	下部：灰色、深灰色、灰黑色粉砂岩与中粒砂岩、细砂岩互层，局部夹泥岩，8煤层为主要可采煤层
					9	0.98		
					10	0.72		
					11	0.47		
					12	0.46		
					13	0.81	15煤层顶板多为灰白色粗粒石英砂岩，厚度大，层位稳定，全区可采，下部距16煤层一般10 m左右	上部：浅灰色、灰黑色细粒砂岩与粉砂岩互层，局部夹泥岩、粗粒砂岩。中部：厚层粗砂岩，其余为粉砂岩与细砂岩、中粒砂岩互层，局部夹煤线。下部：浅灰、深灰色细砂岩与粉砂岩互层，局部夹泥岩
					14	0.29		
					15	2.98～4.95 3.89		
					16	0.30～3.70 1.77	18煤层顶板标志层为灰白色细粗粒石英砂岩，含细砾。18煤层厚度较大，层位稳定	
					17	0.74		上部：浅灰、深灰、灰黑色中粒砂岩、细砂岩、粉砂岩互层。下部：浅灰、灰黑色细砂与粉砂岩、中粒砂岩、粗砂岩互层，18煤层为主要可采煤层，19、20、21煤层为可采煤层
					18	0.50～5.29 2.45		
					18下	0.73		
					19	0.40～4.35 2.28		
					20上	0.35	20、21煤层，层位稳定，为可采煤层	
					20	0.29～5.07 1.49		21煤层直接底板为宝塔山砂岩，岩性为灰白色及肉红色含砾粗砂岩，砂岩结构疏松，固结程度差，孔隙发育
					21	0.25～6.64 1.98		
							宝塔山砂岩	
	三叠系	延长组	＞522.03					灰绿色、浅灰色细砂岩与中粒砂岩、粉砂岩互层

图 3-2 新上海一号煤矿井田地层综合柱状图

矿结核，见可采煤层 1～7 层；下部为褐色、褐黄色等杂色薄层泥岩、泥质粉砂岩；底部以灰白色的细、中粗粒砂岩与基底呈假整合接触。新上海一号井田见可采煤层 3～5 层，具波状层理、水平层理、交错层理，属河流-湖泊三角洲沉积。该组底部有宝塔山砂岩作为标志，顶部以直罗组灰白色、局部杂褐色的七里镇砂岩相区分，顶底界线清晰、易于识别。

② 直罗组(J_2z)

直罗组为含煤岩系的上覆地层，由一套河湖相沉积的砂岩、粉砂岩、砂质泥岩组成，颜色以灰绿、黄绿、蓝灰、灰褐色为特征。该组下部的底部层位俗称七里镇砂岩，为一灰白色厚层状、局部杂褐色及黄色的粗粒石英长石砂岩，含石英成分的小砾石。大部分地区为延安组含煤地层的直接顶板。新上海一号井田钻孔穿见本组厚度 0～270.05 m，平均 107.86 m。地层埋深西浅东深，厚度西薄东厚。

该组岩性上部为灰色、浅紫色、灰白色的泥质粉砂岩、细砂岩、粉砂岩夹泥岩薄层；中部为浅灰色、灰色、灰绿色的泥质粉砂岩夹泥岩薄层，具波状层理、水平层理；下部为灰白色、灰色的中粗砂岩与延安组相接触，岩石较为松软。与下伏延安组地层呈低角度不整合接触。

(3) 白垩系志丹群(K_1zd)

新上海一号井田本层厚度 122.03～300.10 m，平均 188.28 m。白垩系厚度较稳定，底界面形态平缓，与下伏直罗组地层呈角度不整合接触。

岩性上部为浅紫色、紫色、灰色、灰白色、灰绿色的泥质粉砂岩、泥岩，夹中粗砂岩、细砂岩、粉砂岩薄层，具波状层理、交错层理；下部为灰白色的砂砾岩，砾石成分主要为石英岩、砂岩，少量为花岗岩、灰岩及中基性岩。砾石直径 0.3～5 cm，次棱角状，泥质、钙质胶结，局部砾石周围黄铁矿富集，常见绿泥石化、高岭土化，有少量黑云母。

(4) 第三系(E)

新上海一号井田本层厚度 9.20～75.45 m，平均 31.75 m，岩性主要为紫色、浅紫色的泥岩。

(5) 第四系(Q)

新上海一号井田本层厚度 1.00～29.4 m，平均 6.86 m，由砂土、风成砂组成。

3.4 井田煤层

根据勘探地质报告，9、10、17、$18_下$ 煤层为局部可采煤层，分布规律性差，可采范围不连续，可采面积小，开采难度大，地质报告未计算其资源储量。2、$2_下$、5、8、15、16、18、19、20、21 煤层为全区可采或大部分可采煤层，煤层分布规律明显，可采面积大。未来三年矿井主采 8、15 煤层，煤层主要特征为：

8 煤层：位于延安组中部，属中含煤组上部煤层，上部与 5 煤层间距为 74.80～93.20 m，平均 78.45 m。煤层厚度 0.85～4.25 m，平均 2.69 m。煤层分布稳定，层状，倾向东，倾角 4°～11°，为缓倾斜中厚煤层，厚度总体上西薄东厚，南部稍薄、向北变厚。煤层结构简单，一般不含夹矸，局部含夹矸 0～2 层，夹矸 0.23～0.69 m，岩性为泥岩或泥质砂岩，为稳定煤层。煤层顶底板岩性主要为泥岩、泥质砂岩或粉砂岩，个别点为细粒砂岩或中粒砂岩。

15 煤层：位于延安组中部，属中含煤组下部煤层，上部与 8 煤层间距为 66.64～98.75 m，平均 76.56 m。煤层厚度 2.98～4.95 m，平均 3.92 m。煤层全区分布，分布稳定，层状，倾向东，倾角 3°～10°，仅 1901 钻孔附近为 29°，为缓倾斜厚煤层。煤层结构较简单，一般不含夹矸，局部含一层夹矸，夹矸厚度 0.14～0.30 m，岩性为粉砂岩或泥岩，局部为碳质泥岩，为稳定煤层。

3.5 井田构造

本井田主体构造形态为一向东倾伏的单斜构造，北部在此基础上发育有宽缓的次级褶曲，区内岩层较为平缓，除 1901 钻孔附近岩层倾角大于 20°外，一般岩层倾角为 3°～13°，除断层附近，基本无突然倾斜变化，断裂构造不发育。

(1) 褶曲

井田内褶曲不发育，只有中北部呈现轴向近东西且比较宽缓的褶曲存在，煤层底板等高线图表现不明显。

(2) 断层

井田内共发现断层 30 条(图 3-3)，DF_6 断层是普查阶段二维地震时发现，F_2'、FD_{19} 断层为勘探阶段二维地震时发现，其余 27 条断层均为三维地震成果。除 DF_{20} 和 F_2 这两条逆断层落差较大外，其他断层落差都不大，断裂构造不甚发育。

本井田断层以南北、北北东、北北西及北东向断层为主。按不同性质井田内断层分类情况见表 3-2。

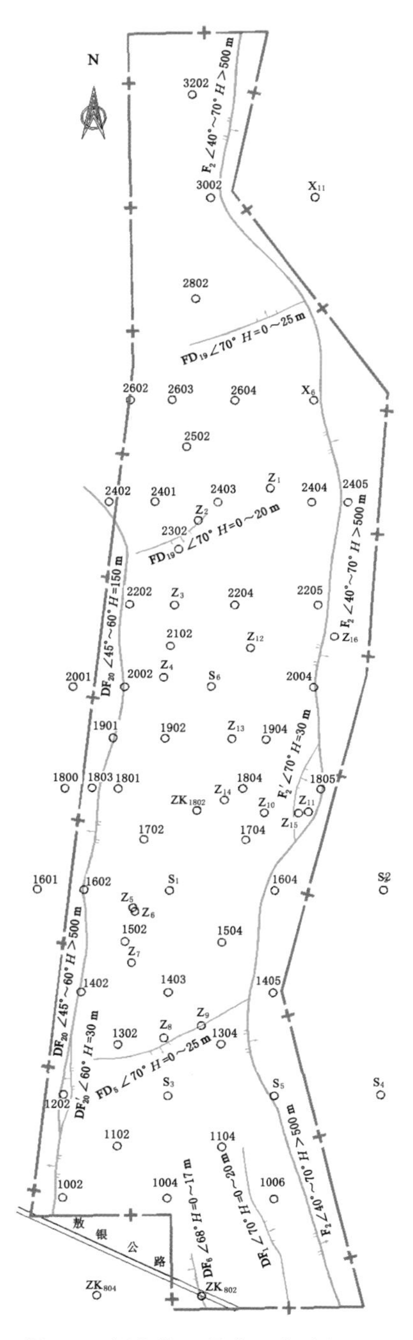

图 3-3　新上海一号井田构造纲要图

表 3-2　新上海一号井田构造一览表

分类性质	分类标准	断层名称
最大断距（H）/m	$H \geqslant 100$	F_2、DF_{20}
	$20 \leqslant H < 100$	FD_1、FD_5、DF'_{20}、FD_{13}、FD_{19}、DF_6、F'_2
	$10 \leqslant H < 20$	FD_2、FD_8、FD_9、FD_{10}、FD_{11}、FD_{12}、FD_{14}
	$5 \leqslant H < 10$	FD_3、FD_6、FD'_{13}、FD_{15}、FD_{16}、FD_{17}、FD_{18}、FD_{21}、FD_{22}、FD_{23}、FD_{24}、FD_{25}、FD_{26}
	$H < 5$	FD_7
性质	逆断层	F_2、DF_{20}、DF'_{20}
	正断层	FD_1、FD_2、FD_3、FD_5、FD_6、FD_7、FD_8、FD_9、FD_{10}、FD_{11}、FD_{12}、FD_{13}、FD'_{13}、FD_{14}、FD_{15}、FD_{16}、FD_{17}、FD_{18}、FD_{19}、FD_{21}、FD_{22}、FD_{23}、FD_{24}、FD_{25}、FD_{26}、DF_6、F'_2

第4章　水文地质概况

4.1　区域水文地质

本井田地层由三叠系延长组，侏罗系延安组、直罗组及白垩系组成，地层向东倾。上覆第四系风积砂，在井田南侧外围8 km处的古长城南侧古河道中有河床相粉砂、黏土堆积物，地下水主要赋存于古河道砂、砾石、风积砂和三叠系砂岩、侏罗系砂岩、白垩系砾岩中。

区域地下水按含水层埋藏条件及水力性质不同，可划分为新生界孔隙水和基岩孔隙-裂隙水两种。

（1）新生界孔隙水：为松散岩类孔隙水，包括各种成因类型的新生界松散冲洪积及风积砂堆积物。冲洪积层一般分布于沟谷或洼地中，岩性以砂、砾石、卵石为主，含水层单一，风积砂分布较广，一般厚度5～10 m，地形低洼处有地下潜水，除古河道地段水量较大外，其他地段水量均不大；水位、水量随季节变化明显，主要由大气降水补给；除局部消耗于蒸发外，主要沿沟谷向古河道排泄。

（2）基岩孔隙-裂隙水：为碎屑岩类孔隙-裂隙水，包括白垩系层间孔隙-裂隙水及侏罗系、三叠系层间孔隙-裂隙水。白垩系砾岩层、侏罗系直罗组底部及三叠系的中、粗粒砂岩及砂砾岩厚度大，一般50 m左右，岩性疏松，富水性较好，但水量变化大；侏罗系延安组含煤地层岩性由不同粒级的砂岩、砂质泥岩、泥岩和煤层组成，区域富水性差。

4.2　矿井水文地质

4.2.1　含水层

本井田大地构造位于鄂尔多斯盆地西缘坳陷带的次级构造单元，井田内地层岩石较坚硬、较完整。地下水主要赋存于新生界风积砂及基岩的砂岩中。地下水按其含水层埋藏条件及水力性质不同，可以划分为第四系孔隙潜水（局部承压水）和基岩孔隙-裂隙水两种，新生界孔隙-裂隙潜水赋存于砂、砂砾石中，基岩孔隙-裂隙水赋存于白垩系、侏罗系及三叠系含水层中。地下水流向总体自东北流向西南。

（1）新生界松散含水层

井田内广泛分布，含水层由第四系风积砂和古近系砂层及砾岩组成，含水类型为孔隙潜水。据钻探揭露资料，井田内新生界含水层厚度1.5～73.3 m，平均33.86 m。井田中南部厚度较大，北部厚度小（图4-1）。

由于区内无地表水流，干旱少雨，地下水主要靠沙漠凝结水及雨季大气降水补给。井田北部地下水埋深20～30 m，富水性弱，中部及南部地下水埋深10～17 m，富水性较好。根据水井调查资料，井田中部和南部农灌井较多，井深一般40 m左右，抽水量20～30 m^3/h降深不超过5 m，抽水量40～50 m^3/h降深不超过10 m，可连续抽水，停抽后3～5 min水位基本恢复到位。水化学类型为Cl-Na型、$Cl \cdot SO_4$-Na型、$Cl \cdot SO_4$-Na · Ca型等，矿化度579.34～1 984.81 mg/L，总硬度194.28～755.17 mg/L，pH值7.80～11.21，水温11～13 ℃。

（2）白垩系砾岩含水层

白垩系砾岩含水层下伏于古近系含水层下，层位较为稳定、连续，其底板埋深189.17～287.70 m。地层岩性为浅紫、紫红色、黄绿色细砂岩、中砂岩、粗砂岩、砾岩、砂砾岩，夹有泥岩、砂质泥岩，胶结物以钙质为主。含水层主要由白垩系底部的砾岩构成，砾岩厚度1.7～135.5 m，平均63.09 m。井田南部厚度最大，向北部依次减小（图4-2）。

根据以往抽水试验成果（表4-1），白垩系水位标高为＋1 179.01～＋1 278.26 m，渗透系数为0.005 5～0.288 3 m/d，单位涌水量为0.006 5～0.057 8 L/(s · m)，富水性弱。

表4-1　白垩系砾岩含水层抽水试验成果一览表

孔号	水位标高/m	含水层厚度/m	单位涌水量/[L/(s · m)]	渗透系数/(m/d)	富水性
B_3	1 234.268	70.40	0.006 5	0.008 8	弱
B_5	1 241.53	92.55	0.025 1	0.024 9	弱
B_9	1 179.01	90.66	0.006 7	0.005 5	弱
1202	1 273.20	19.70	0.057 8	0.288 3	弱
1604	1 278.26	21.87	0.055 2	0.263 7	弱
Z_1	1 268.07	93.10	0.030 5	0.033 3	弱
Z_8	1 248.84	112.65	0.018 8	0.016 1	弱

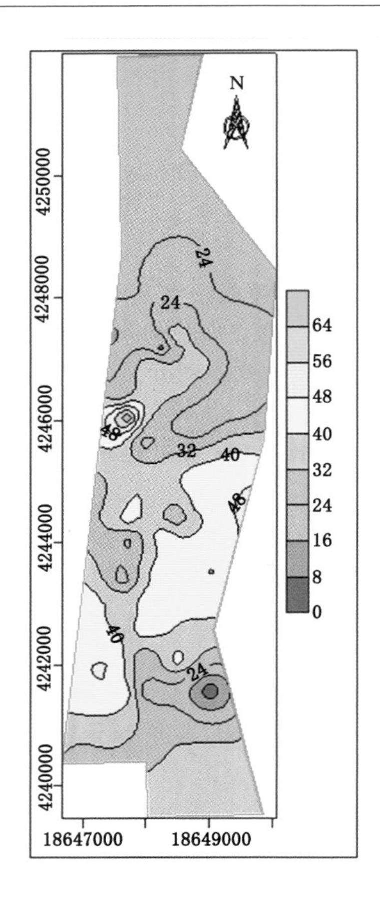

图 4-1　新生界砂岩厚度等值线图

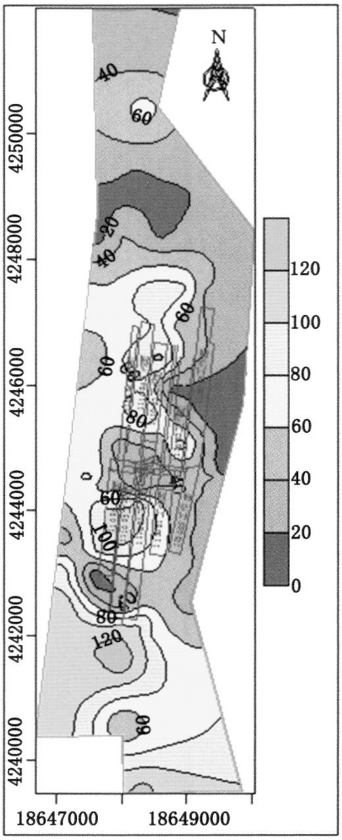

图 4-2　白垩系砾岩厚度等值线图

（3）侏罗系直罗组含水层

直罗组含水层是下部延安组煤层的直接或间接充水含水层，主要由浅灰、灰绿、青灰色厚层粗砂岩、中砂岩、细砂岩构成，底部为一俗称七里镇砂岩的灰白色厚层状、局部杂褐色及黄色的粗粒石英长石砂岩，含石英成分的小砾石。与白垩系相比，固结程度较高，泥岩及砂质泥岩的含量明显增多，部分地段裂隙被充填。含水层厚度 6.97～130.51 m，平均 43.49 m。砂岩厚度变化较大，东南部最大，向北递减（图 4-3）。

根据以往的抽水试验成果（表 4-2），直罗组含水层水位标高为＋1 171.287～＋1 255.7 m（Z_1、Z_3 和 Z_{10} 的水位标高采用 2017 年 4 月 9 日水位自动观测仪的数据，其他钻孔仍采用抽水试验恢复静水位数据），渗透系数为 0.023 3～0.281 2 m/d，单位涌水量为 0.008 4～0.117 0 L/(s · m)，富水性弱至中等。

表 4-2　直罗组含水层抽水试验成果一览表

孔号	水位标高 /m	含水层厚度 /m	单位涌水量 /[L/(s·m)]	渗透系数 /(m/d)	富水性
Z_1	1 236.620	41.6	0.117 0	0.281 2	中等
Z_2	1 255.7	43.07	0.011 2	0.027 7	弱
Z_3	1 217.797	66.72	0.046 8	0.071	弱
Z_5	1 188.56	52.15	0.026 2	0.053	弱
Z_8	1 229.11	23.82	0.038 2	0.161	弱
Z_{10}	1 233.826	55.88	0.062 8	0.109 3	弱
B_{10}	1 171.287	35.39	0.008 4	0.023 3	弱

（4）8 煤层顶板延安组含水层

该含水层为 8 煤层的直接充水含水层，由中细砂岩构成，砂岩厚度 0～89.47 m，平均 24.86 m。砂岩厚度变化较大，东南部厚度最大，向西北方向逐渐减小（图 4-4）。8 煤层隐伏露头线西部煤层遭剥蚀，所以该段含水层在此处缺失。

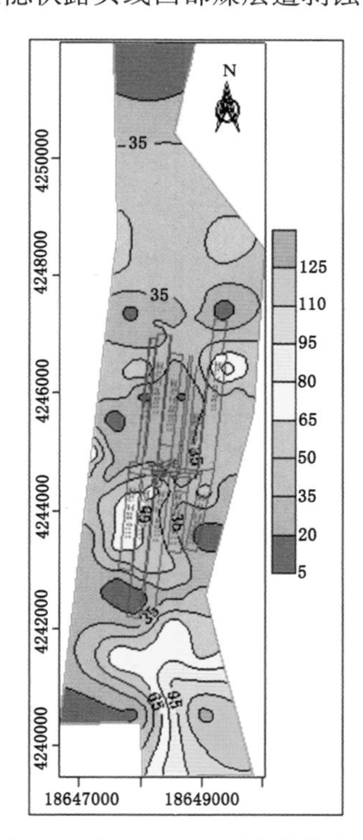

图 4-3　直罗组砂岩厚度等值线图

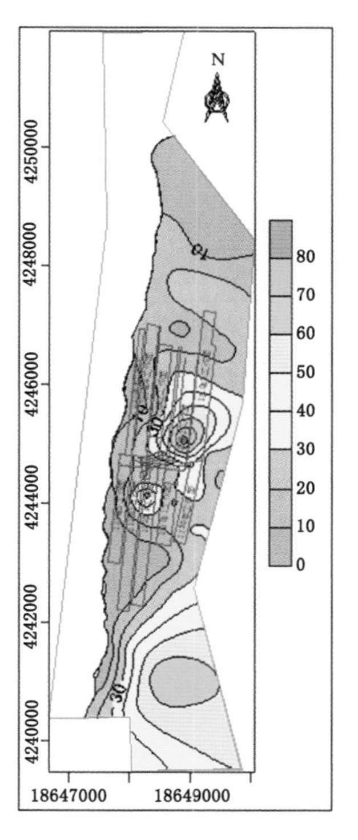

图 4-4　延安组 8 煤层顶板砂岩厚度等值线图

根据以往的抽水试验成果(表 4-3),8 煤层顶板的砂岩含水层水位标高为+1 212.50~+1 218.14 m,渗透系数为 0.003~0.186 5 m/d,单位涌水量为 0.000 7~0.002 6 L/(s·m),富水性弱。

表 4-3　延安组含水层抽水试验成果一览表

孔号	抽水层位	含水层厚/m	水位标高/m	单位涌水量/[L/(s·m)]	渗透系数/(m/d)	富水性
2403	七里镇砂岩顶板至 15 煤层顶板	52.22	1 275.39	0.008 5	0.015 8	弱
2403	下组煤砂岩	33.62	1 271.93	0.000 3	0.000 6	弱
1602	中组煤砂岩	45.42	1 274.00	0.008 8	0.018 9	弱
1602	下组煤砂岩	45.06	1 271.35	0.006 2	0.013	弱
1202	侏罗系砂岩	56.16	1 271.06	0.008 7	0.011 4	弱
Z_4	8 煤层风氧化带	17.77	1 212.50	0.000 7	0.003	弱
Z_6	直罗组中下部至 8 煤层顶板	41.47	1 185.26	0.019 5	0.050 4	弱
Z_7	8 煤层风氧化带	1.53	1 218.14	0.002 6	0.186 5	弱
Z_{12}	延安组顶板至 15 煤层顶板	81.68	1 235.34	0.009 7	0.011 9	弱
Z_{13}	延安组顶板至 15 煤层顶板	73.79	1 151.81	0.003 4	0.003 6	弱
Z_{14}	13 煤层底板至 15 煤层顶板	11.29	1 061.45	0.000 5	0.004 1	弱
Z_{16}	8 煤层顶底板	36.59	1 201.47	0.003 2	0.008 2	弱
B_1	15 煤层顶底板	21.66	1 231.53	0.005 4	0.028 5	弱
B_{13}	15 煤层顶底板	44.87	1 201.89	0.017 6	0.039 6	弱
B_{35}	15 煤层顶底板	25.58	1 110.15	0.005 6	0.022 5	弱

(5) 8 煤层底板至 15 煤层顶板延安组含水层

该含水层为 15 煤层顶板直接充水含水层,由中细砂岩构成,砂岩厚度 0~60.4 m,平均 22.26 m。砂岩厚度变化较大,中东部厚度较大,向西逐渐减小(图 4-5)。

以往均无专门针对 8 煤层底板至 15 煤层顶板的抽水试验,本组的砂岩含水层的水文地质特征参考 8 煤层和 15 煤层的混合抽水数据。砂岩含水层水位标高为+1 061.45~+1 235.34 m,渗透系数为 0.003 6~0.011 9 m/d,单位涌水量为 0.000 5~0.009 7 L/(s·m),富水性弱。

(6) 15 煤层底板至 21 煤层顶板延安组含水层

该含水层为 21 煤层顶板直接充水含水层，由中细砂岩构成，砂岩厚度 0.80～58.24 m，平均 29.78 m。砂岩厚度变化较大，井田中部厚度较大(图 4-6)。

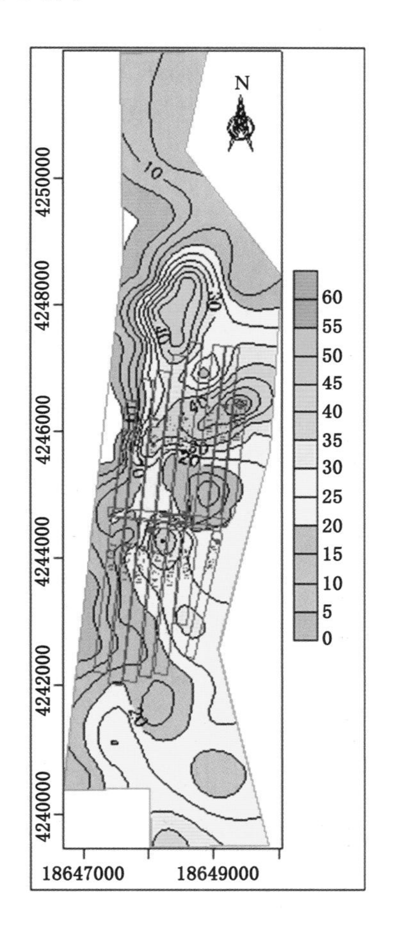

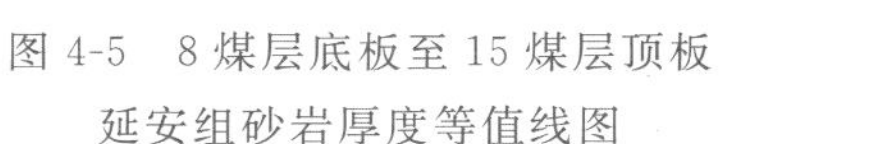
图 4-5　8 煤层底板至 15 煤层顶板延安组砂岩厚度等值线图

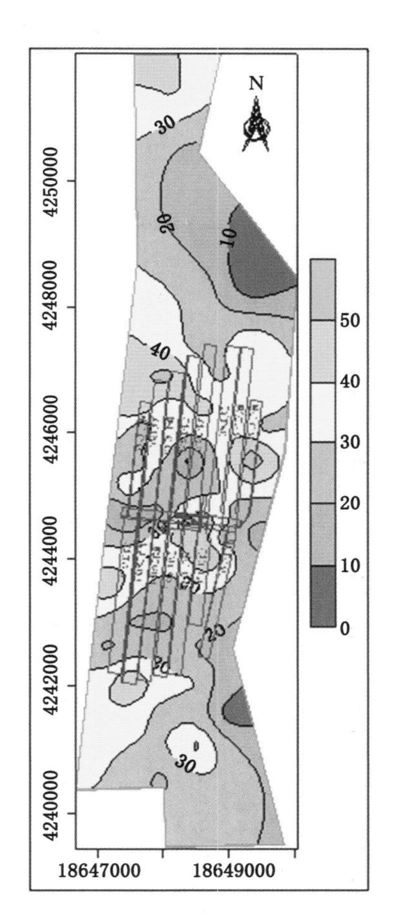

图 4-6　延安组 15 煤层底板至 21 煤层顶板砂岩厚度等值线图

根据以往的抽水试验成果(表 4-3)，15 煤层底板至 21 煤层顶板的砂岩含水层水位标高为＋1 271.35～＋1 271.93 m，渗透系数为 0.000 6～0.013 m/d，单位涌水量为 0.000 3～0.006 2 L/(s・m)，富水性弱。

综上所述，21 煤层以上延安组砂岩主要由中细砂岩构成，整体富水性弱。

(7) 延安组宝塔山砂岩含水层

该含水层为8煤层和15煤层的底板充水含水层，位于21煤层底板以下0～29.55 m(图4-7)，平均距离为5.83 m。砂岩结构疏松、固结程度差、孔隙发育，含水层厚度35.66～69.88 m，平均56.43 m。宝塔山砂岩北部厚度较大，向东南依次减小(图4-8)。由灰白色及肉红色中、粗细砂岩构成，以含砾粗砂岩为主(图4-9)。宝塔山砂岩在井田西部为砂岩和泥岩交互发育，而东部发育大段的砂岩，所以西部的砂岩富水性较东部差；井田北部宝塔山砂岩与泥岩交互发育，南部发育大段砂岩，所以北部的砂岩富水性较南部差。

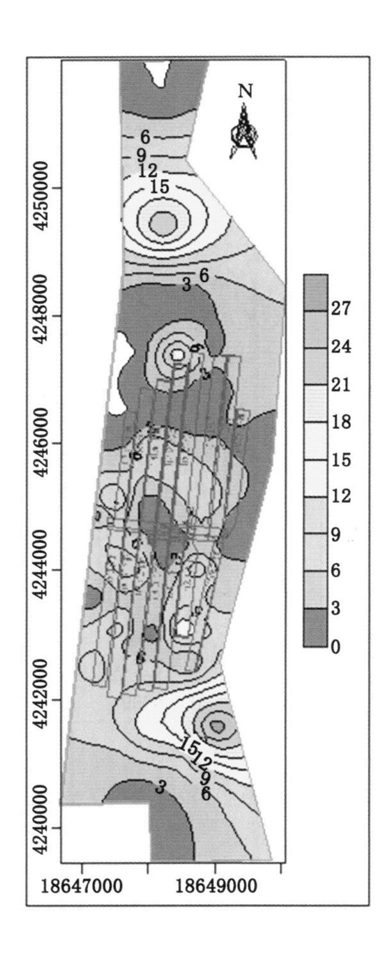

图4-7 宝塔山砂岩距21煤层的距离等值线图

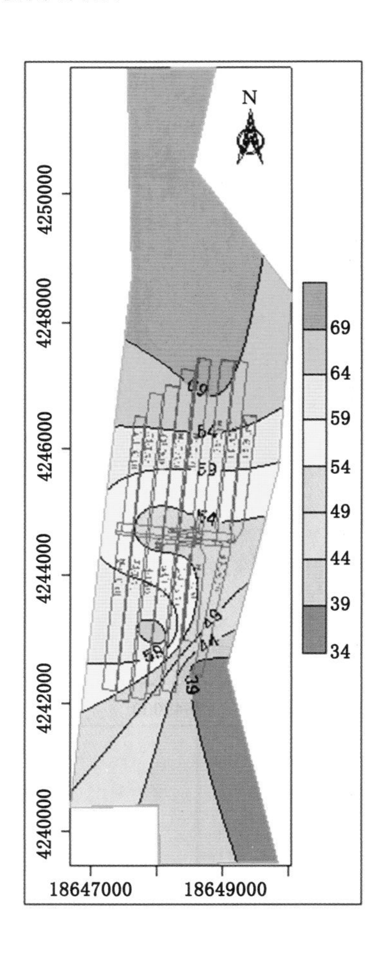

图4-8 宝塔山砂岩厚度等值线图

图 4-9　宝塔山砂岩

根据抽水试验成果(表 4-4),宝塔山砂岩含水层的水位标高为+1 180.87～+1 200.03 m(因宝塔山砂岩含水层的静水位一直在恢复上涨中,所以此次水位采用 2017 年 6 月 9 日自动观测仪的数据,B_8 和 B_{14} 孔不是长观孔,所以水位采用抽水试验时的恢复静水位),渗透系数为 0.105 7～2.024 7 m/d,单位涌水量为 0.037 7～1.156 0 L/(s・m),富水性弱至强。富水性不均一,东部富水性好于西部,pH 值 8.42,水化学类型为 Cl・SO_4-Na 型。宝塔山砂岩含水层的水位标高高于 8 煤层和 15 煤层的底板标高,所以宝塔山砂岩水属于 8 煤层、15 煤层的底板充水水源。

表 4-4　宝塔山砂岩抽水试验成果统计表

孔号	含水层厚/m	水位标高/m	单位涌水量/[L/(s・m)]	渗透系数/(m/d)	富水性	8 煤层底板标高/m	15 煤层底板标高/m
B_2	62.10	1 200.03	0.190 7	0.329 9	中等	/	952.82
B_4	127.10	1 195.83	0.138 7	0.105 7	中等	/	940.64
B_6	79.70	1 183.86	0.401 2	0.483 9	中等	930.81	854.06
B_7	53.50	1 180.87	1.043 5	2.024 7	强	845.56	751.36
B_8	53.55	1 187.24	0.911 2	1.772 6	中等	895.89	817.90
直排 1	55.45	1 192.11	0.299 8	0.56	中等	910.599	835.399
B_{12}	56.85	1 185.63	0.037 7	0.288	弱	/	998.519
B_{14}	14.21	1 184.61	1.156 0	1.968 8	强	/	619.7

从抽水试验成果分析，宝塔山砂岩含水层具有水量大（涌水量 270.09～919.04 m³/d），停泵后水位恢复快，井口水温在 25 ℃左右及砂岩富水性中东部好于西部、南部好于北部等特点。

（8）三叠系延长组砂岩含水层

延长组为煤系地层的基底地层，以往钻孔极少揭露该地层，仅 B_4、B_6、B_8 和 B_{36} 钻孔揭露该段地层，含水层岩性以红褐色、灰褐色中粗粒砂岩为主。根据 B_{36} 孔的单孔抽水试验数据，水位标高为＋1 191.208 m，渗透系数为 0.022 6 m/d，单位涌水量为 0.040 6 L/(s·m)，富水性弱。

依据 B_{36} 孔流量测井曲线并结合抽水试验资料综合分析，该孔共有 4 个涌水层段：第一段在 481.00～485.65 m 之间（厚度 4.65 m，Q＝0.713 L/s）；第二段在 487.90～510.85 m 之间（厚度 22.95 m，Q＝0.221 L/s）；第三段在 617.95～625.05 m之间（厚度 7.10 m，Q＝0.460 L/s）；第四段在 652.50～660.75 m之间（厚度 8.25 m，Q＝0.124 L/s）。其他含水岩层均程度不同地向外渗水。

4.2.2 隔水层

（1）新生界与白垩系间的隔水层

新生界地层大多由风积砂及中细砂构成，与白垩系呈不整合接触。根据钻孔揭露资料，部分地区古近系发育有砂质黏土，与白垩系上部发育的砂质泥岩及泥岩构成相对隔水层，隔水层厚度 0～171.5 m，平均 43.79 m。井田东南和中部少数地段隔水层厚度较大（>100 m），其他地段的隔水层厚度多介于 10～50 m 之间（图 4-10）。隔水层发育不连续，部分地区存在“天窗”，使新生界与白垩系发生水力联系，隔水层厚度较大的地方水力联系较弱。

（2）白垩系与侏罗系直罗组间的隔水层

白垩系底部发育杂灰色砾岩、粗砾岩含水层，泥质和钙质胶结，白垩系底部没有隔水层，与下伏直罗组呈不整合接触。直罗组上部发育的泥岩、砂质泥岩及粉砂岩构成隔水层，隔水层厚度 0～91.6 m，平均 20.87 m。井田东南部隔水层厚度最大、北部厚度较小，大多数地段隔水层厚度在 5～50 m 之间，个别地区不存在隔水层（图 4-11）。在存在“天窗”地区，白垩系与侏罗系直罗组含水层存在直接水力联系。

（3）侏罗系直罗组与延安组间的隔水层

井田内大多数地区直罗组底部发育有七里镇砂岩，不存在隔水层。延安组上部发育数层泥岩、砂质泥岩及粉砂岩形成的隔水层，隔水层厚度 0～115.64 m，平均 16.92 m。隔水层发育不稳定，局部地段不存在隔水层，其他大

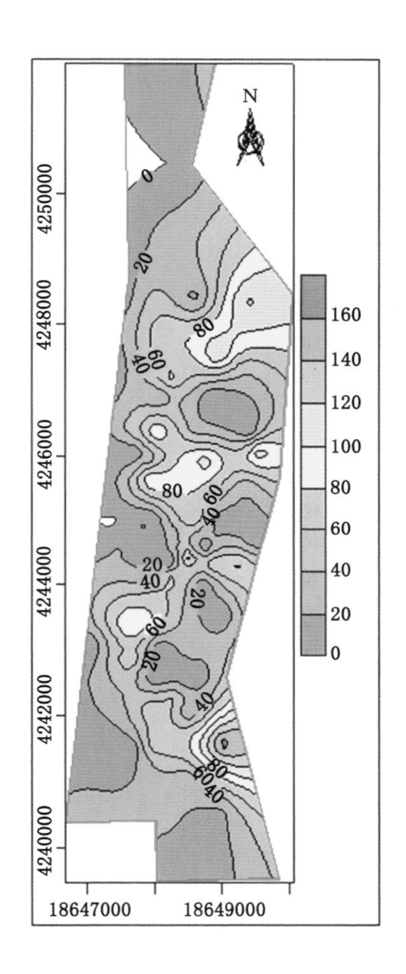

图 4-10　新生界与白垩系隔水层厚度等值线图

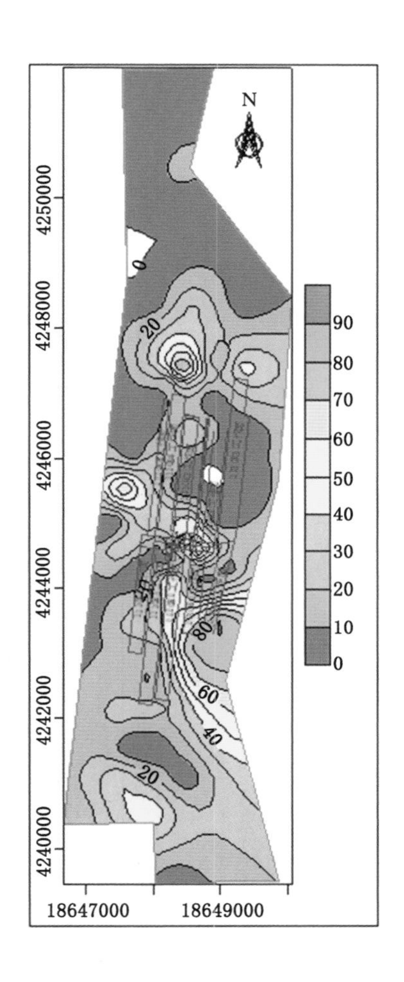

图 4-11　白垩系与侏罗系隔水层厚度等值线图

部分都在 30 m 内，只有极个别钻孔（2102、S_6、X_6）厚度较大（图 4-12）。在隔水层厚度薄的地方，直罗组与延安组含水层存在直接水力联系。

（4）延安组内煤层间的隔水层

延安组内发育多层泥岩、砂质泥岩及粉砂岩，与延安组内砂岩含水层形成含、隔水层相间的组合。延安组内隔水层厚度较大，能较好地阻隔各含水层之间的水力联系，但由于煤层开采形成的导水裂隙带和矿压破坏带会破坏隔水层、减小隔水层厚度，因而会降低隔水作用。

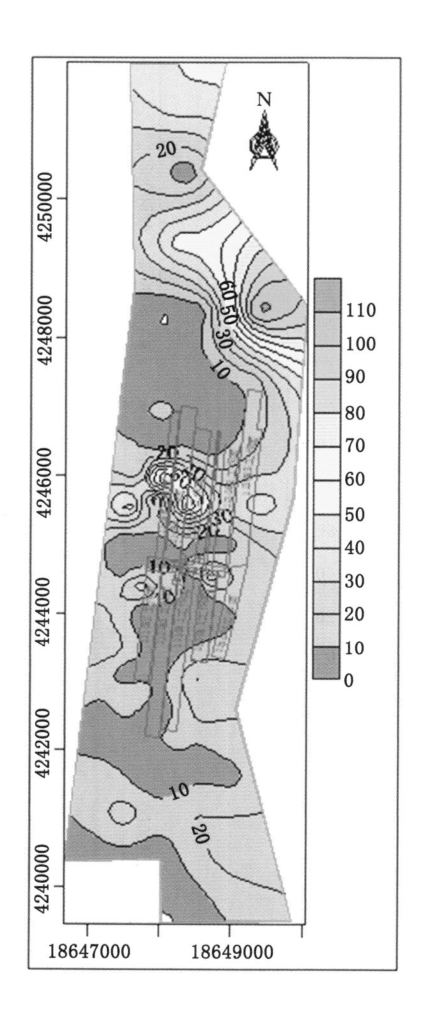

图 4-12　直罗组与延安组隔水层厚度等值线图

4.2.3　地下水的补给、径流和排泄

（1）新生界含水层

① 补给条件

新上海一号煤矿地处西北内陆地区，位于毛乌素沙漠西北边缘，井田内多为沙丘、低缓丘陵、草滩戈壁，地形呈缓波状起伏，总体地形东北高、西南低，新生界孔隙含水层主要赋存于新生界砂层中，其主要补给来源是大气降水入渗及邻区潜水含水层中地下水的侧向径流补给。补给量的大小受地形条件及岩

性组合的控制，本区风积砂结构松散，孔隙发育，渗透性强，因此地下水补给条件较好。

② 径流条件

潜水的径流方向受区域地形条件所控制，由地势较高处向地势较低处及周边谷地流动，大体由东北向西南方向径流。

③ 排泄条件

在井田地形的影响下，首先是向井田西南方向河流水洞沟排泄，其次是入渗补给下伏基岩风化带裂隙水，此外地表蒸发、蒸腾及人工开采也是排泄方式之一。

(2) 白垩系砾岩含水层

① 补给条件

白垩系砾岩含水层主要补给来源为上覆新生界含水层的入渗补给及含水层中地下水的侧向径流补给。根据钻孔揭露资料，古近系发育有砂质黏土，与白垩系上部发育的砂质泥岩及泥岩构成相对隔水层，隔水层厚度 0～171.5 m，平均 43.79 m，隔水层发育不连续，部分地区存在"天窗"，大气降水补给新生界孔隙水后，部分地段对白垩系进行垂直入渗补给。

② 径流条件

在一般情况下，裂隙水的运动条件较为复杂，主要受岩性组合及地形条件控制。从地层组合看，层次繁多，为含、隔水层相互叠置的组合结构，底部砾岩较为发育；从地形条件看，地形总体为东北高、西南低，根据勘探钻孔抽水试验成果及白垩系长观孔水位资料，白垩系砾岩含水层水位标高为＋1 179.006～＋1 242.223 m(2016.05.17)，总体东北高、西南低。上述条件决定了井田白垩系裂隙水的基本运动条件，总体上由东北向西南方向径流。

③ 排泄条件

井田内孔隙-裂隙水排泄方式是以侧向径流为主，由东北向西南流出区外，补给下游邻区含水层中地下水。其次人工凿井取水也是其排泄方式之一。

(3) 侏罗系直罗组砂岩含水层

① 补给条件

侏罗系各时代裂隙含水层中地下水均以接受邻近裂隙水的侧向径流补给为主，其次是垂向上接受白垩系的入渗补给。白垩系底部没有隔水层，直罗组上部发育的泥岩、砂质泥岩及粉砂岩构成两含水层之间的相对隔水层，隔水层厚度 0～91.6 m，平均 20.87 m，隔水层发育不稳定，南部厚、北部薄，在不存在隔水层的地段白垩系对直罗组含水层进行垂直入渗补给。

② 径流条件

受区域上构造形态及上、下隔水层的制约，井田内直罗组水位标高为+1 170.787～+1 236.620 m(2016.05.17)，东北高、西南低，直罗组砂岩地下水总体由东北向西南方向径流。

③ 排泄条件

侏罗系排泄方式主要为通过顺层径流向下游排泄。在未来矿井开采后，矿井排水也是其排泄方式之一。

(4) 侏罗系延安组砂岩含水层

① 补给条件

侏罗系各时代裂隙含水层中地下水均以接受邻近裂隙水的侧向径流补给为主，其次是垂向上接受直罗组含水层的入渗补给。直罗组底部没有隔水层，延安组上部发育的泥岩、砂质泥岩及粉砂岩构成两含水层之间的相对隔水层，隔水层厚度 0～115.64 m，平均 16.92 m，隔水层发育不稳定，部分地段直罗组对延安组含水层进行垂直入渗补给。

② 径流条件

受区域上构造形态的制约，井田内延安组煤系水沿地层倾向顺层径流，由北西向南东径流。

根据勘探钻孔抽水试验成果，延安组宝塔山砂岩含水层水位标高为+1 144.437～+1 200.33 m(2016.05.17)，总体上由北西向南东，ZH_5 钻孔位于“11·25”突水漏斗中心，水位为+1 144.437 m。

③ 排泄条件

侏罗系排泄方式主要通过侧向径流向下游排泄。在未来矿井开采后，矿井排水也是其排泄方式之一。

4.3 矿井充水因素

4.3.1 矿井充水水源

(1) 大气降水与地表水

区内未见威胁性地表水体分布，降水是区内地下水的主要补给来源。尽管经验公式计算的浅部煤层开采产生的导水裂隙带发育高度不会到达地面，但考虑到井田内构造条件复杂，在受构造破坏区段冒落带、导水裂隙带高度将大幅度增加，因此不排除局部顶板导水裂隙带直至地表的可能性，工作面采后对大气降水，尤其是雨季形成的地表季节性冲沟、积水的防治工作必不可少。

（2）顶板水

① 8 煤层顶板充水水源

8 煤层顶板导水裂隙带发育高度为 15.79～56.1 m，8 煤层顶板导水裂隙带范围内的含水层厚度为 6.58～58.8 m。8 煤层顶板至 5 煤层距离为 69.33～103.20 m，距直罗组砂岩距离为 3.18～153.17 m，距白垩系砂岩距离为 74.75～415.13 m。井田内 8 煤层赋存范围内西部导水裂隙带沟通至直罗组，其余地段未沟通上覆含水层。

综上分析，8 煤层顶板直接充水水源为 8 煤层顶板延安组含水层及直罗组含水层，间接充水水源为白垩系孔隙-裂隙水、第四系孔隙水。

② 15 煤层顶板充水水源

15 煤层顶板导水裂隙带发育高度为 44.91～110.32 m，15 煤层顶板导水裂隙带范围内的含水层厚度为 0.5～53.16 m。15 煤层顶板至 8 煤层距离为 61.33～94.50 m，距直罗组砂岩距离为 3.41～222.57 m。在 15 煤层赋存范围内西部导水裂隙带沟通至直罗组，其余地段未沟通上覆含水层。

因此，15 煤层顶板直接充水水源为 15 煤层导水裂隙带发育范围内延安组含水层及直罗组含水层，间接充水水源为白垩系孔隙-裂隙水、第四系孔隙水。

（3）底板水

15 煤层底板标高为＋626.29～＋989.15 m，18 煤层底板标高为＋585.79～＋947.10 m，宝塔山砂岩水位标高为＋1 180.10～＋1 200.33 m，井田内 15、18 煤层均位于宝塔山砂岩水位以下，属带压开采。15 煤层底板隔水层厚度一般为 56.49～122.83 m，突水系数为 0.038～0.122 MPa/m；18 煤层底板隔水层厚度为 11.62～83.84 m，突水系数为 0.059～1.677 MPa/m。因此，宝塔山砂岩水为 15、18 煤层底板直接充水水源。例如，2015 年 11 月 25 日新上海一号煤矿一分区胶带暗斜井施工迎头掘进至顶板标高＋746.40 m 时，底板瞬间底鼓、出水（水从底板喷出，并伴有爆鸣声），突水时估测涌水量 3 600 m^3/h，突水水源为宝塔山砂岩水。

以往认为侏罗系煤田主要受到煤层顶板水害的威胁，所受的底板水害威胁相对较小，但是通过新上海一号煤矿一分区胶带暗斜井集中涌水的事件，认为煤层底板含水层在特殊的沉积条件下，加之局部可能存在的导水构造，会对侏罗系煤田的安全生产造成较大的威胁，本次放水试验的主要目的就是探查宝塔山砂岩含水层的水文地质条件，为未来的底板水害防治工作提供依据。

（4）构造裂隙水

构造裂隙包括各种节理、岩层褶皱以及断裂破碎带等，这些裂隙是主要储水富集带导水通道，特别是裂隙密集带呈集中涌水。正断层一般表现为张性导水断层，新上海一号井田内共发育正断层 27 条，落差大于 20 m 的共有 6 条，煤层开采时一旦沟通，容易引起集中涌水。井田东、西侧分布有两条大落差（H>150 m）边界断层 F_2 和 DF_{20}，断层破碎带以压性为主，导水性较差，局部地段伴生的东西向次生构造破碎带富水性较强。

（5）采空区水

根据矿方提供的资料，目前试生产工作面形成的老空区仅 5 个，其中开采煤层中 5 煤层有 2 个，8 煤层有 3 个，除了 8 煤层已回采完毕的 113082 工作面老空区面积较大外，其余工作面老空区面积相对较小，可积水空间有限。其中，111082 工作面积水量估算为 7 058 m^3，113082 工作面积水量估算为 13 460 m^3。

4.3.2 矿井充水通道

（1）导水裂隙带

① 8 煤层导水裂隙带

根据 2017 年地质水文地质补充勘探资料，井田内 8 煤层顶板岩性为砂质泥岩、中粗粒砂岩、泥岩，近煤层基岩柱的平均单向抗压强度为 16.67 MPa，属软弱岩层，个别地段属中硬岩层。总体来说，8 煤层顶板覆岩为软至中硬度岩层，《建筑物、水体、铁路及主要井巷煤柱留设与压煤开采规范》中导水裂隙带、垮落带高度计算公式为：

$$H_k = \frac{100\sum M}{4.7\sum M + 19} \pm 2.2 \tag{4-1}$$

$$H_{li} = \frac{100\sum M}{1.6\sum M + 3.6} \pm 5.6 \tag{4-2}$$

式中 H_k——垮落带高度，m；

H_{li}——导水裂隙带发育高度，m；

$\sum M$——累计采厚，m。

本次导水裂隙带高度计算值采用上述经验公式计算结果加上保护层厚度，保护层厚度按中硬岩条件取煤厚的 5 倍。

利用井田内钻孔资料，计算 8 煤层顶板导水裂隙带发育高度为 15.79～56.1 m，8 煤层顶板至 5 煤层距离为 69.33～103.20 m，距直罗组砂岩距离为 3.18～153.17 m，距白垩系砂岩距离为 74.75～415.13 m。1102、1403、1502、1504、1702、1902、2102、2403、Z_6、Z_7、B_1、B_8、B_{10}、B_{13} 钻孔 8 煤层顶板导水裂隙带发育至直罗组砂岩，说明井田内 8 煤层露头范围西部导水裂隙带沟通至直罗组，其余地段未沟通上覆含水层。

② 15 煤层导水裂隙带

井田内 15 煤层顶板岩性为灰色砂质泥岩、中细粒砂岩、泥岩，近煤层基岩柱的平均单向抗压强度为 22.82 MPa，属中硬岩层，个别地段属软弱岩层。总体来说，15 煤层顶板覆岩为软至中硬度岩层，按《建筑物、水体、铁路及主要井巷煤柱留设与压煤开采规范》中导水裂隙带、垮落带高度计算公式计算。

经计算，井田内 15 煤层顶板导水裂隙带发育高度为 44.91～110.32 m，15 煤层顶板至 8 煤层距离为 61.33～94.50 m，距直罗组砂岩距离为 3.41～222.57 m，井田内 1302、1402、1602、1901、2202、2401、2604、S_6、B_2 钻孔 15 煤层顶板导水裂隙带发育至直罗组砂岩，1304 钻孔发育至 8 煤层，说明在 15 煤层露头范围中西部导水裂隙带沟通至直罗组，其余地段未沟通上覆含水层。

（2）底板矿压破坏带

矿压扰动破坏带使底板有效隔水层厚度变薄，有可能诱发构造突水或造成底板突水。断层带附近的矿压破坏带深度比正常岩层中增大 0.5～1.0 倍。

底板破坏程度主要取决于工作面的矿压作用，其因素有开采深度、煤层倾角、煤层厚度、工作面斜长和开采工艺等。按《建筑物、水体、铁路及主要井巷煤柱留设与压煤开采指南》一书中提供的底板采动导水破坏带深度计算公式，计算 15 煤层底板采动导水破坏带。计算公式如下：

$$h_1 = 0.0085H + 0.1665\alpha + 0.1079L - 4.3579 \tag{4-3}$$

式中　H——开采深度，m，选用各钻孔的统计资料；

α——煤层倾角，(°)，煤层倾角小于 10°；

L——工作面斜长，m，工作面斜长为 200 m。

根据上述经验公式，计算得出 15 煤层底板矿压扰动破坏深度为 20.00～23.11 m。

15 煤层底板隔水层厚度为 56.49～122.83 m，减去矿压扰动破坏带深度的有效隔水层厚度 35.11～101.50 m，正常地段承受的水压值为 3.18～6.78 MPa，突水系数为 0.038～0.122 MPa/m。开采 15 煤层时突水系数大于 0.1 MPa/m 的正常地段，宝塔山砂岩水将会通过采动裂隙进入矿井。由于构造部位造成隔水层厚度变薄，突水系数增大，宝塔山砂岩与上部砂岩含水层在构造部位有一定的水力联系，因此，构造地段可能通过采动裂隙增大断层带的破坏程度，对煤层开采产生突水威胁。

（3）构造裂隙

正断层是在局部或区域侧向拉伸力作用下，上盘相对向下移动、下盘相对向上移动而产生的断层。由于正断层的张裂程度较大，两盘之间通常被尖角状或棱角状大小不等的角砾岩石所充填，由于断层带孔隙多、孔隙度大，加之断层两盘常伴有次生裂隙构造，形成断层的裂隙带，与断层破碎带共同成为断层水的储存体和良好通道。当巷道掘进揭露断层，断层破碎带内的水或者断层沟通煤层顶板含水层的水会使矿井涌水量显著增加。当在井田正断层附近进行采掘活动时，一定要注意对断层含(导)水性的探查，即使是逆断层，也要注意在采掘活动的影响下逆断层活化、导水的可能性，以便为巷道或者工作面与断层之间防(隔)水煤岩柱的留设提供依据。

根据现有勘探资料，井田内共发现断层 30 条，除 DF_{20} 和 F_2 这两条逆断层落差较大外，其他断层落差都不大。为了进一步了解 DF_{20} 和 F_2 断层是否对煤层开采有影响，勘探阶段 1803 孔对 DF_{20} 断层进行抽水试验，抽水结果单位涌水为 0.007 7 L/(s・m)，富水性弱，证实断层对煤层开采影响不大。以往水文地质补勘施工钻孔 Z_{11} 孔对 F'_2 断层附近进行抽水试验，抽水试验结果单位涌水量为 0.367 9 L/(s・m)，富水性中等，证实 F'_2 断层对煤层开采有一定的影响。因此，未来生产矿井开采过程中，在断层附近应严格按安全规程留设防(隔)水煤柱，并施工探水钻孔，以保证安全生产。

(4) 封闭不良钻孔

封闭不良钻孔是典型的人类活动所留下的点状垂向导水通道，该类导水通道的隐蔽性强、垂向导水畅通，不仅使垂向上不同层位的含水层之间发生水力联系，而且当井下采矿活动揭露或接近钻孔时，容易产生突发性的突水事故。由于封闭不良钻孔在垂向上串通了多个含水层，所以一旦发生该类导水通道的突水事故，不仅突水初期水量大，而且有比较稳定的补给量。因此，宝塔山砂岩水富水性强地段的钻孔应引起高度重视。

由于 Z_9 孔未封闭段位于白垩系砾岩含水层及直罗组含水层，富水性弱至中等，对煤层开采威胁较大，开采 8 煤层时应留出防水煤柱或对该孔进行启封工作，防患于未然。其余钻孔虽均按要求进行了封闭，但并不是全孔水泥浆封闭，未来采矿活动中应多注意这些钻孔，防止成为沟通上、下含水层的充水通道。

4.3.3 矿井充水强度

根据新上海一号煤矿 2011 年 11 月至 2019 年 11 月的矿井涌水量台账，矿井正常涌水量由 37.13 m^3/h 逐渐增大到 75.60 m^3/h，其中在 2014 年 8 月矿井正常涌水量为 300.58 m^3/h、最大涌水量为 614.58 m^3/h，主要是由于 111084 工作面发生集中涌水，矿井涌水量整体呈现出逐渐增大然后稳定的趋势(图 4-13)。矿井涌水量在 2015 年 12 月突然增大，至 2016 年 1 月矿井正常涌水量为 703 m^3/h，最大涌水量为 1 100 m^3/h，这主要是由于一分区胶带暗斜井发生集中涌水。

根据 2010 年 6 月至 2012 年 12 月的矿井涌水量与掘进进尺的曲线图(图 4-14)，矿井涌水量是随着掘进进尺的不断增大而增大的，说明矿井涌水量主要受到采掘进尺的影响，受大气降水影响不明显。

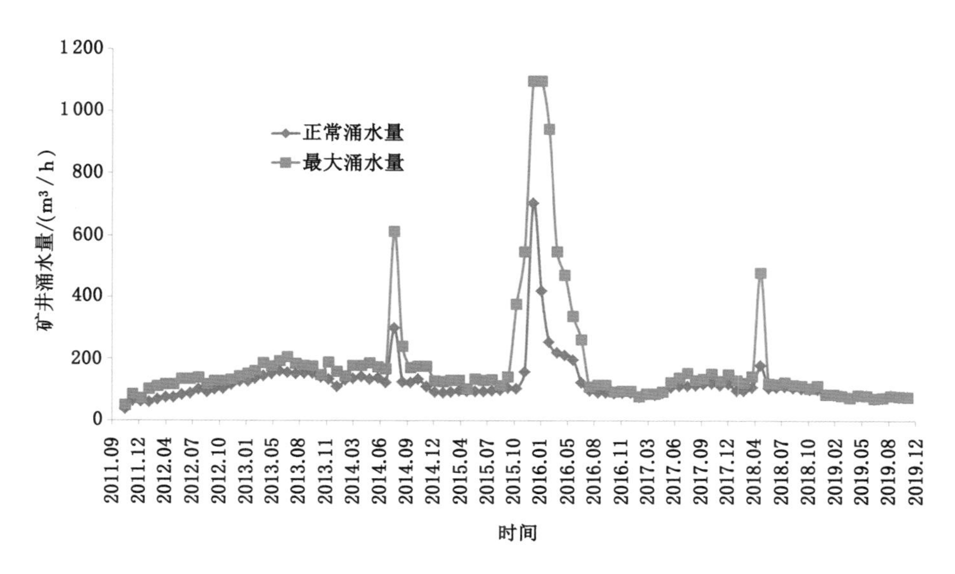

图 4-13　新上海一号煤矿矿井涌水量历时曲线图

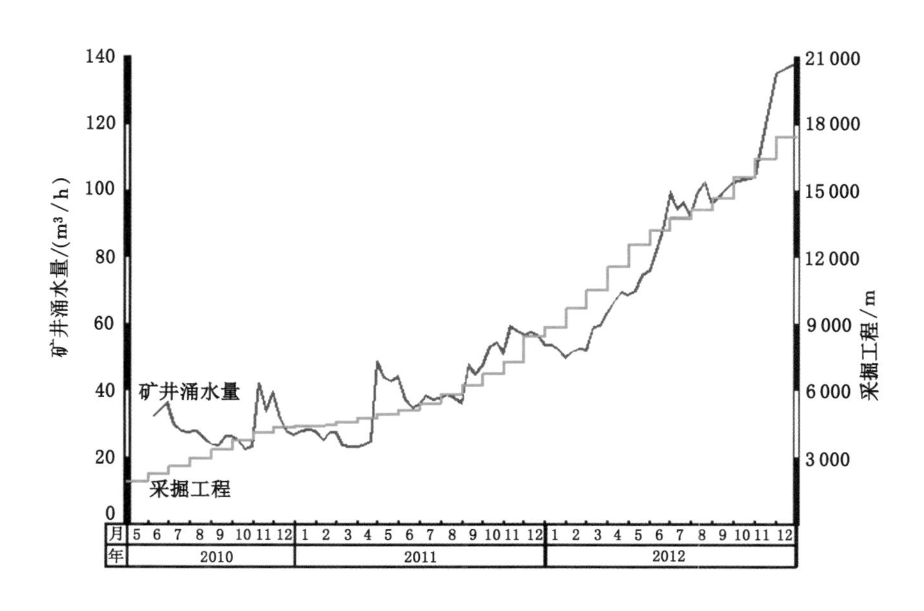

图 4-14　矿井涌水量与掘进进尺曲线图

根据 2017 年编制的水文地质补充勘探资料，开采 8 煤层时，西部地区矿井正常涌水量为 252.596 m^3/h，最大涌水量为 303.115 m^3/h；东部地区正常涌水量为 216.487 m^3/h,最大涌水量为 259.785 m^3/h(表 4-5)。

表 4-5　8 煤层矿井涌水量计算成果表

计算范围		8 煤层(西部)	8 煤层(东部)
参数依据		B_{10}、Z_2、Z_3、Z_4、Z_5、Z_6、Z_7、Z_8、Z_{10}	1604、Z_4、Z_7、Z_{16}
计算参数	K/(m/d)	0.072	0.058
	M/m	25.68	25.78
	r_0/m	1 169.785	1 107.417
	R/m	678.311	631.133
	R_0/m	1 848.096	1 738.550
	$H=S$/m	254.567	262.064
正常涌水量/(m^3/h)	Q	252.596	216.487
最大涌水量/(m^3/h)	Q	303.115	259.785

开采 15 煤层时,西部地区矿井正常涌水量为 264.897 m^3/h,最大涌水量为 317.876 m^3/h;东部地区正常涌水量为 146.264 m^3/h,最大涌水量为 175.516 m^3/h(表 4-6)。

表 4-6　15 煤层矿井涌水量计算成果表

计算范围		15 煤层(西部)	15 煤层(东部)
参数依据		B_{10}、B_{13}、B_{35}、Z_1、Z_2、Z_3、Z_5、Z_8、Z_{10}、2403、1602	B_1、B_{13}、B_{35}、2403、1602、Z_{12}、Z_{13}、Z_{14}
计算参数	K/(m/d)	0.075	0.018
	M/m	25.25	25.11
	r_0/m	1 180.339	1 554.862
	R/m	764.163	373.097
	R_0/m	1 944.502	1 927.959
	$H=S$/m	279.033	278.09
正常涌水量/(m^3/h)	Q	264.897	146.264
最大涌水量/(m^3/h)	Q	317.876	175.516

截至 2019 年 11 月，新上海一号煤矿矿井正常涌水量为 75.6 m^3/h，其中井筒涌水量为 5.7 m^3/h，占矿井涌水量的 8%；111 采区涌水量为 3.6 m^3/h，占 5%；112 采区涌水量为 12.7 m^3/h，占 17%；113 采区涌水量为 15.5 m^3/h，占 20%；114 采区涌水量为 7.9 m^3/h，占 10%；115 采区涌水量为 10.4 m^3/h，占 14%；一分区胶带暗斜井涌水量为 7.6 m^3/h，占 10%；一分区轨道大巷涌水量为 3.8 m^3/h，占 5%；其他区域涌水量为 8.4 m^3/h，占 11%(图 4-15)。

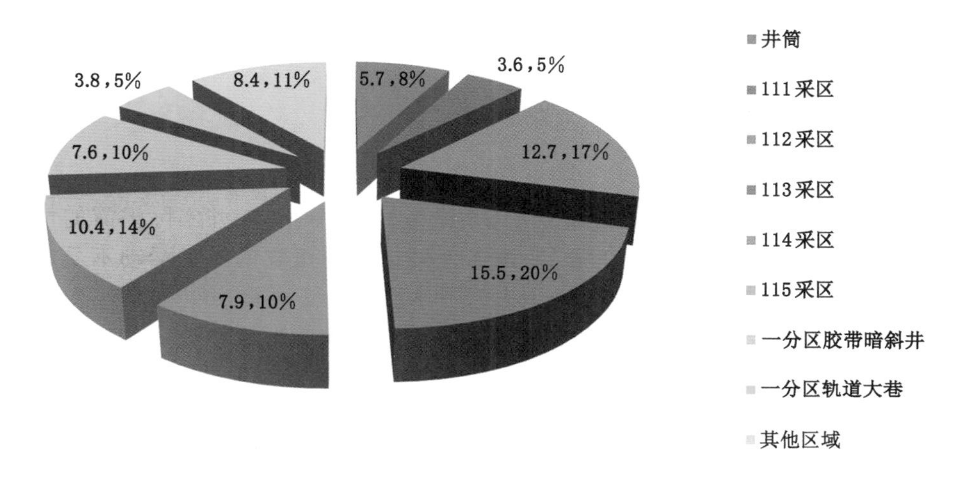

图 4-15　矿井涌水量组成比例图

第5章　宝塔山砂岩含水层放水试验

5.1　放水试验的必要性和可行性

5.1.1　必要性

通过对新上海一号煤矿地质及水文地质条件的分析，矿井实际揭露的情况与前期勘探报告中存在一定的差异，为了保障矿井下组煤的采掘活动不受底板水害的威胁，需要进一步查明宝塔山砂岩含水层的水文地质条件，论证下组煤开采的可行性。根据以往经验，井下放水试验获取的水文地质参数往往比地面抽水试验大，也更加接近井下涌水的实际情况。因此，井下放水试验不但是获取水文地质参数的有效手段，同时也能够更直观地探查含水层的水文地质条件，为制定防治水措施提供可靠的依据。

5.1.2　可行性

井下放水试验是获取水文地质参数和查明水文地质条件最直接的方法，以往针对水文地质条件不明且没有开展水文地质补勘的矿井或者水文地质条件复杂的矿井开展了大量的井下放水试验，有效地指导了矿井防治水工作的开展，并且逐渐形成了井下放水试验一整套系统的方法，因此，放水试验对于探查水文地质条件不仅是必要的，也是可行的。

5.2　放水试验的目的和内容

5.2.1　放水试验目的

本次放水试验以新上海一号煤矿宝塔山砂岩含水层为研究对象，主要目的是解决矿井下组煤采掘活动的防治水问题。通过放水试验等方法进一步查明下组煤底板含水层的水文地质参数和特征，掌握放水孔水量和观测孔水压随时间的变化规律，论证宝塔山砂岩含水层疏降的可行性，探查宝塔山砂岩含水层与其他各含水层之间的水力联系等，为制定相应的防治水措施提供科学合理的依据。

5.2.2　放水试验内容

井下放水试验具有直观地了解采区含水层具体水文地质条件的特点，它不仅能弥补水文补勘中的不足，而且能够进一步检验地质勘探和水文补勘中的结论。大流量放水试验能够充分暴露采区水文地质条件，能够形成大范围、大降深激发流场，从而有助于建立完整的水文地质概念模型。放水试验既是以井流模型为基础，也是建立采区地下水流数学模型的必要手段，将会为工作面涌水量计算、顶板水疏放提供可靠依据。具体研究内容主要包括以下几个方面：

（1）通过开展井下放水试验，利用多种方法获取宝塔山砂岩含水层的水文地质参数（水位、水压、渗透系数和单位涌水量等）。

（2）掌握宝塔山砂岩含水层水量、水压在放水试验中随时间变化的规律以及地下水降落漏斗的变化情况。

（3）通过放水试验论证宝塔山砂岩含水层疏降的可行性。

（4）结合各含水层的水位观测资料，查明宝塔山砂岩含水层与其他各含水层之间的水力联系。

5.3　放水试验设计

（1）放水试验方案

宝塔山砂岩含水层放水试验采用井下放水、井下和地面联合观测的方式，地面水文长观孔及其观测含水层见表 5-1、图 5-1 和图 5-2。

表 5-1　地面水文长观孔一览表

钻孔	观测含水层
G_1、YSG_2、B_3、B_5、B_9、B_{19}、B_{27}	白垩系含水层
Z_1、Z_3、Z_{10}、B_{23}、B_{40}	直罗组含水层
B_{41}、B_{43}	5 煤层顶板含水层
Z_6、Z_7	8 煤层风氧化带
B_{13}、B_{24}、B_{32}、B_{35}、B_{38}	15 煤层顶板含水层
直排孔、ZH_5、B_2、B_4、B_6、B_7、B_{12}、B_{14}、B_{15}、B_{37}、B_{44}、B_{45}	宝塔山砂岩含水层
B_{42}	15 煤层底板至 21 煤层底板含水层
B_{33}	18 煤层顶底板含水层
B_{36}、B_{39}	三叠系延长组含水层

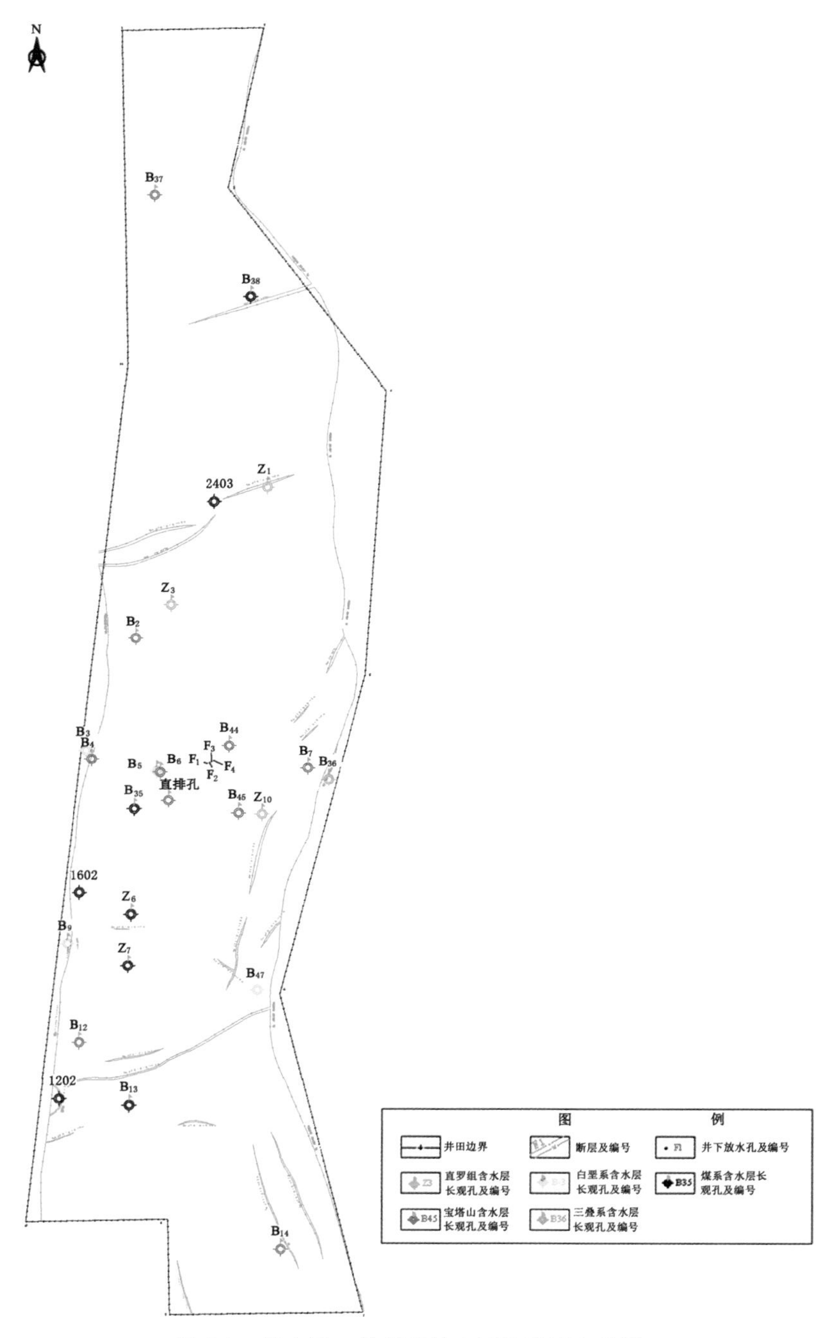

图 5-1　新上海一号煤矿放水试验平面布置图

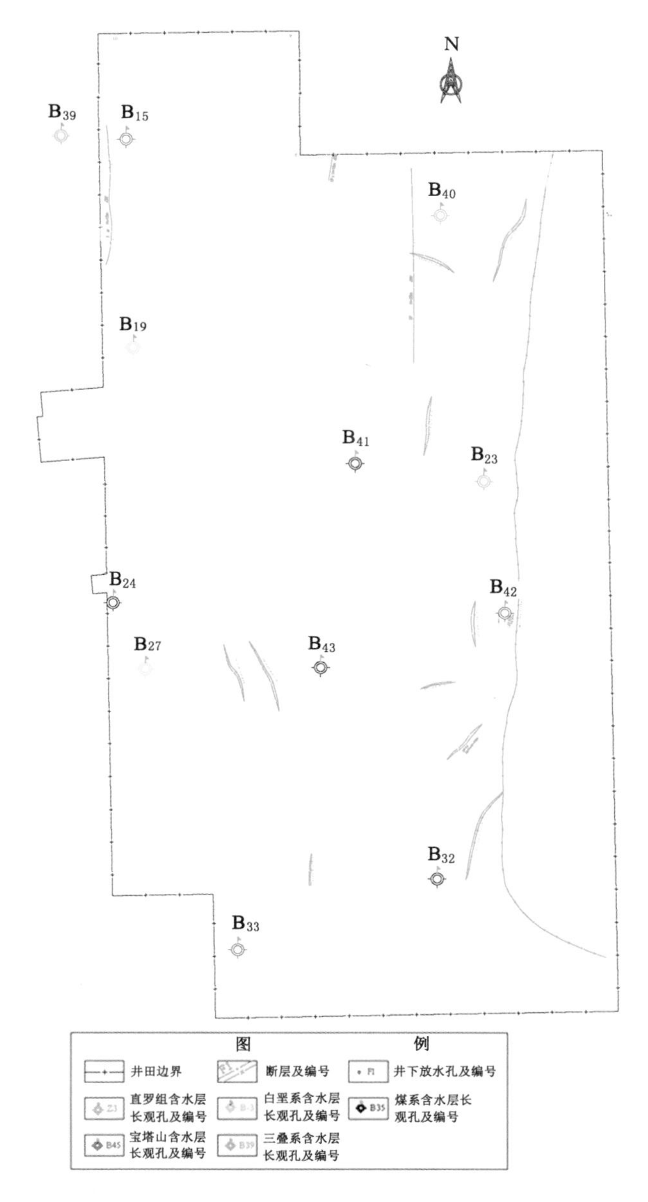

图 5-2　榆树井煤矿观测孔平面布置图

(2) 放水试验钻孔参数

放水试验设计中井下放水钻孔开孔位置为 8 煤层；钻孔开孔用 ϕ219 mm 钻头下入 ϕ194 mm 套管 21 m，二开用 ϕ168 mm 钻头无心钻进至 15 煤层底板以下 20 m 并下入 ϕ159 mm 套管，三开用 ϕ133 mm 钻头钻进至 18 煤层底板以下 20 m 并下入 ϕ159 mm 套管，最后用 ϕ75 mm 钻头裸孔钻进至宝塔山砂岩含水层底板以下 5 m。

5.4 钻孔施工概况

(1) 钻孔参数

井下放水试验钻孔从 2019 年 4 月 3 日开始施工，7 月 22 日结束，实际完成钻探工程量 712.00 m，实际施工钻孔参数见表 5-2。

表 5-2 钻孔工程要素一览表

钻孔	X	Y	开孔高程/m	套管长度/m			终孔深度/m
				一级	二级	三级	
F_1	18 648 379.08	4 244 790.73	880.021	21.20	86.30	143.20	181.00
F_2	18 648 401.20	4 244 800.28	880.048	19.40	85.60	146.20	173.00
F_3	18 648 422.94	4 244 809.82	880.135	21.30	86.60	126.20	180.40
F_4	18 648 445.23	4 244 818.72	880.400	21.03	89.40	147.20	177.60

(2) 钻孔施工

① F_1 孔施工过程

2019 年 4 月 30 日开孔，用 ϕ219 mm 钻头无心钻进至孔深 21.10 m，下入 ϕ194 mm 套管 21.20 m(外露 0.10 m)，并用水泥浆(水泥标号 42.5，水泥∶水质量比＝1∶0.50)全固管，用水泥 1.8 t。关闭截止阀，待水泥凝固 48 h 后，经耐压试验，压力达到 6.00 MPa，保持压力 30 min，孔口管无松动，管外无返水，固管质量合格。

固管成功后，用 ϕ168 mm 钻头无心钻进至孔深 86.15 m，下入 ϕ159 mm 套管 86.30 m(外露 0.15 m)，并用水泥浆(水泥标号 42.5，水泥∶水质量比＝1∶0.50)全固管，用水泥 1.6 t。关闭截止阀，待水泥凝固 48 h 后，经耐压试验，压力达到 6.00 MPa，保持压力 30 min，孔口管无松动，管外无返水，固管质量合格。

固管成功后，用 ϕ133 mm 钻头无心钻进至 107.50 m 处测斜，测斜结束后继续钻进至孔深 143.00 m，下入 ϕ159 mm 套管 143.20 m(外露 0.20 m)，并用水泥浆(水泥标号 42.5，水泥∶水质量比＝1∶0.50)全固管，用水泥 2.2 t。关闭截止阀，待水泥凝固 48 h 后，经耐压试验，压力达到 6.00 MPa，保持压力 30 min，孔口管无松动，管外无返水，固管质量合格。

固管成功后，用 ϕ75 mm 钻头无心钻进至孔深 170.15 m，出水，水量 200 m^3/h，继续钻进至 181.00 m，钻孔水大顶钻，无法继续钻进，终孔。

② F_2 孔施工过程

2019 年 6 月 27 日开孔，用 ϕ219 mm 钻头无心钻进至孔深 19.30 m，下入 ϕ194 mm 套管 19.40 m（外露 0.10 m），并用水泥浆（水泥标号 42.5，水泥∶水质量比＝1∶0.50）全固管，用水泥 1.0 t。关闭截止阀，待水泥凝固 48 h 后，经耐压试验，压力达到 6.00 MPa，保持压力 30 min，孔口管无松动，管外无返水，固管质量合格。

固管成功后，用 ϕ168 mm 钻头无心钻进至孔深 85.45 m，下入 ϕ159 mm 套管 85.60 m（外露 0.15 m），并用水泥浆（水泥标号 42.5，水泥∶水质量比＝1∶0.50）全固管，用水泥 1.9 t。关闭截止阀，待水泥凝固 48 h 后，经耐压试验，压力达到 6.00 MPa，保持压力 30 min，孔口管无松动，管外无返水，固管质量合格。

固管成功后，用 ϕ133 mm 钻头无心钻进至孔深 146.00 m，下入 ϕ159 mm 套管 146.20 m（外露 0.20 m），并用水泥浆（水泥标号 42.5，水泥∶水质量比＝1∶0.50）全固管，用水泥 2.8 t。关闭截止阀，待水泥凝固 48 h 后，经耐压试验，压力达到 6.00 MPa，保持压力 30 min，孔口管无松动，管外无返水，固管质量合格。

固管成功后，用 ϕ75 mm 钻头无心钻进至孔深 169.14 m，出水，水量 150 m^3/h，继续钻进至 173.00 m，钻孔水大顶钻，无法继续钻进，终孔。

③ F_3 孔施工过程

2019 年 4 月 28 日开孔，用 ϕ219 mm 钻头无心钻进至孔深 21.10 m，下入 ϕ194 mm 套管 21.30 m（外露 0.10 m），并用水泥浆（水泥标号 42.5，水泥∶水质量比＝1∶0.50）全固管，用水泥 0.9 t。关闭截止阀，待水泥凝固 48 h 后，经耐压试验，压力达到 6.00 MPa，保持压力 30 min，孔口管无松动，管外无返水，固管质量合格。

固管成功后，用 ϕ168 mm 钻头无心钻进至孔深 86.45 m，下入 ϕ159 mm 套管 86.60 m（外露 0.15 m），并用水泥浆（水泥标号 42.5，水泥∶水质量比＝1∶0.50）全固管，用水泥 1.1 t。关闭截止阀，待水泥凝固 48 h 后，经耐压试验，压力达到 6.00 MPa，保持压力 30 min，孔口管无松动，管外无返水，固管质量合格。

固管成功后，用 ϕ133 mm 钻头无心钻进至孔深 126.00 m，下入 ϕ159 mm 套管 126.20 m（外露 0.20 m），并用水泥浆（水泥标号 42.5，水泥∶水质量比＝1∶0.50）全固管，用水泥 1.5 t。关闭截止阀，待水泥凝固 48 h 后，经耐压试验，压力达到 6.00 MPa，保持压力 30 min，孔口管无松动，管外无返水，固管质量合格。

固管成功后，用 ϕ75 mm 钻头无心钻进至 104.20 m 处测斜。继续钻进至 139.00 m 时，钻杆断裂两节（自 135.2 m 处发生断裂），随后下入公锥至 137.00 m，未能连接住掉落的钻杆。随即采取第二套方案，用水泥注入孔内封堵，待凝固 48 h 以后，扫孔至 139.00 m，造斜通过掉落钻杆处，继续钻进至孔深 174.50 m，出水，水量 200 m^3/h，继续钻进至 180.40 m，钻孔水大顶钻，无法继续钻进，终孔。

④ F_4 孔施工过程

2019 年 4 月 3 日开孔，用 ϕ219 mm 钻头无心钻进至孔深 20.90 m，下入 ϕ194 mm 套管 21.03 m（外露 0.13 m），并用水泥浆（水泥标号 42.5，水泥∶水质量比＝1∶0.50）全固管，用水泥 1.0 t。关闭截止阀，待水泥凝固 48 h 后，经耐压试验，压力达到 6.00 MPa，保持压力 30 min，孔口管无松动，管外无返水，固管质量合格。

固管成功后，用 ϕ168 mm 钻头无心钻进至孔深 89.25 m，下入 ϕ159 mm 套管 89.40 m（外露 0.15 m），并用水泥浆（水泥标号 42.5，水泥∶水质量比＝1∶0.50）全固管，用水泥 1.45 t。关闭截止阀，待水泥凝固 48 h 后，经耐压试验，压力达到 6.00 MPa，保持压力 30 min，孔口管无松动，管外无返水，固管质量合格。

固管成功后，用 ϕ133 mm 钻头无心钻进至孔深 147.00 m，下入 ϕ159 mm 套管 147.20 m（外露 0.20 m），并用水泥浆（水泥标号 42.5，水泥∶水质量比＝1∶0.50）全固管，用水泥 2.3 t。关闭截止阀，待水泥凝固 48 h 后，经耐压试验，压力达到 6.00 MPa，保持压力 30 min，孔口管无松动，管外无返水，固管质量合格。

固管成功后，用 ϕ75 mm 钻头无心钻进至孔深 103.76 m 处测斜。继续钻进至 170.00 m 时，钻杆在 154.00 m 处发生断裂，掉落钻杆约 16.00 m。事故发生后，立即用公锥下入 157.00 m 处，未能连接住掉落的钻杆。采用第二套方案，用钻杆连接钻头下入孔内，试图从掉落钻杆一侧偏移过去，结果钻进至 156.00 m 处被掉落钻杆阻挡，该方案不适用。然后采用第三套方案，用水泥注入孔内，将掉落钻杆固定住，再下入无心钻头进行钻进，钻进至 163 m 处被掉落钻杆阻挡。随即再次注入水泥，凝固 48 h 后，从另一个方向扫孔至 170 m，继续钻进至 172.50 m处，出水，水量 150 m^3/h，继续钻进至 177.60 m，钻孔水大顶钻，无法继续钻进，终孔。

（3）钻孔测斜

本次放水试验钻孔施工分别对 F_1、F_3、F_4 进行了测斜，符合地面钻探甲级孔孔斜规范要求（表 5-3）。

表 5-3　各钻孔测斜成果表

钻孔	测斜位置/m	偏移距/m	平均方位角/(°)	平均倾角/(°)
F_1	100.05	1.44	7.6	−90.7
F_3	102.60	1.00	343.0	−89.3
F_4	100.00	1.31	326.2	−89.2

(4) 钻孔终孔水量

各钻孔在施工过程中对见煤位置、出水位置及出水量进行了记录，见表 5-4。

表 5-4　各钻孔见煤位置及出水点情况

钻孔	钻孔见煤深度/m			出水点位置/m	水量/(m^3/h)
	15 煤层	18 煤层	21 煤层		
F_1	65.25～68.95	126.00～127.00	166.65～168.15	170.15	200
F_2	65.00～68.60	125.50～126.60	164.50～166.10	169.14	150
F_3	65.20～68.35	124.70～126.00	170.20～172.10	174.50	200
F_4	65.30～69.00	未见	170.50～172.50	175.66	150

根据表 5-4，各钻孔见煤位置与出水位置基本一致，F_1、F_2、F_3 和 F_4 钻孔初始水量分别为 200 m^3/h、150 m^3/h、200 m^3/h 和 150 m^3/h，一方面说明本次放水试验钻孔揭露的地层与实际较为相符，另一方面初步说明宝塔山砂岩含水层富水性较强。

(5) 钻孔揭露含水层厚度

由于宝塔山砂岩含水层水压高、水量大，钻孔在揭露含水层后施工困难，经矿方同意后，各钻孔在揭露含水层 4～10 m 左右终孔，见表 5-5。

表 5-5　各钻孔揭露宝塔山砂岩含水层厚度一览表

钻孔	揭露含水层孔深/m	终孔孔深/m	揭露含水层厚度/m
F_1	170.15	181.00	10.85
F_2	169.14	173.00	3.86
F_3	174.50	180.40	5.90
F_4	172.50	177.60	5.10

5.5 试放水试验

5.5.1 井下钻孔观测资料

试放水试验从 2019 年 8 月 10 日 9:00 开始，8 月 23 日 12:00 结束，共计 315 h。其中，8 月 10 日 9:00 F_3 钻孔开始放水，8 月 11 日 5:30 F_2 钻孔叠加放水，8 月 11 日 8:20 F_3 和 F_2 钻孔停止放水，F_1 和 F_4 钻孔始终作为观测孔。

(1) 放水孔水量

F_3 钻孔放水水量最大值 240.00 m^3/h，最小值为 97.00 m^3/h，平均值为 189.63 m^3/h，总体趋势呈先波动下降、后上升、最后趋于稳定(图 5-3)。

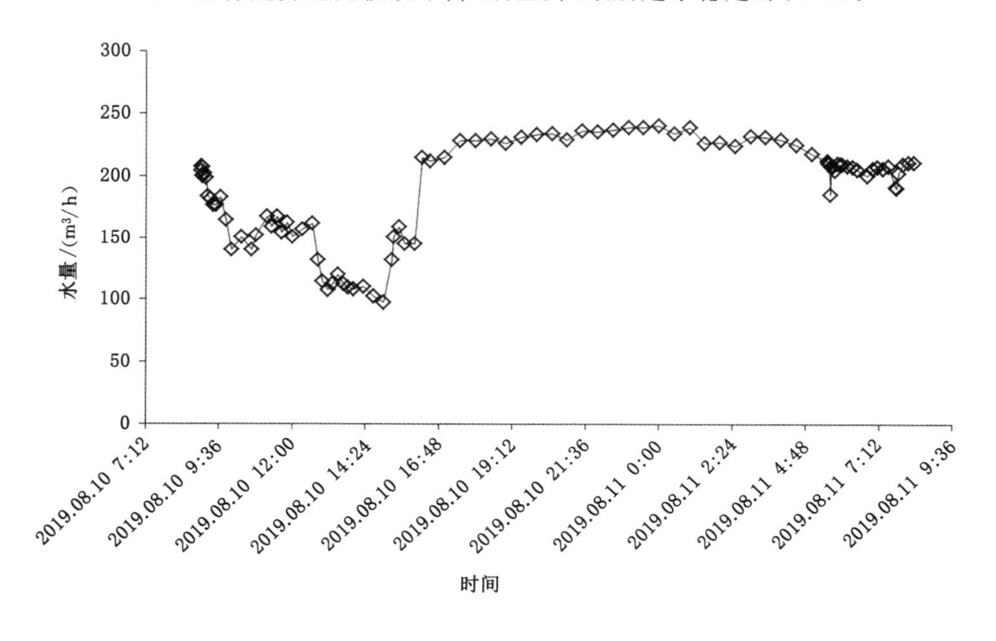

图 5-3　F_3 钻孔放水水量历时变化曲线图

F_2 钻孔放水水量最大值为 245.00 m^3/h，最小值为 203.00 m^3/h，平均值为 225.80 m^3/h，总体趋势稳定(图 5-4)。

(2) 观测孔水压

F_1 钻孔观测水压从 3.1 MPa 逐渐降低至 2.2 MPa(图 5-5)。F_2 钻孔观测水压从 3.1 MPa 逐渐降低至 2.8 MPa(图 5-6)。F_4 钻孔观测水压从 3.1 MPa 逐渐降低至 2.38 MPa(图 5-7)。

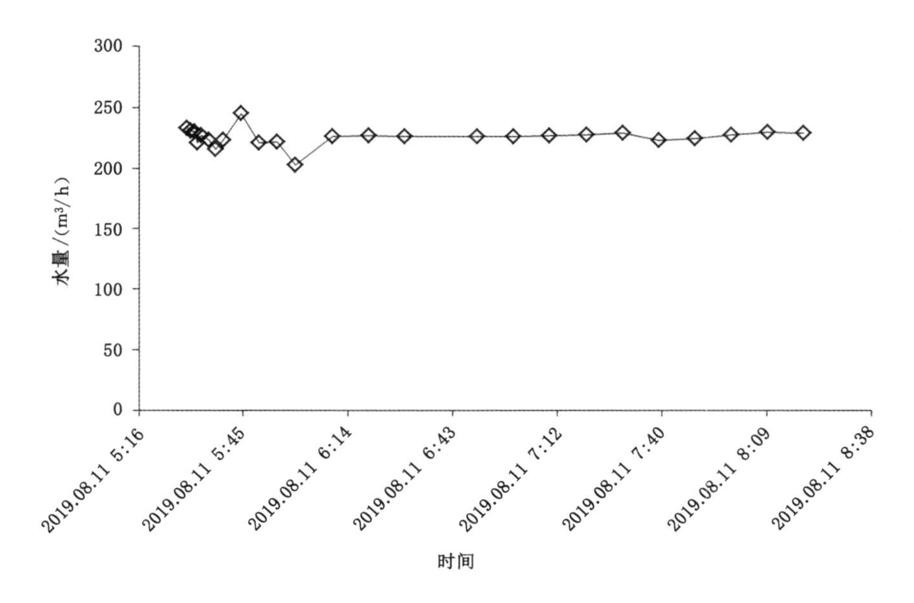

图 5-4　F_2 钻孔放水水量历时变化曲线图

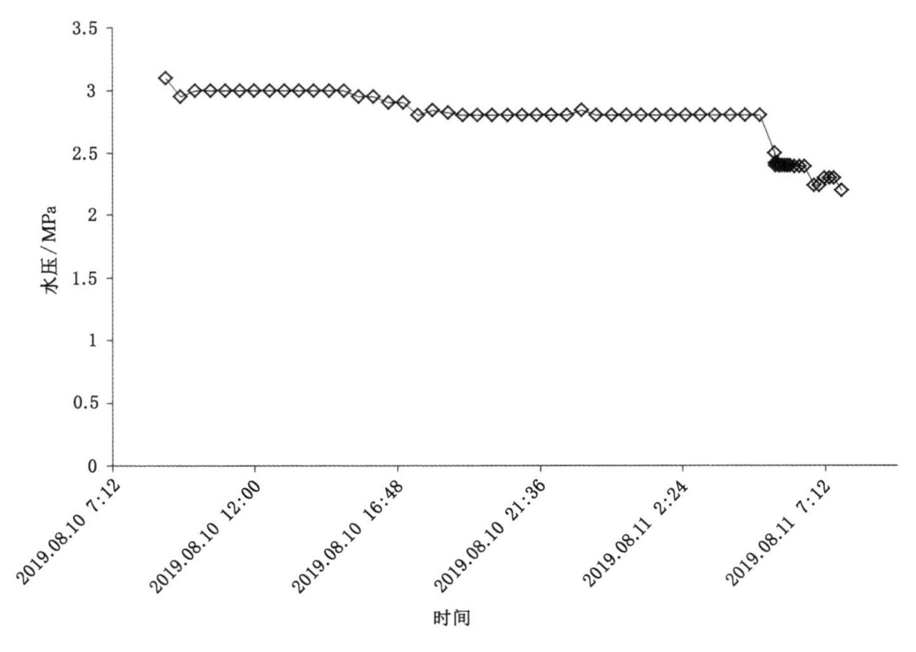

图 5-5　F_1 钻孔观测水压历时变化曲线图

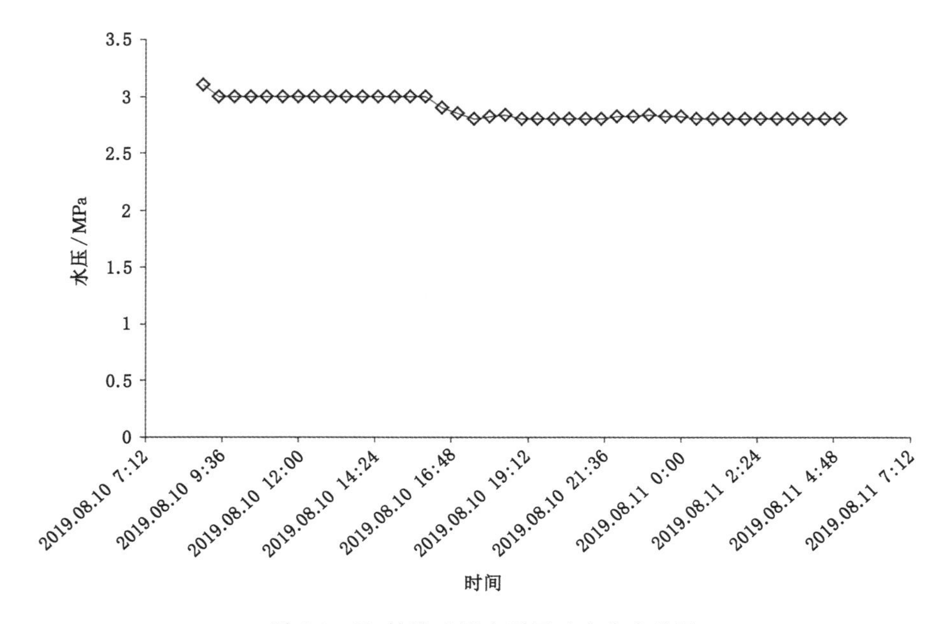

图 5-6　F_2 钻孔观测水压历时变化曲线图

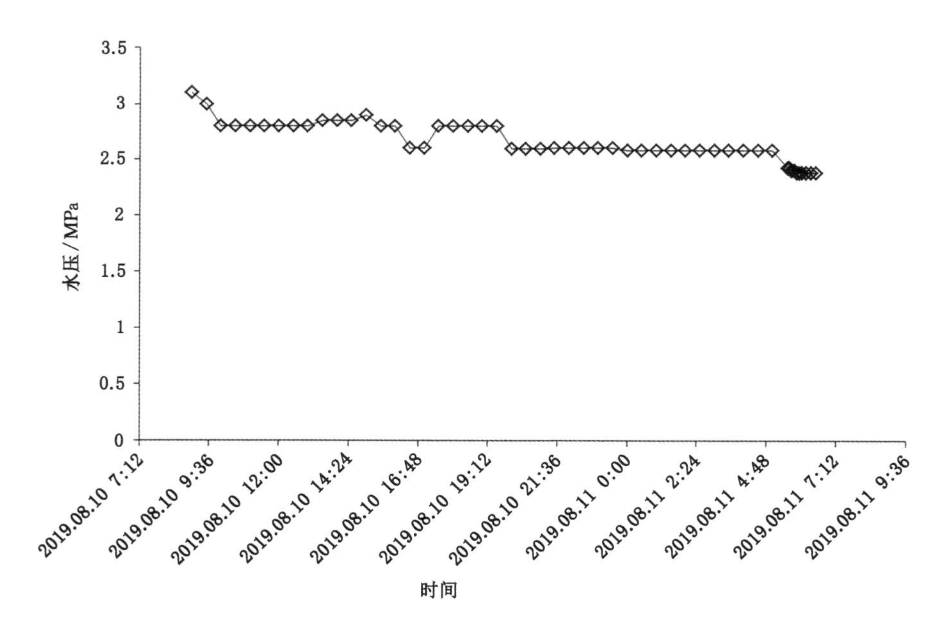

图 5-7　F_4 钻孔观测水压历时变化曲线图

5.5.2　地面钻孔观测资料

试放水试验在对井下放水孔和观测孔进行水量和水压观测的同时，也在地面长观孔对宝塔山砂岩含水层水位进行了同步观测。

由图 5-8～图 5-15 可以看出，宝塔山砂岩含水层各观测孔水位均出现不同程度的变化，其中水位降深最大的是 B_{44} 观测孔(降深 17.63 m)，其次为 B_{45} 观测孔(降深 10.26 m)、B_6 观测孔(降深 8.26 m)、B_7 观测孔(降深 5.64 m)、直排孔(降深 4.82 m)和 B_{36} 观测孔(降深 3.35 m)，其余观测孔最大降深均小于 1 m，主要是由于距离放水孔较远的缘故。

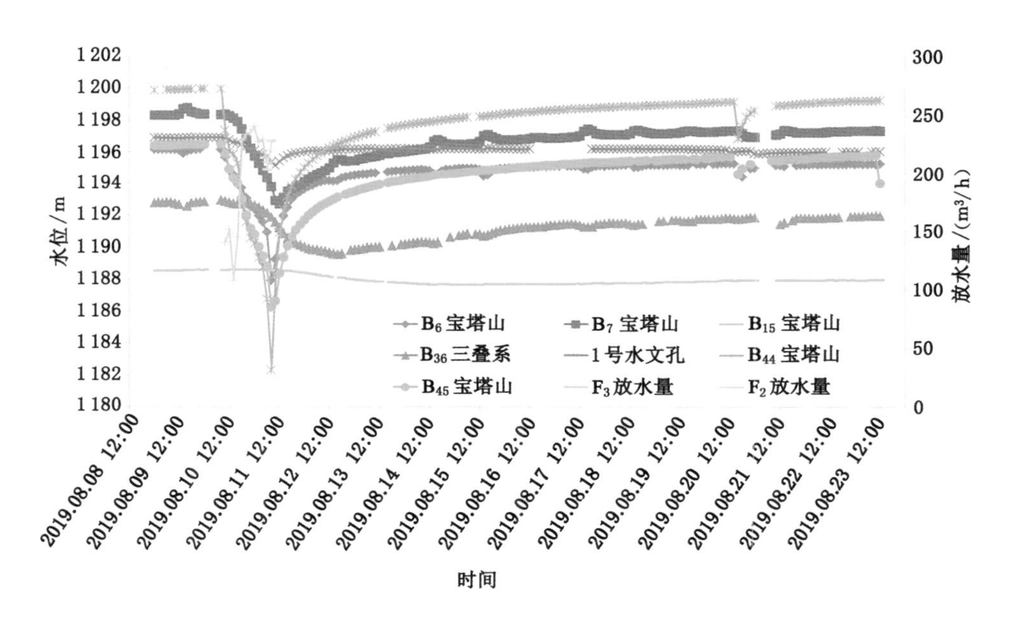

图 5-8　试放水试验放水孔水量与地面观测孔水位历时变化曲线图

由图 5-8～图 5-15 还可以看出，放水时间仅有 48 h，距离放水孔较近的观测孔均出现较大程度的降深，恢复时间长达 267 h，各观测孔恢复水位与初始水位均有不同程度的差值，其中恢复剩余降深最大的是直排孔(4.82 m)、B_{45} 观测孔(2.44 m)，其余观测孔恢复剩余降深均小于 1 m。说明宝塔山砂岩含水层渗透性一般，同时直排孔受到胶带暗斜井突水注浆治理的影响，其周边含水层渗透性能与原始地层具有一定的差异。

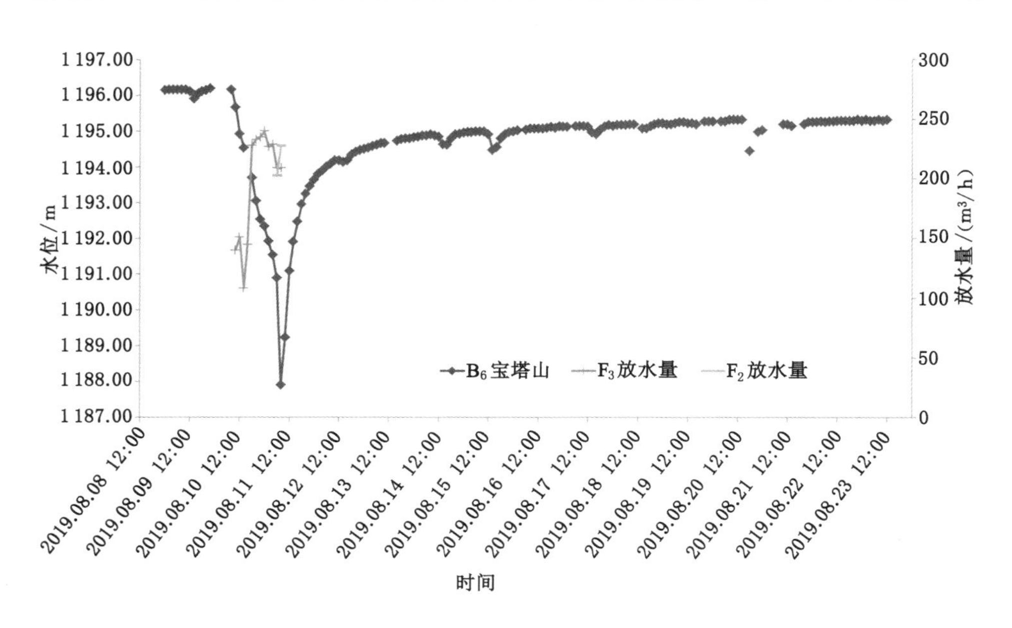

图 5-9　试放水试验放水孔水量与 B_6 观测孔水位历时变化曲线图

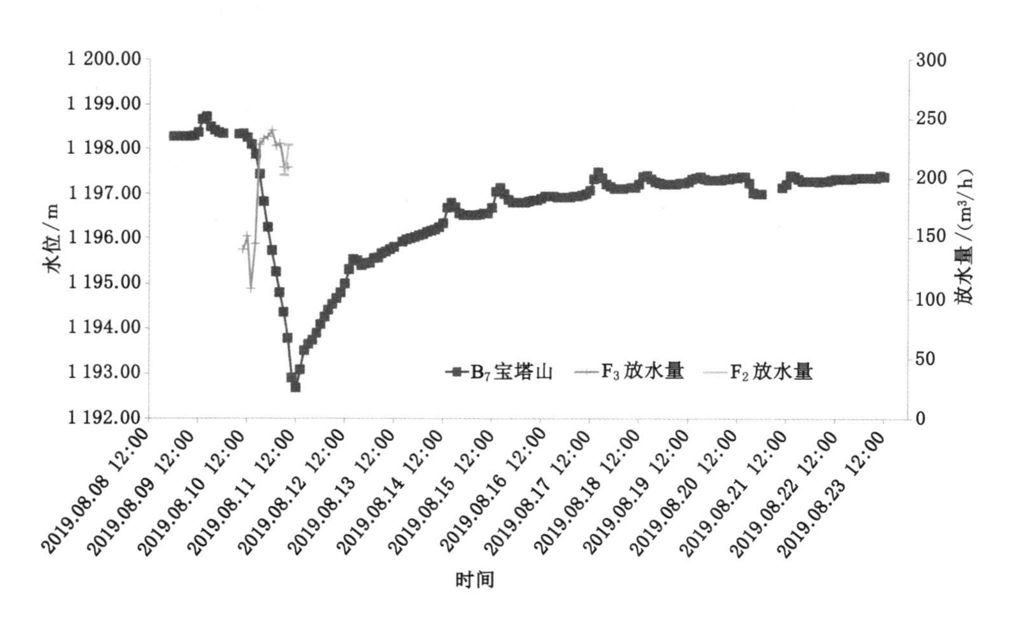

图 5-10　试放水试验放水孔水量与 B_7 观测孔水位历时变化曲线图

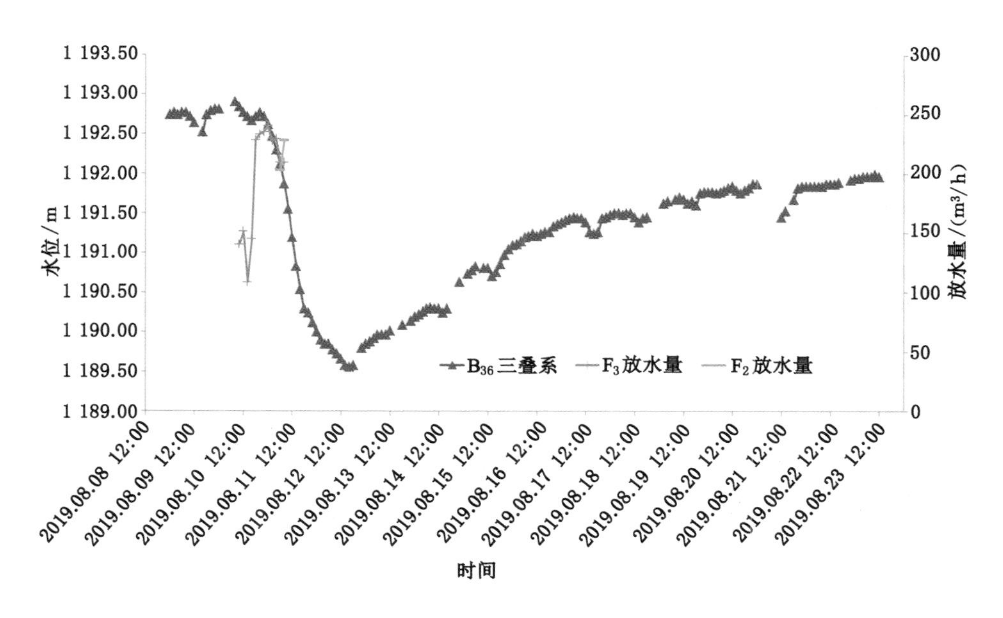

图 5-11　试放水试验放水孔水量与 B_{36} 观测孔水位历时变化曲线图

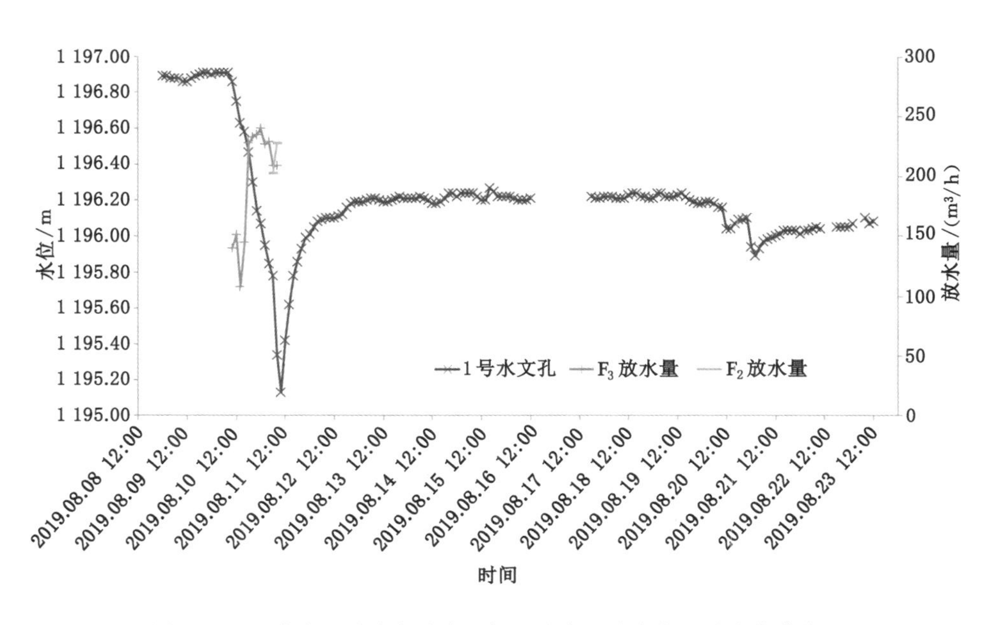

图 5-12　试放水试验放水孔水量与 1 号水文孔水位历时变化曲线图

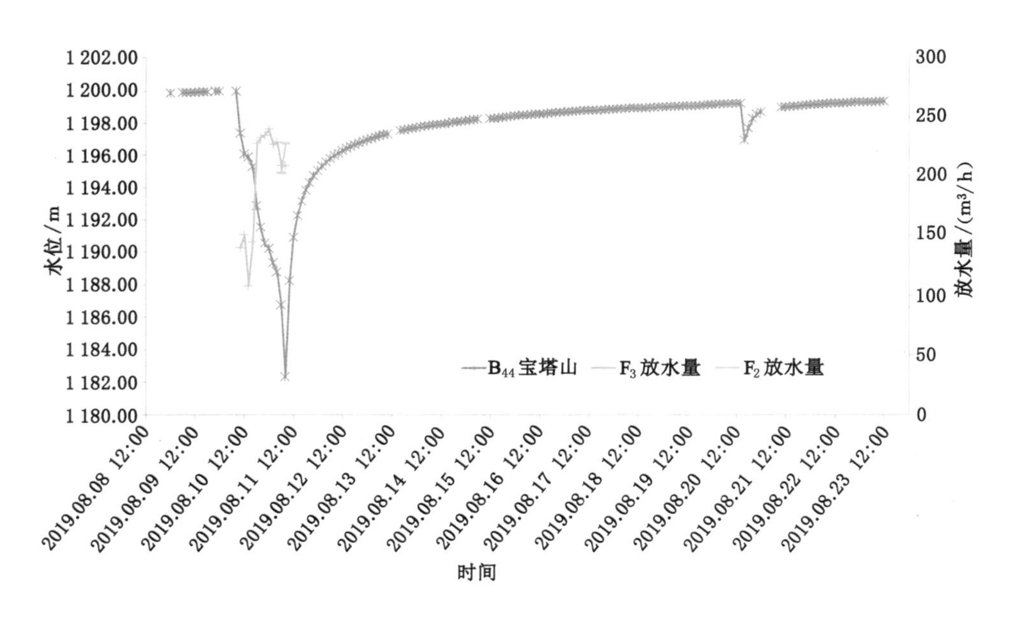

图 5-13　试放水试验放水孔水量与 B_{44} 观测孔水位历时变化曲线图

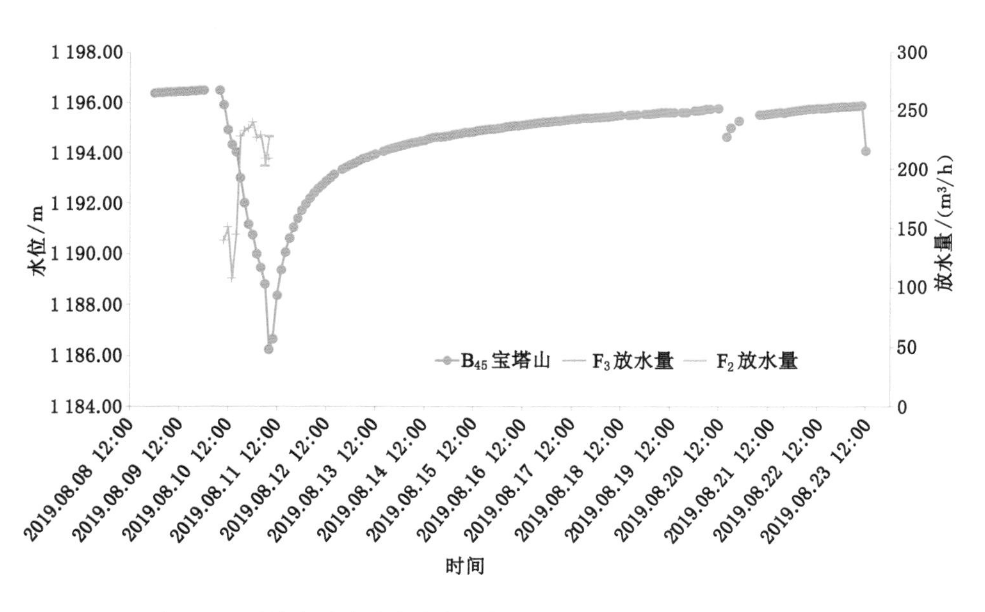

图 5-14　试放水试验放水孔水量与 B_{45} 观测孔水位历时变化曲线图

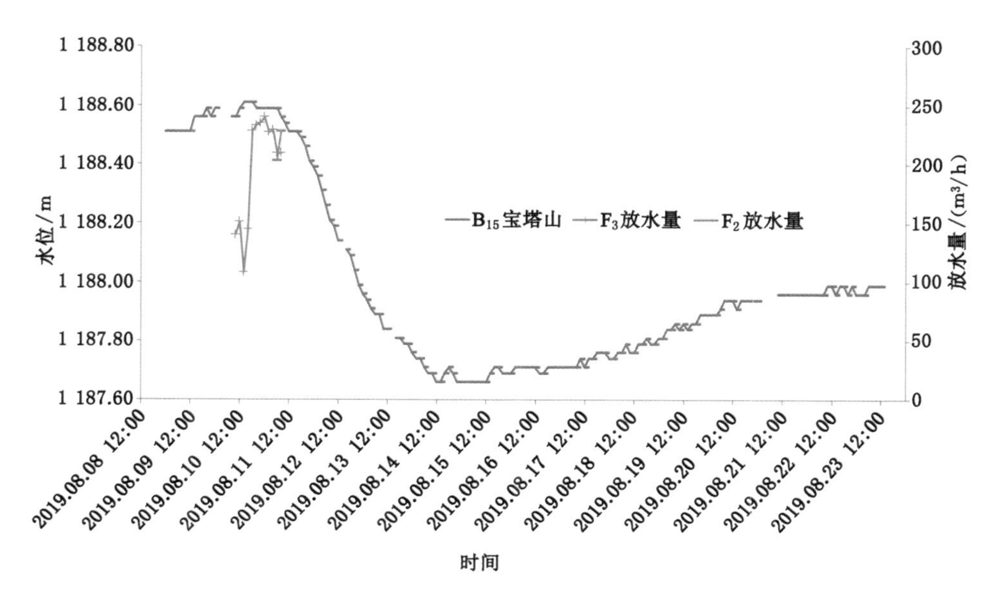

图5-15 试放水试验放水孔水量与B_{15}观测孔水位历时变化曲线图

5.6 正式放水试验过程

正式放水试验从2019年8月23日12:00开始,12月1日12:00结束,其中8月23日12:00至10月8日12:00为单孔放水试验,10月8日12:00至12月1日12:00为多孔叠加放水试验。

单孔放水试验从8月23日12:00开始,9月18日12:00结束,恢复水位至10月8日12:00。

多孔叠加放水试验从10月8日12:00开始F_2钻孔放水,10月12日12:00叠加F_3钻孔放水,10月16日12:00 F_1和F_4钻孔放水,11月6日所有钻孔结束放水,开始恢复水位,本次放水试验数据采集截至12月1日12:00。

5.7 F_2单孔放水试验观测数据

5.7.1 井下钻孔观测资料

(1) 放水孔水量

F_2单孔放水试验从2019年8月23日12:00开始,9月18日12:00结束,放水时间共计624 h,恢复水位至10月8日12:00,恢复时间共计480 h。F_2钻孔放水量基本稳定在 180～307 m^3/h 之间，放水量平均值为 237.91 m^3/h，在单孔放水过程中 F_2 放水孔水量处于稳定状态(图 5-16)，初步说明宝塔山砂岩含水层富水性较强，同时具有较好的水量补给条件。

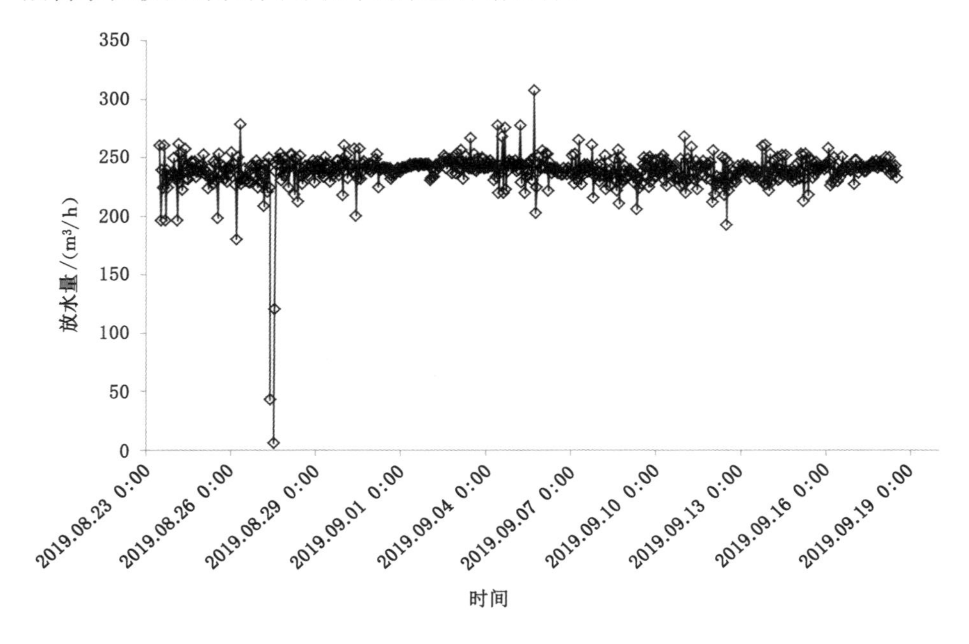

图 5-16　F_2 放水孔放水量历时变化曲线图

2019 年 8 月 27 日 9:00 至 8 月 27 日 12:00 放水孔关闭了闸阀 3 h，其余时间均为正常放水。

(2) 观测孔水压

井下观测孔水压在 F_2 放水孔开始放水后均出现不同程度的下降，其中 F_2 放水孔水压从 3.1 MPa 迅速降到 0.6 MPa，在停止放水后，迅速恢复到 3.0 MPa；F_1 观测孔水压从 3.1 MPa 逐渐降到 2.0 MPa，在停止放水后，逐渐恢复到 3.0 MPa；F_3 观测孔水压从 3.1 MPa 逐渐降到 2.38 MPa，在停止放水后，逐渐恢复到 2.98 MPa；F_4 观测孔水压从 3.1 MPa 逐渐降到 2.41 MPa，在停止放水后，逐渐恢复到 2.96 MPa(图 5-17)。

5.7.2　地面钻孔观测资料

在 F_2 放水孔进行单孔放水时，地面观测孔共观测 4 个主要层位含水层的水位，包括白垩系含水层、直罗组含水层、煤系含水层和宝塔山砂岩含水层。下面对各含水层水位在 F_2 放水孔进行单孔放水时的水位历时变化进行分析。

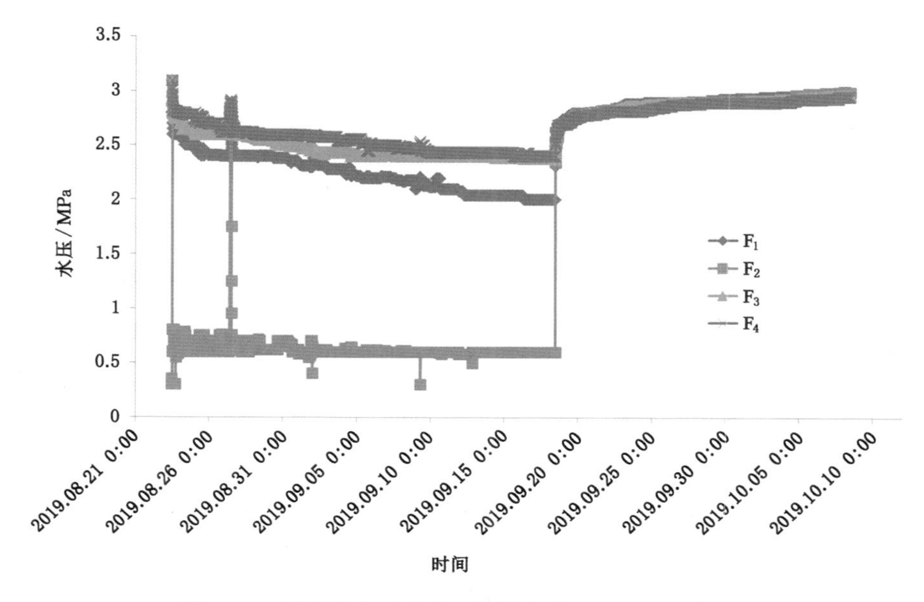

图 5-17　单孔放水试验井下各钻孔水压历时变化曲线图

(1) 白垩系含水层水位

单孔放水试验时，共有 7 个观测孔对白垩系含水层水位进行观测，其水位历时变化曲线如图 5-18～图 5-25 所示。由图中可以看出，在单孔放水时，除了 B_9 观测孔水位出现了明显的变化(水位变化最大值为 15.41 m)，其他各观测孔水

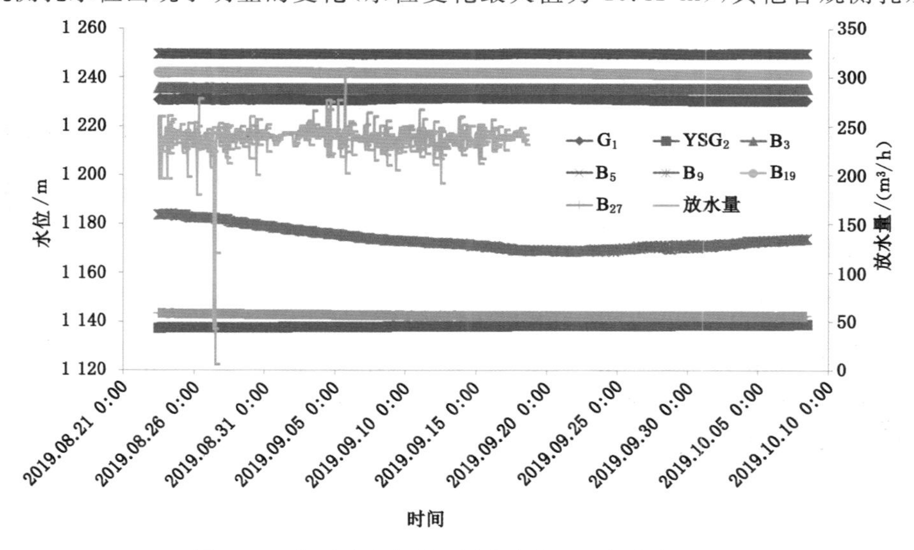

图 5-18　白垩系含水层观测孔水位历时变化曲线图

位变化很小(基本在 0.30～1.31 m 之间),水位变化趋势与 F_2 放水孔单孔放水无明显关联性。

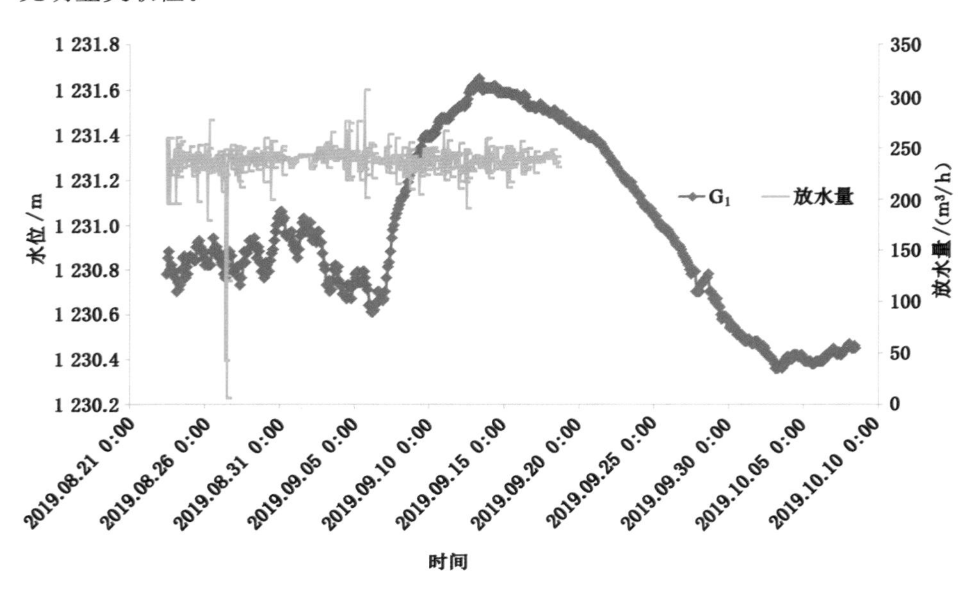

图 5-19　白垩系含水层 G_1 观测孔水位历时变化曲线图

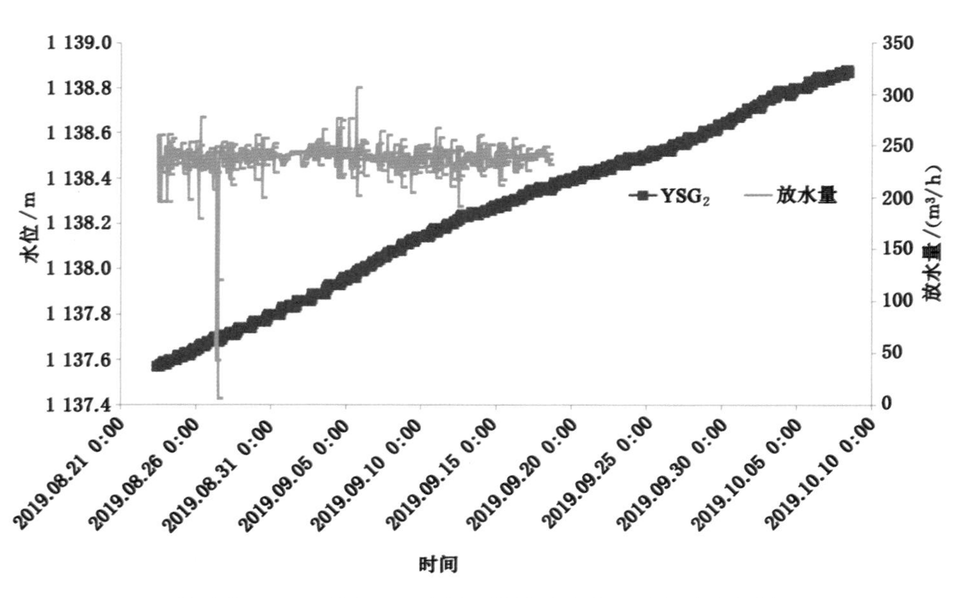

图 5-20　白垩系含水层 YSG_2 观测孔水位历时变化曲线图

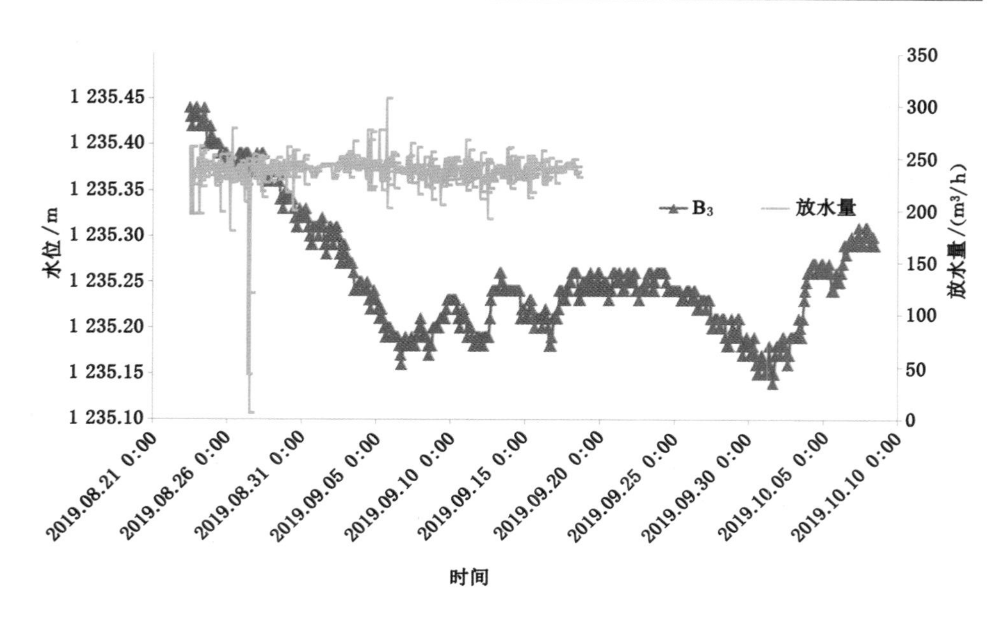

图 5-21　白垩系含水层 B_3 观测孔水位历时变化曲线图

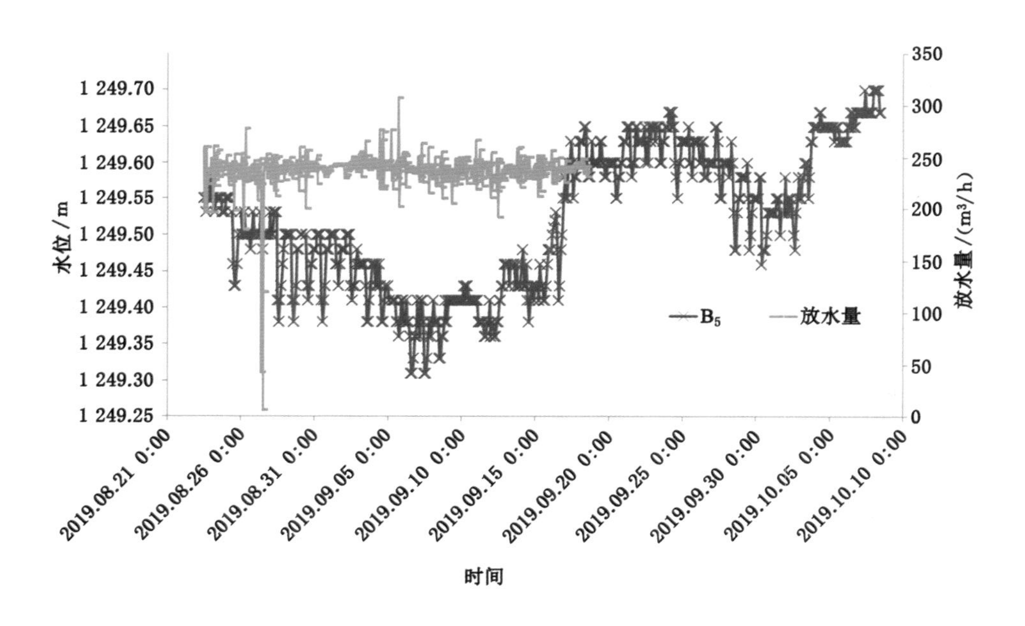

图 5-22　白垩系含水层 B_5 观测孔水位历时变化曲线图

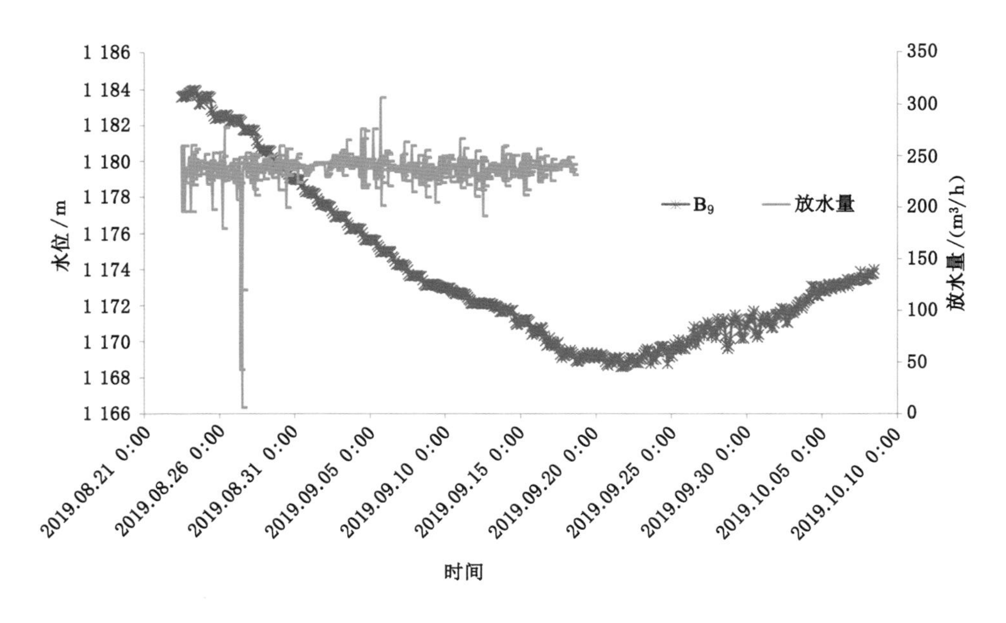

图 5-23 白垩系含水层 B_9 观测孔水位历时变化曲线图

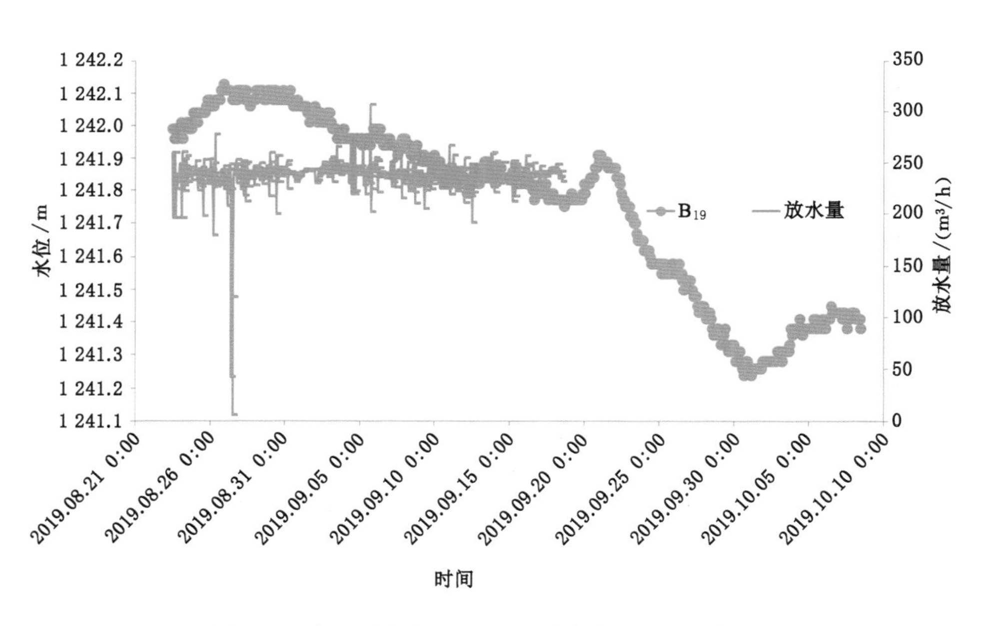

图 5-24 白垩系含水层 B_{19} 观测孔水位历时变化曲线图

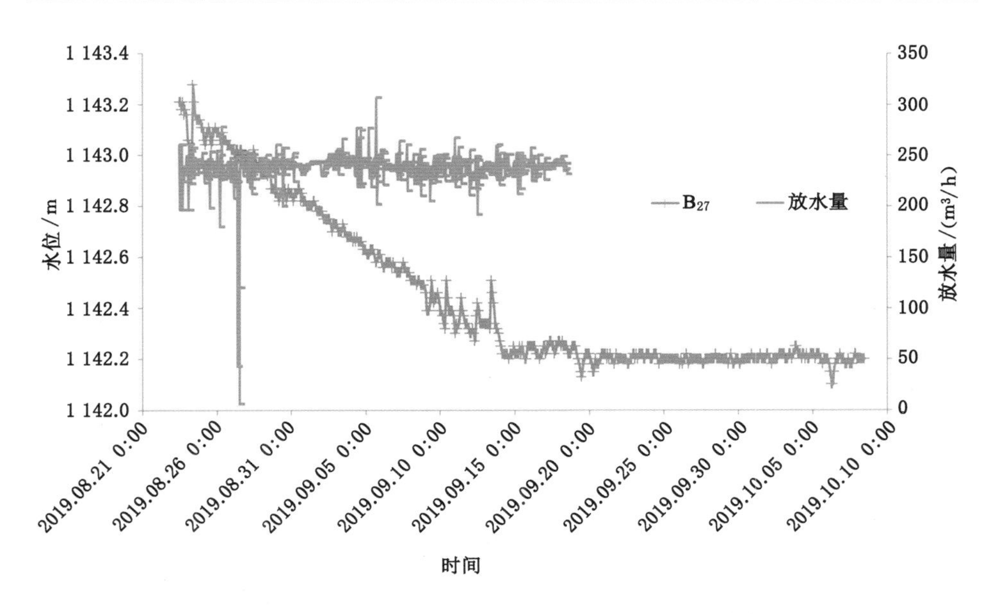

图 5-25　白垩系含水层 B_{27} 观测孔水位历时变化曲线图

(2) 直罗组含水层水位

单孔放水试验时，共有 5 个观测孔对直罗组含水层水位进行观测，其水位历时变化曲线如图 5-26～图 5-31 所示。由图中可以看出，在 F_2 钻孔单孔放水时，

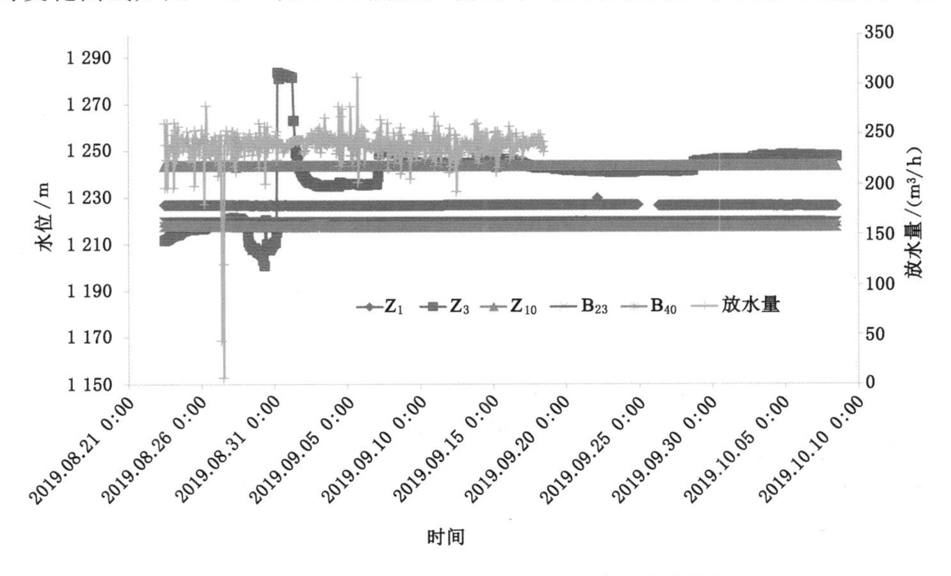

图 5-26　直罗组含水层观测孔水位历时变化曲线图

除了 Z_3 观测孔水位出现了明显的变化(水位变化最大值为 82.95 m),其他各观测孔水位变化很小(基本在 0.24~3.41 m 之间),并且水位变化趋势与 F_2 放水孔单孔放水无明显关联性。

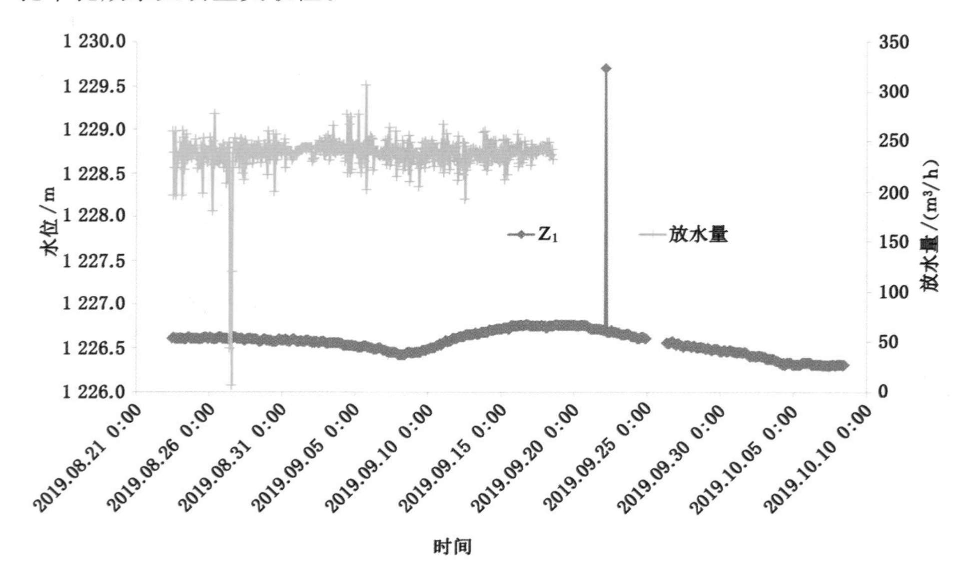

图 5-27　直罗组含水层 Z_1 观测孔水位历时变化曲线图

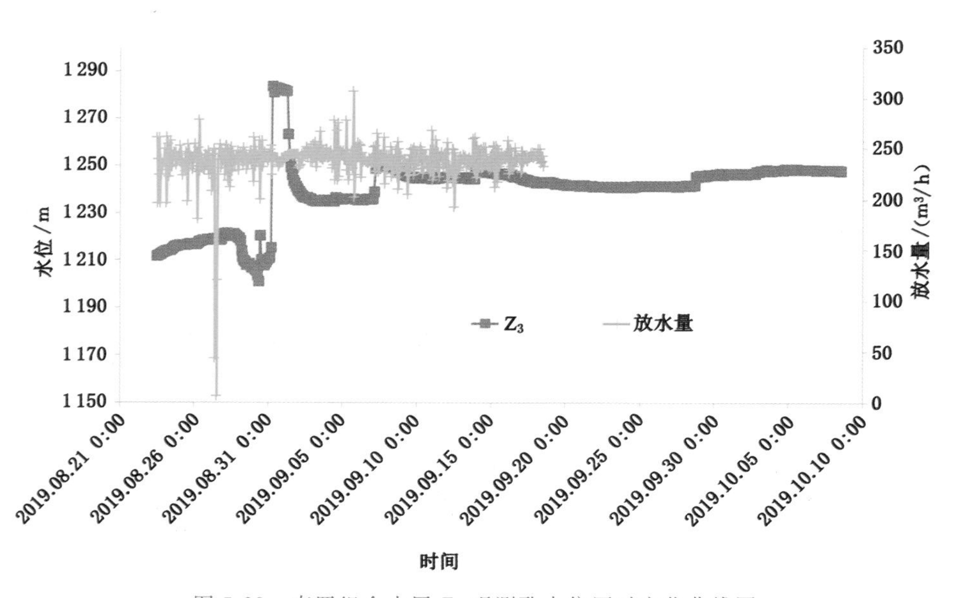

图 5-28　直罗组含水层 Z_3 观测孔水位历时变化曲线图

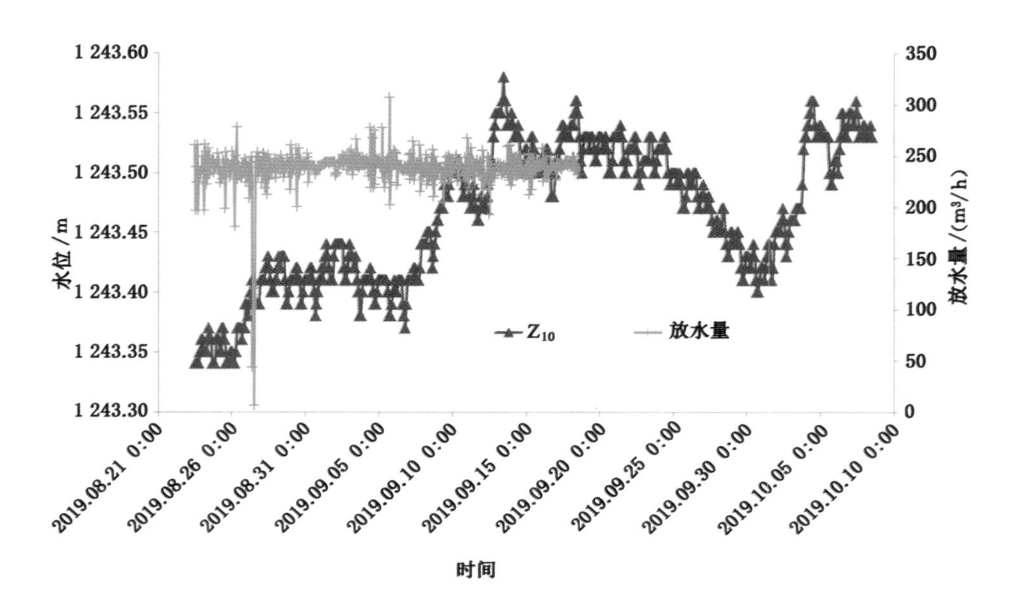

图 5-29　直罗组含水层 Z_{10} 观测孔水位历时变化曲线图

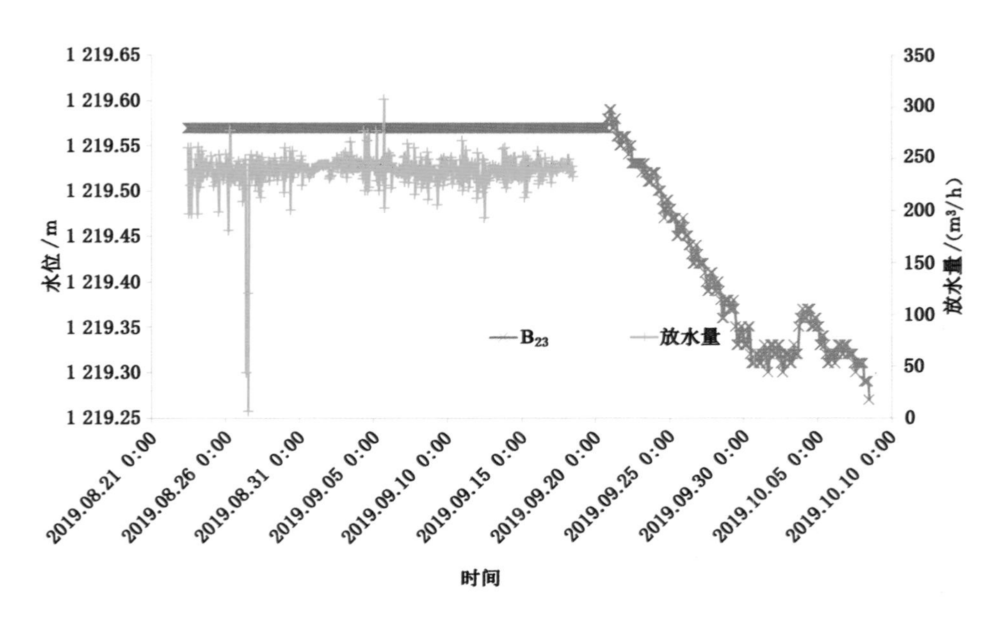

图 5-30　直罗组含水层 B_{23} 观测孔水位历时变化曲线图

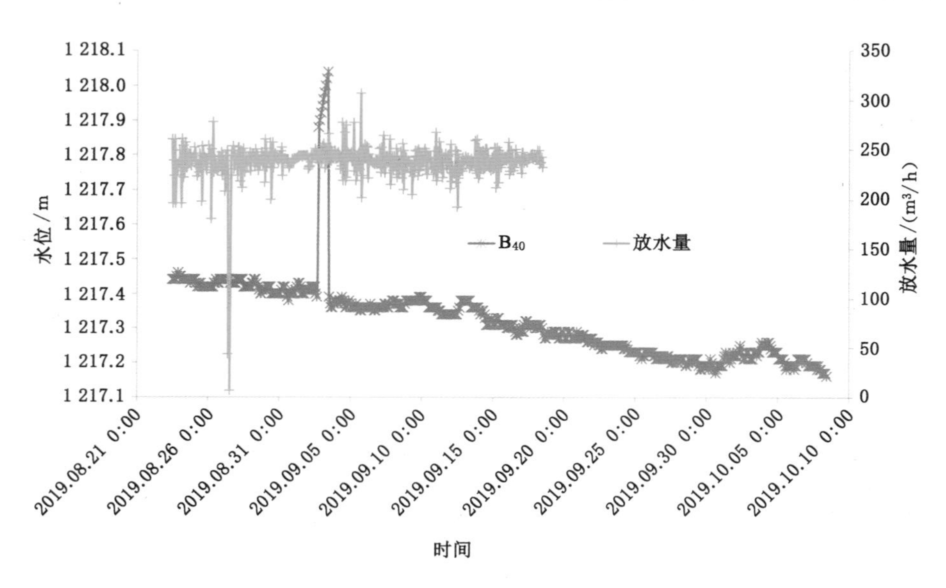

图 5-31　直罗组含水层 B_{40} 观测孔水位历时变化曲线图

（3）煤系含水层水位

单孔放水试验时，共有 9 个观测孔对煤系含水层水位进行观测，其水位历时变化曲线如图 5-32～图 5-41 所示。由图中可以看出，在 F_2 钻孔单孔放水时，除了 Z_7 和 B_{13} 观测孔水位出现了明显的变化（水位变化最大值分别为 5.63 m 和

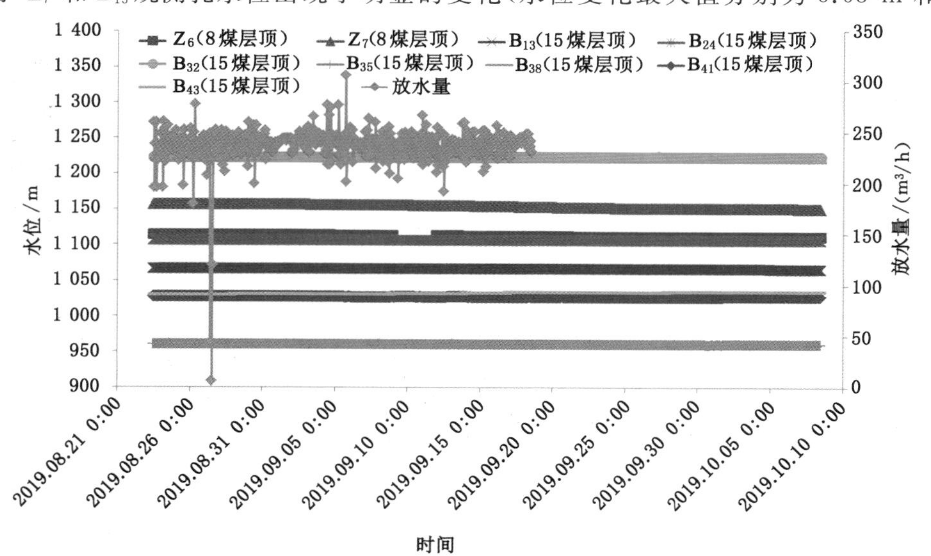

图 5-32　煤系含水层观测孔水位历时变化曲线图

4.84 m)，其他各观测孔水位变化很小(基本在 0.27～1.58 m 之间)，由于煤系含水层受井下采掘活动影响较大，所以其水位变化与 F_2 放水孔单孔放水之间的关联性暂时无法判断。

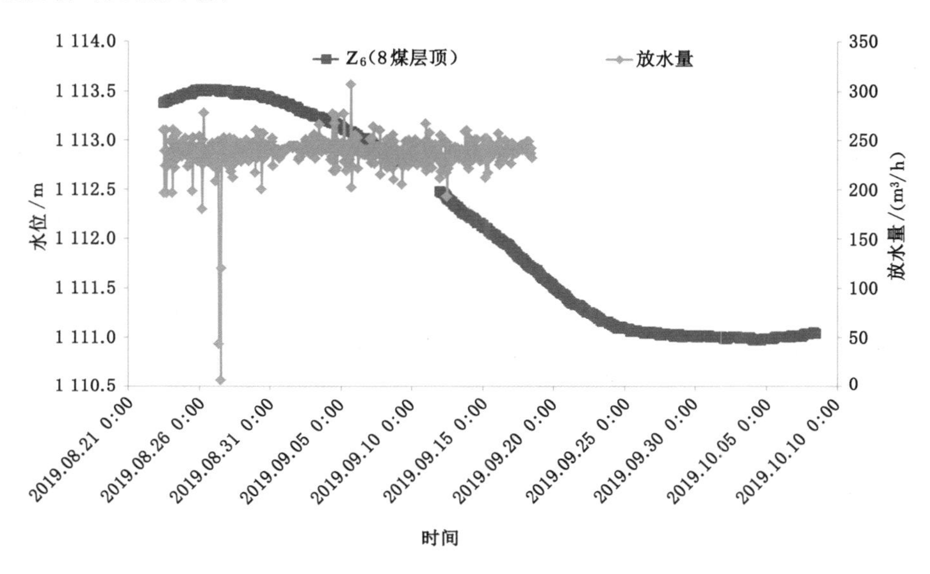

图 5-33　煤系含水层 Z_6(8 煤层顶)观测孔水位历时变化曲线图

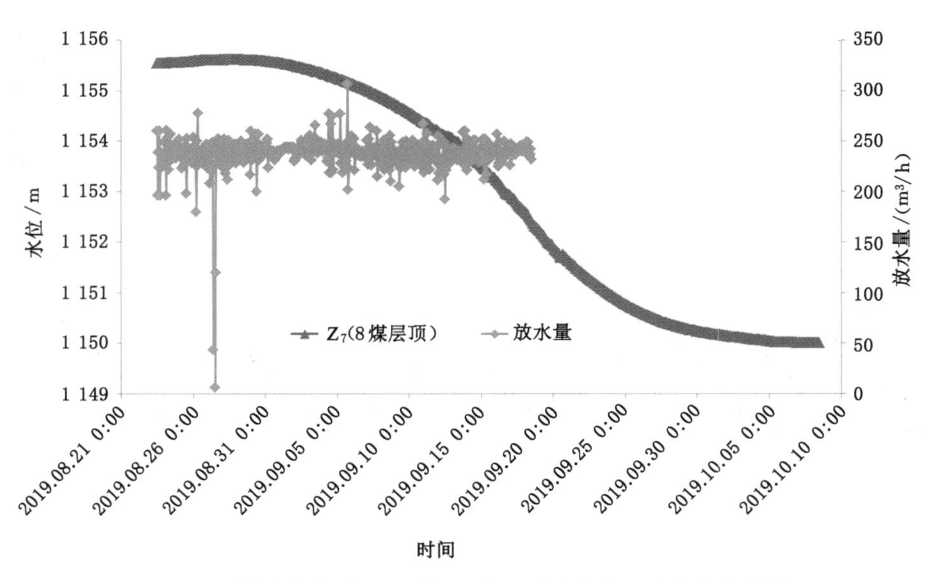

图 5-34　煤系含水层 Z_7(8 煤层顶)观测孔水位历时变化曲线图

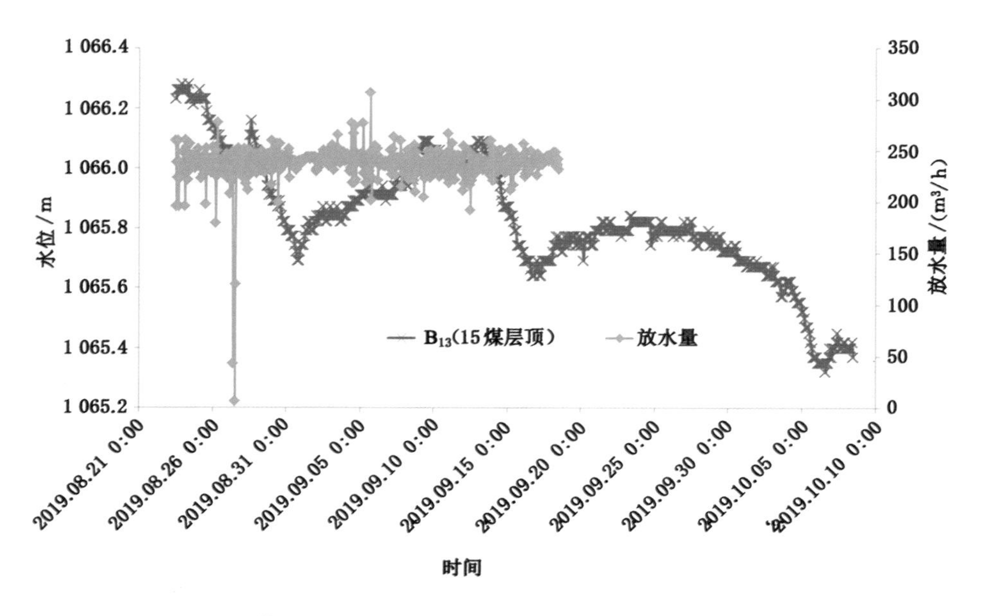

图 5-35　煤系含水层 B_{13}(15 煤层顶)观测孔水位历时变化曲线图

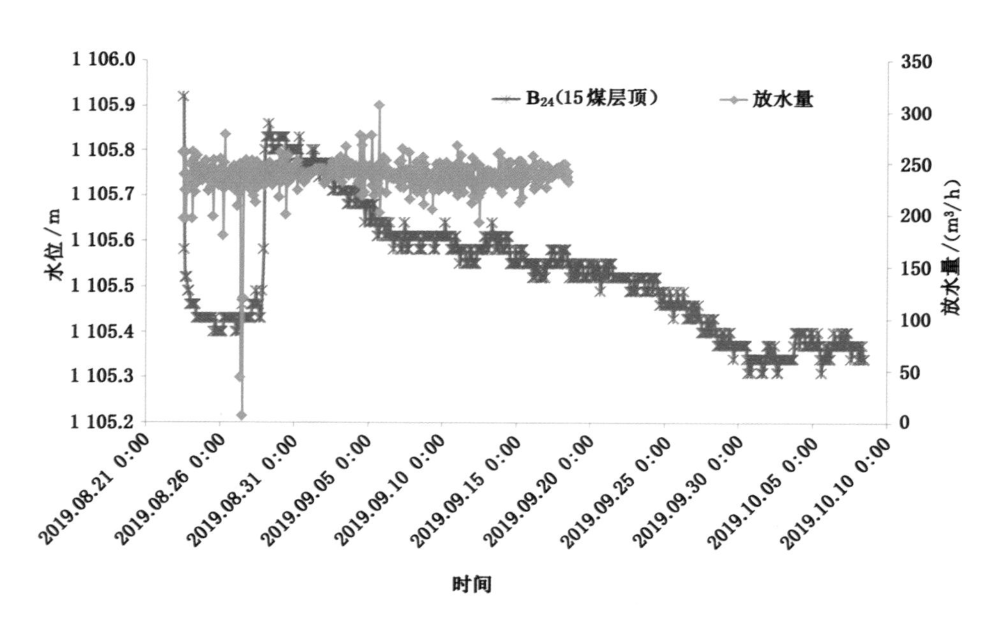

图 5-36　煤系含水层 B_{24}(15 煤层顶)观测孔水位历时变化曲线图

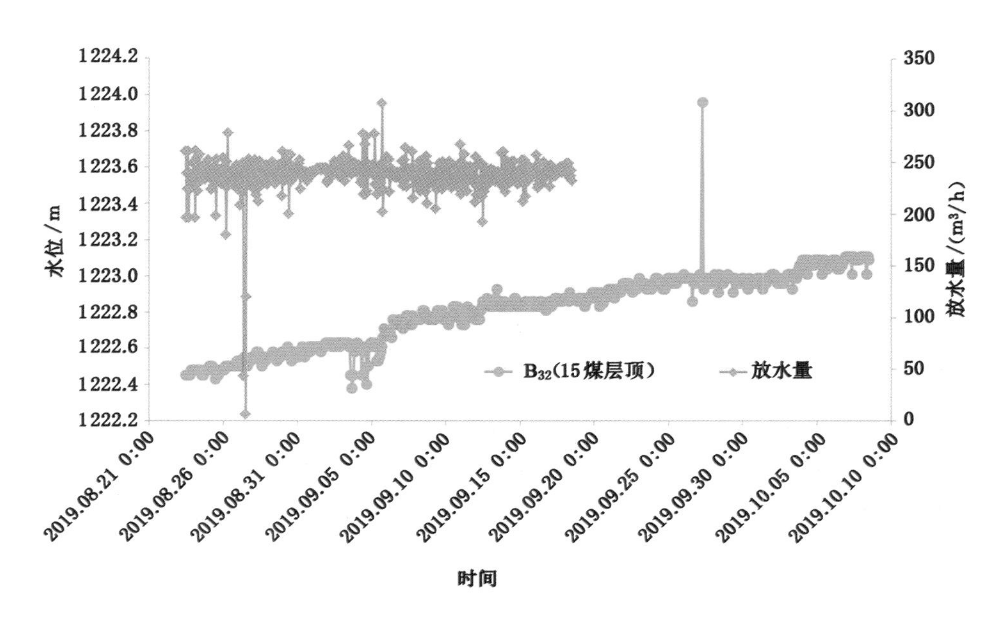

图5-37　煤系含水层 B_{32}(15煤层顶)观测孔水位历时变化曲线图

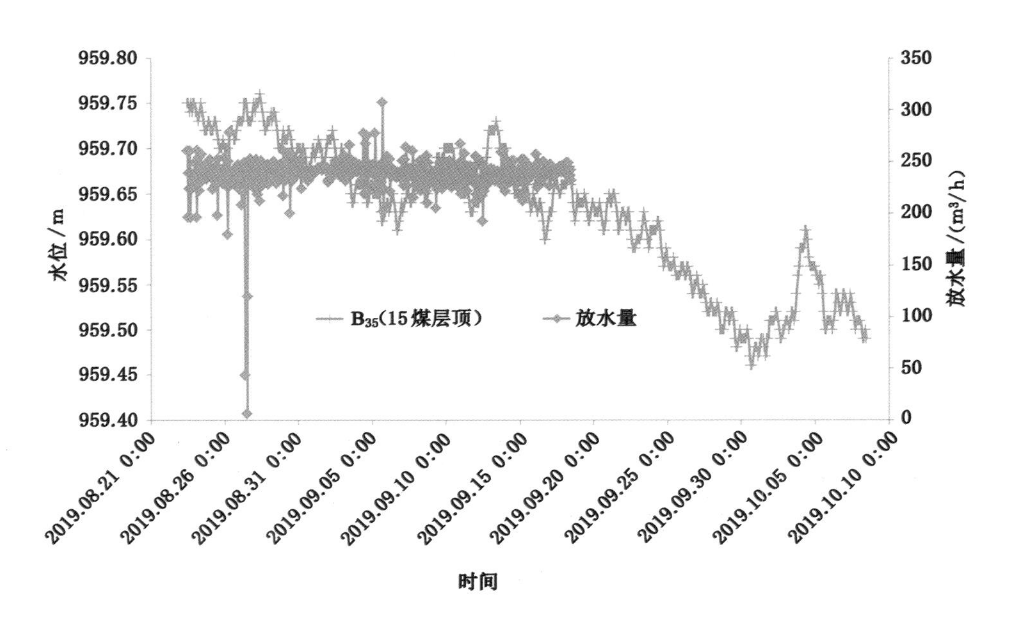

图5-38　煤系含水层 B_{35}(15煤层顶)观测孔水位历时变化曲线图

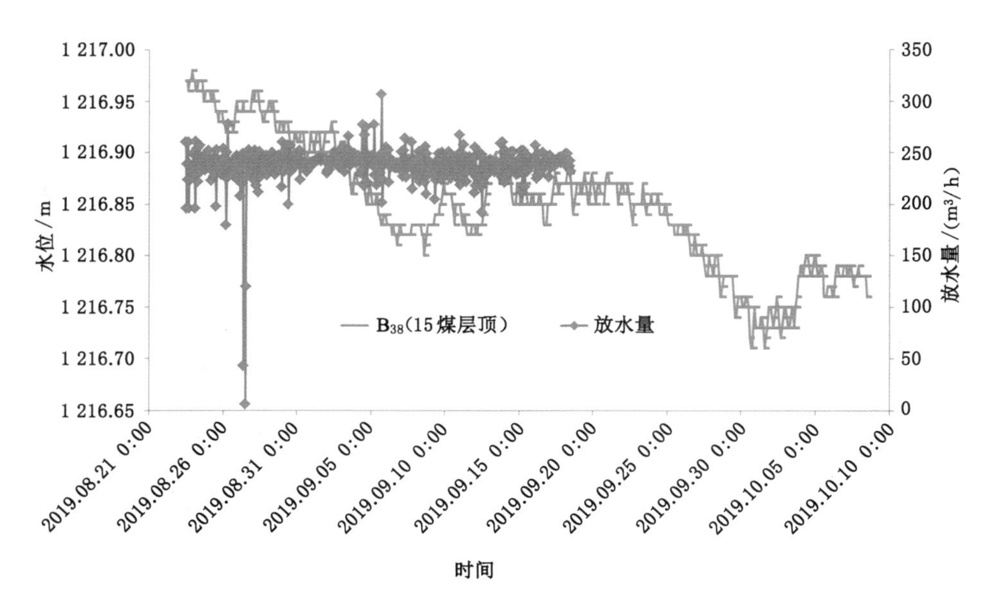

图 5-39　煤系含水层 B_{38}(15 煤层顶)观测孔水位历时变化曲线图

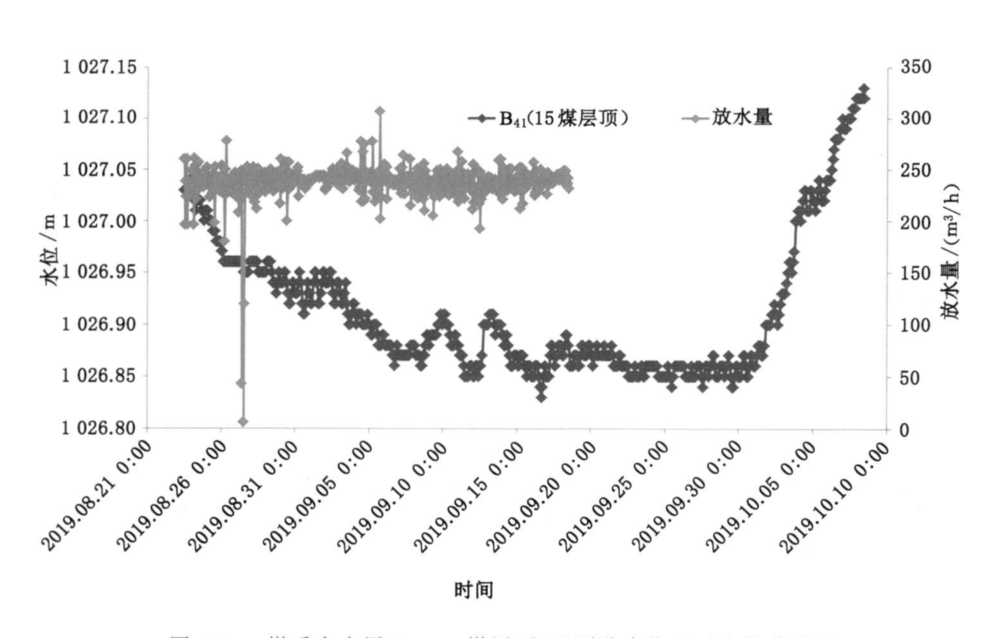

图 5-40　煤系含水层 B_{41}(15 煤层顶)观测孔水位历时变化曲线图

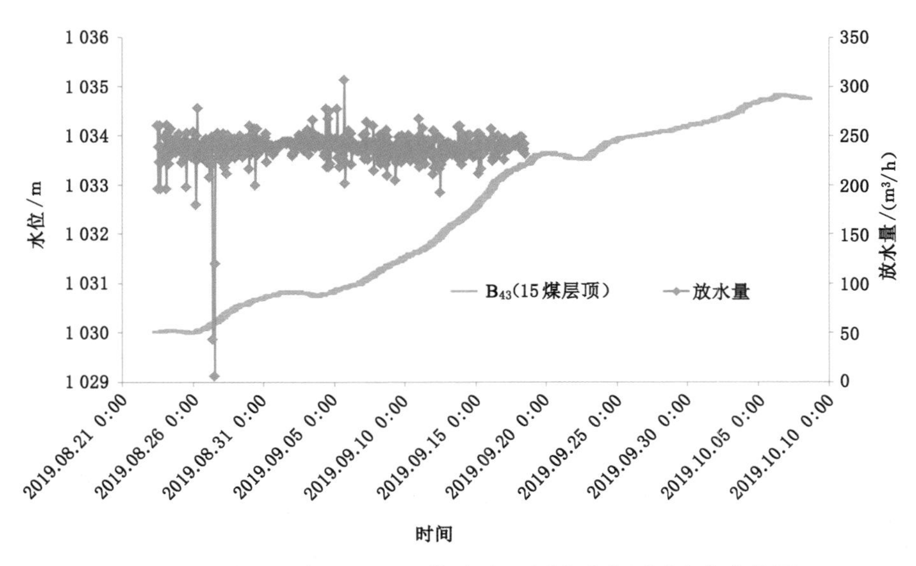

图 5-41　煤系含水层 B_{43}(15 煤层顶)观测孔水位历时变化曲线图

(4) 宝塔山砂岩含水层水位

单孔放水试验时,共有 14 个观测孔对宝塔山砂岩含水层水位进行观测,其水位历时变化曲线如图 5-42～图 5-56 所示。由图中可以看出,在 F_2 钻孔单孔放水时,B_{42} 和 B_{33} 观测孔水位与 F_2 放水孔单孔放水的关联性较差以外,其他各

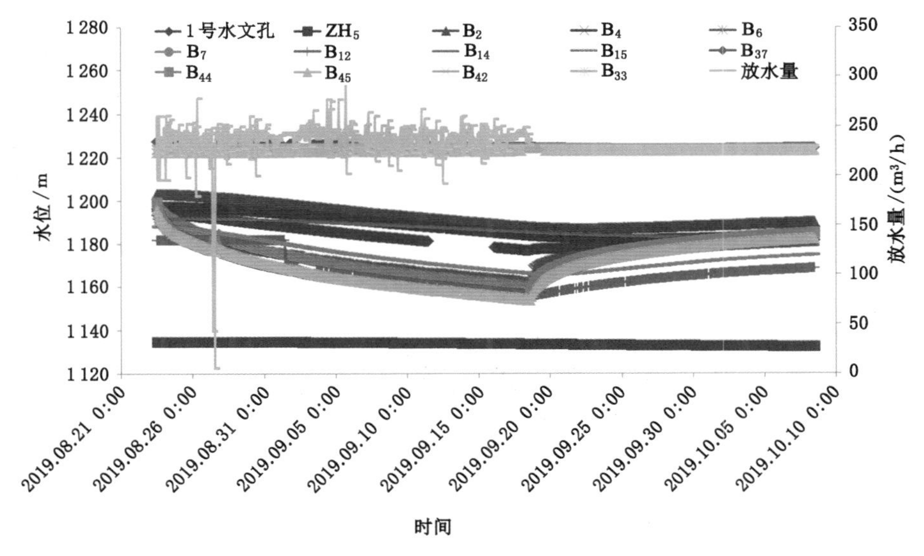

图 5-42　宝塔山砂岩含水层观测孔水位历时变化曲线图

观测孔均与 F_2 放水孔单孔放水具有较好的响应。

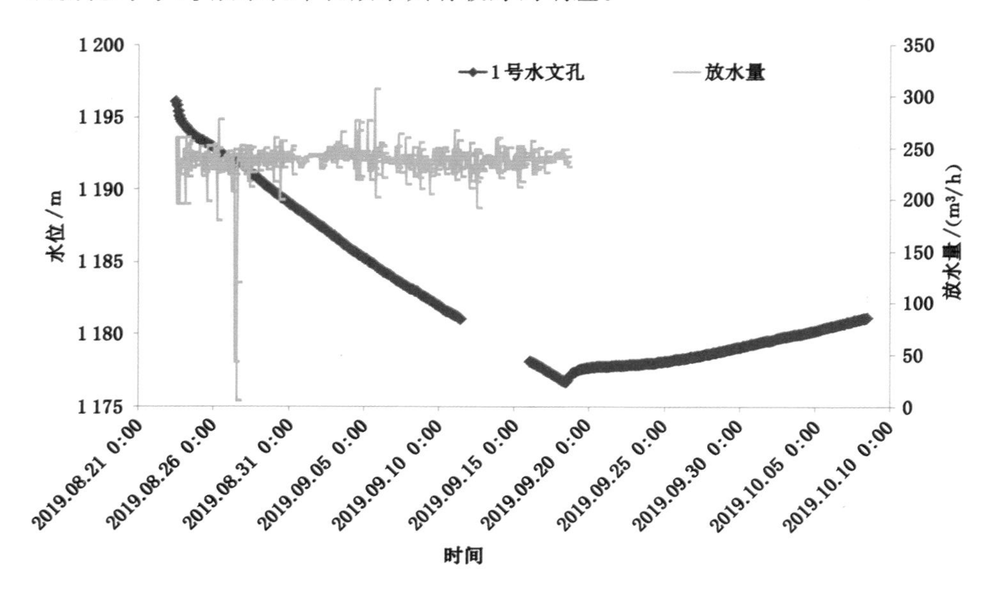

图 5-43　宝塔山砂岩含水层 1 号水文孔水位历时变化曲线图

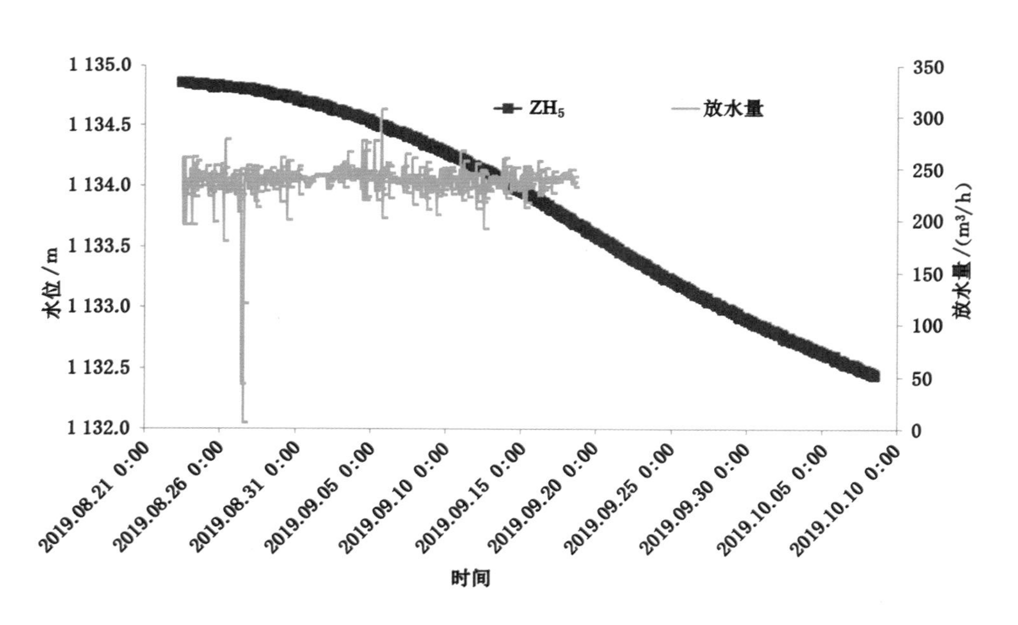

图 5-44　宝塔山砂岩含水层 ZH_5 观测孔水位历时变化曲线图

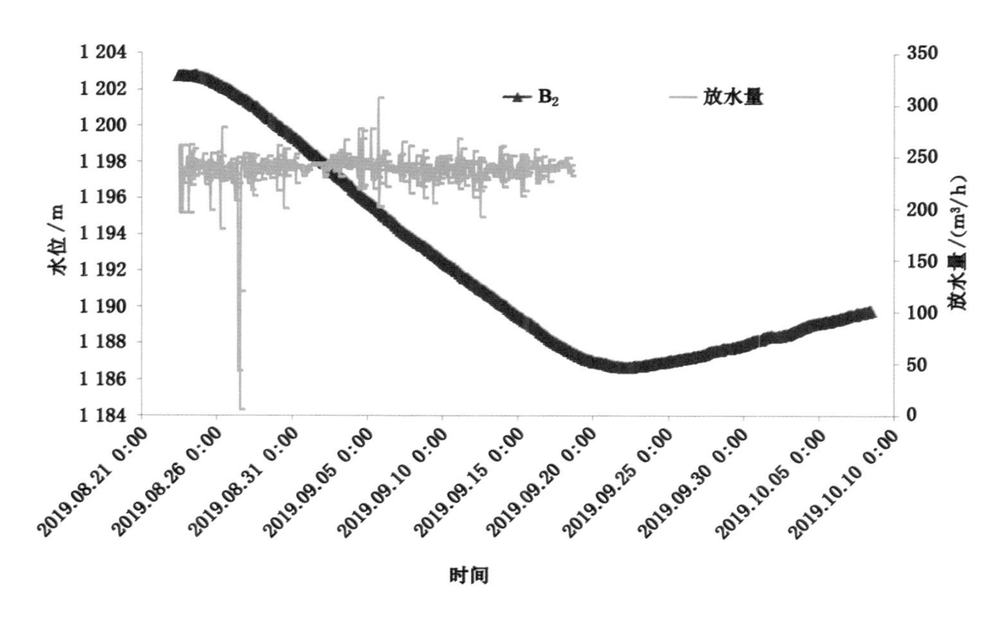

图 5-45　宝塔山砂岩含水层 B_2 观测孔水位历时变化曲线图

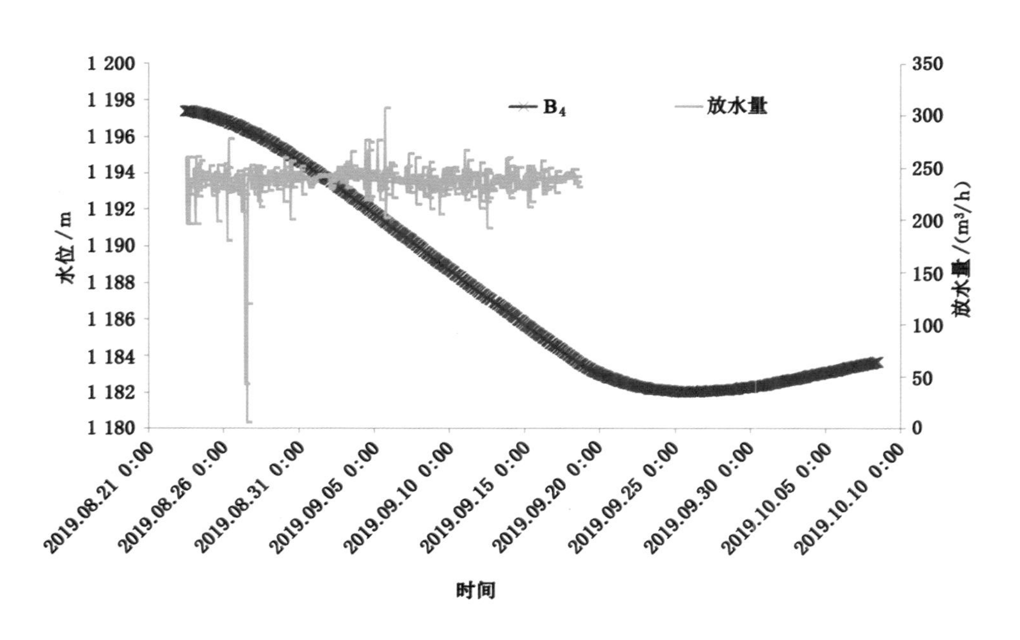

图 5-46　宝塔山砂岩含水层 B_4 观测孔水位历时变化曲线图

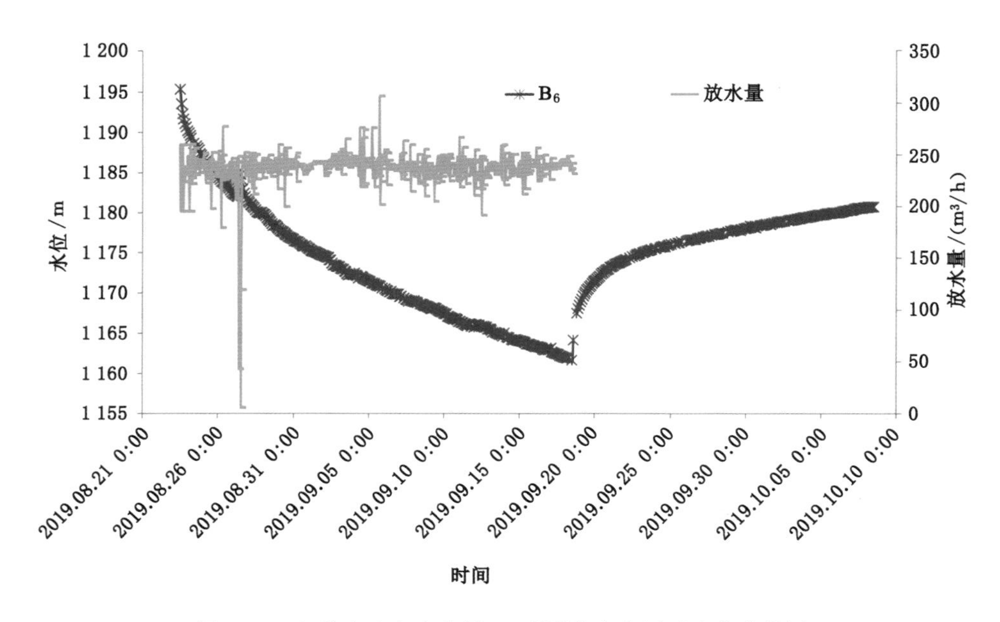

图 5-47　宝塔山砂岩含水层 B_6 观测孔水位历时变化曲线图

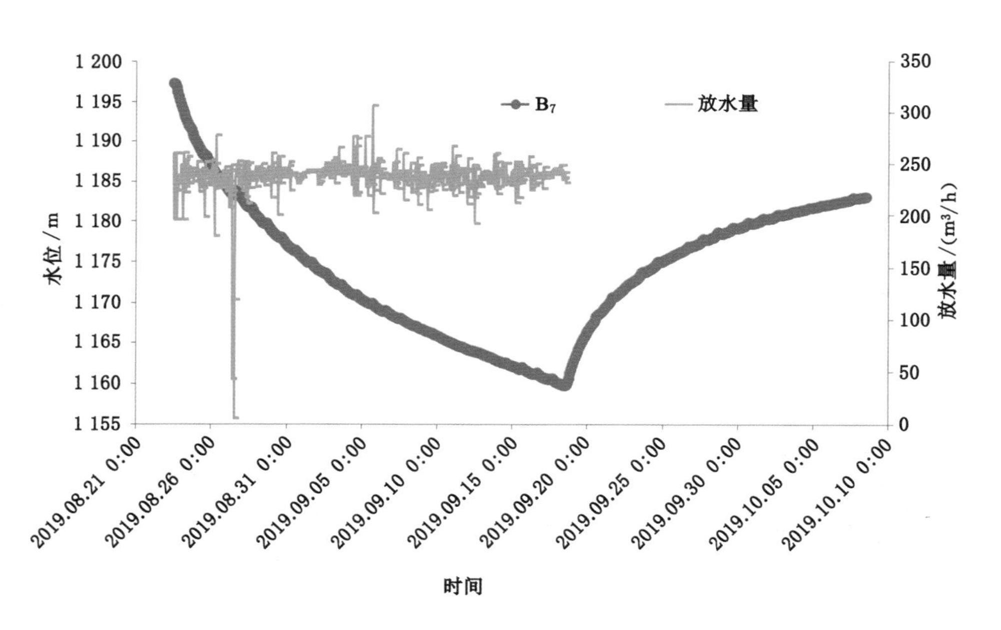

图 5-48　宝塔山砂岩含水层 B_7 观测孔水位历时变化曲线图

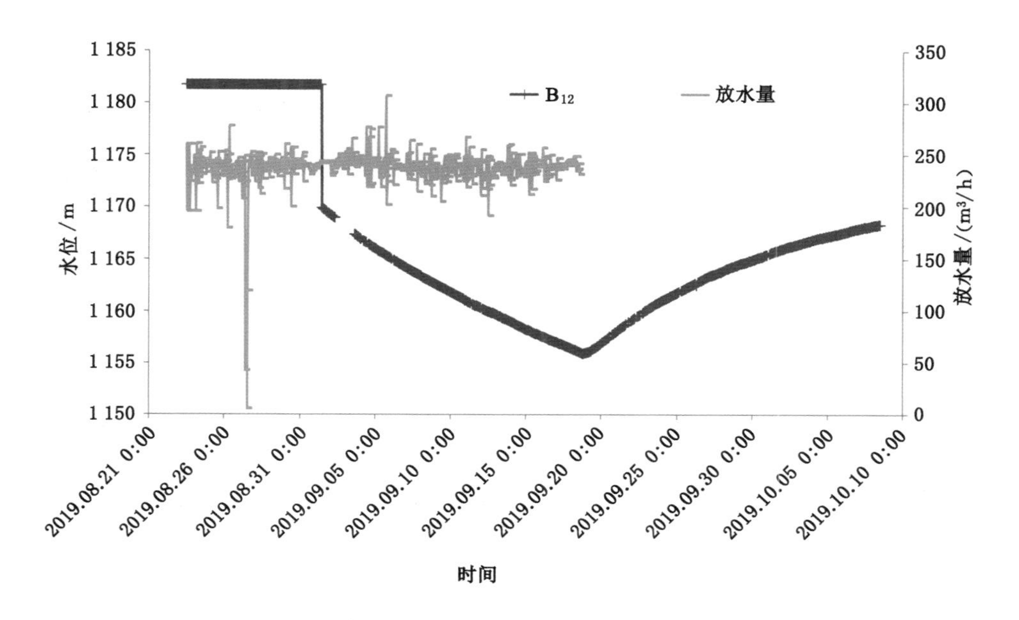

图 5-49　宝塔山砂岩含水层 B_{12} 观测孔水位历时变化曲线图

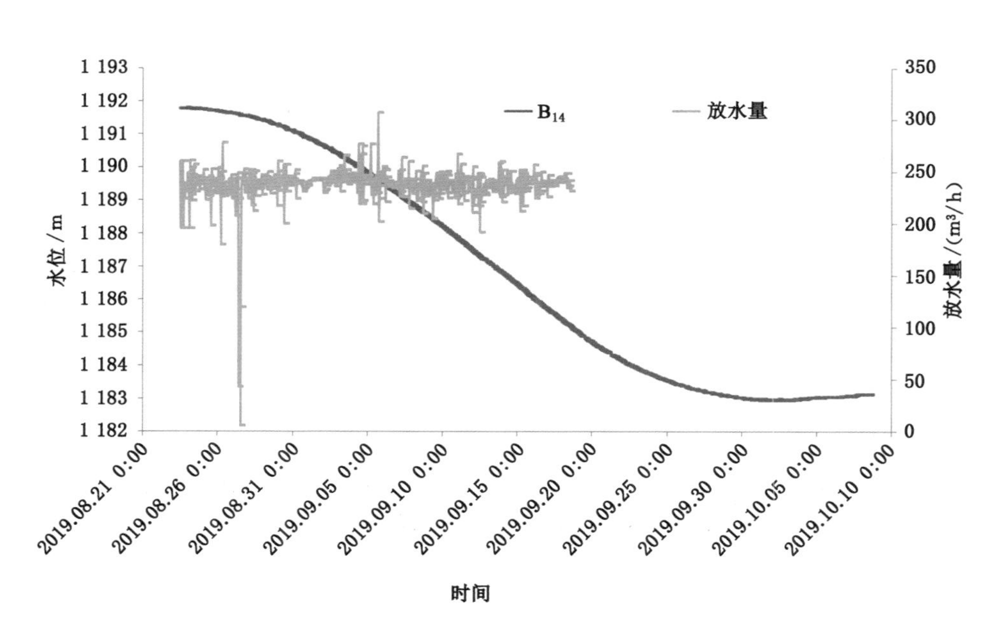

图 5-50　宝塔山砂岩含水层 B_{14} 观测孔水位历时变化曲线图

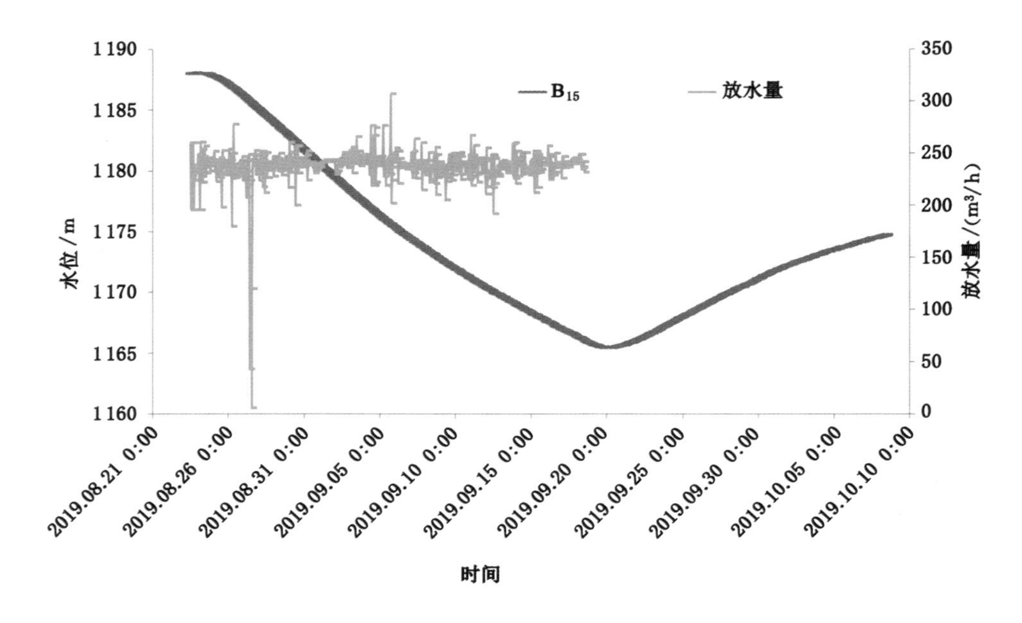

图 5-51　宝塔山砂岩含水层 B_{15} 观测孔水位历时变化曲线图

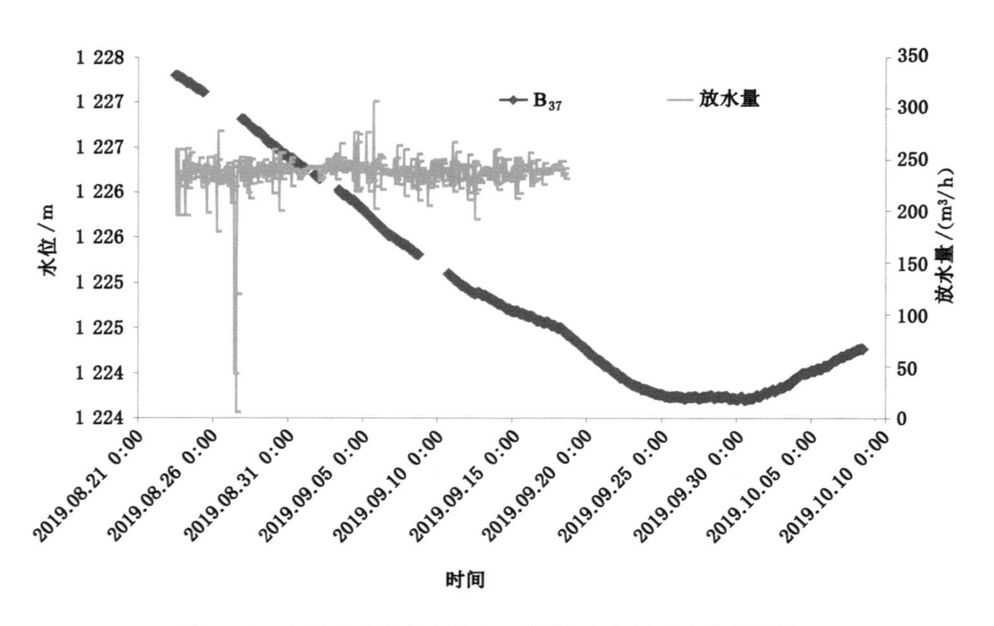

图 5-52　宝塔山砂岩含水层 B_{37} 观测孔水位历时变化曲线图

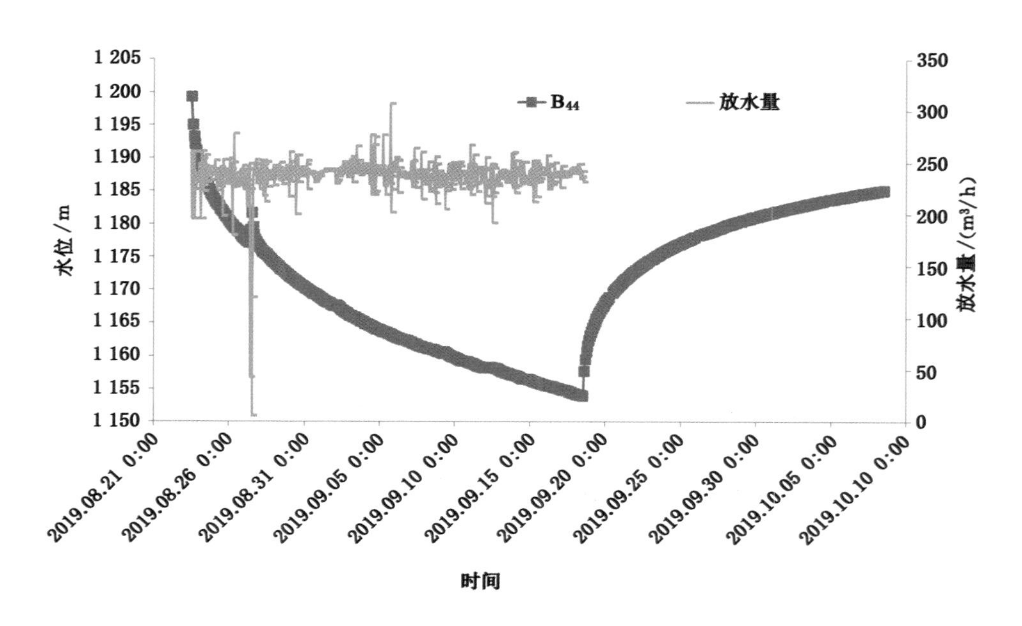

图 5-53　宝塔山砂岩含水层 B_{44} 观测孔水位历时变化曲线图

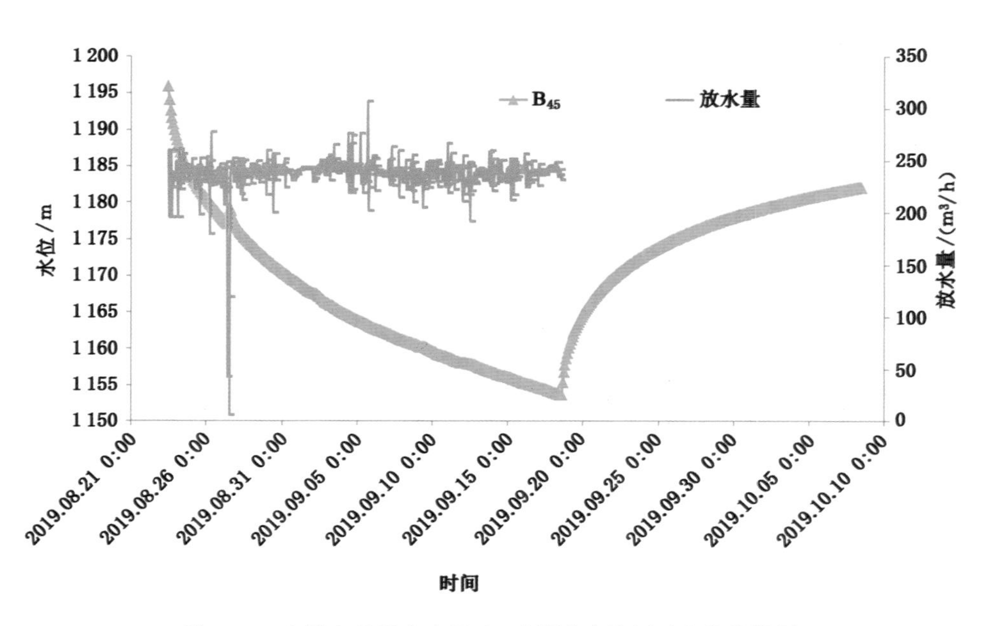

图 5-54　宝塔山砂岩含水层 B_{45} 观测孔水位历时变化曲线图

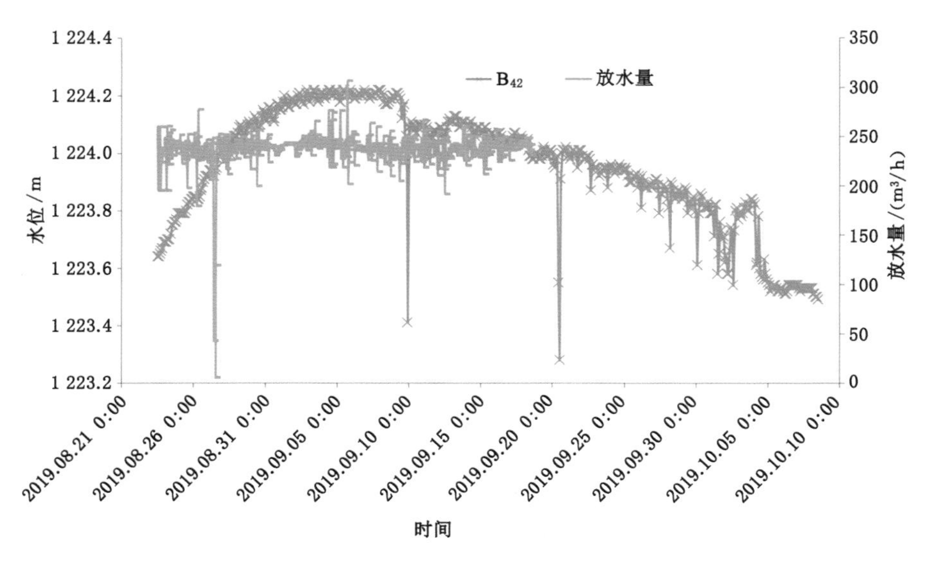

图 5-55 宝塔山砂岩含水层 B_{42} 观测孔水位历时变化曲线图

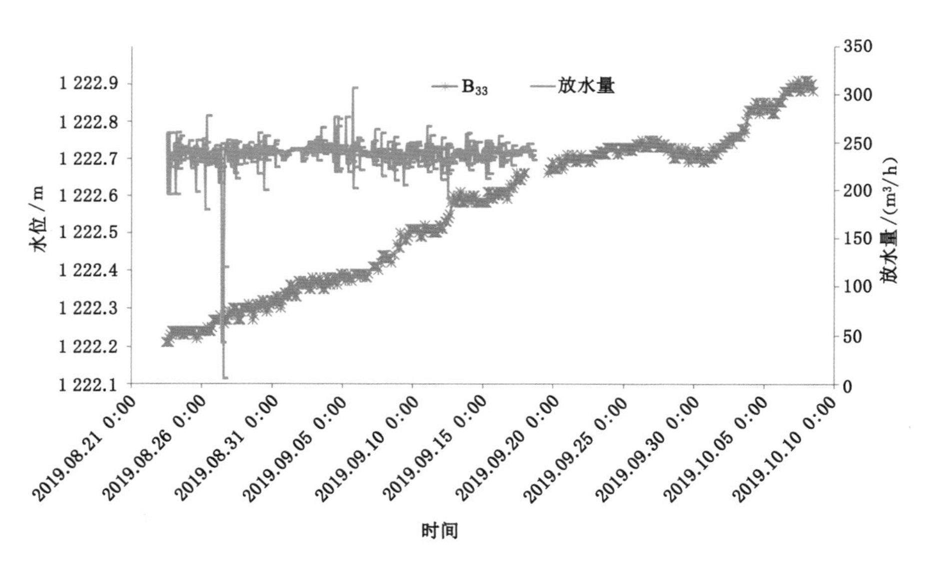

图 5-56 宝塔山砂岩含水层 B_{33} 观测孔水位历时变化曲线图

(5) 三叠系含水层水位

单孔放水试验时，共有 2 个观测孔对三叠系含水层水位进行观测，其水位历时变化曲线如图 5-57、图 5-58 所示。由图中可以看出，在 F_2 钻孔单孔放水时，B_{36} 和 B_{39} 观测孔水位与 F_2 放水孔单孔放水的关联性较好，对 F_2 放水孔单孔放水具有较好的响应。

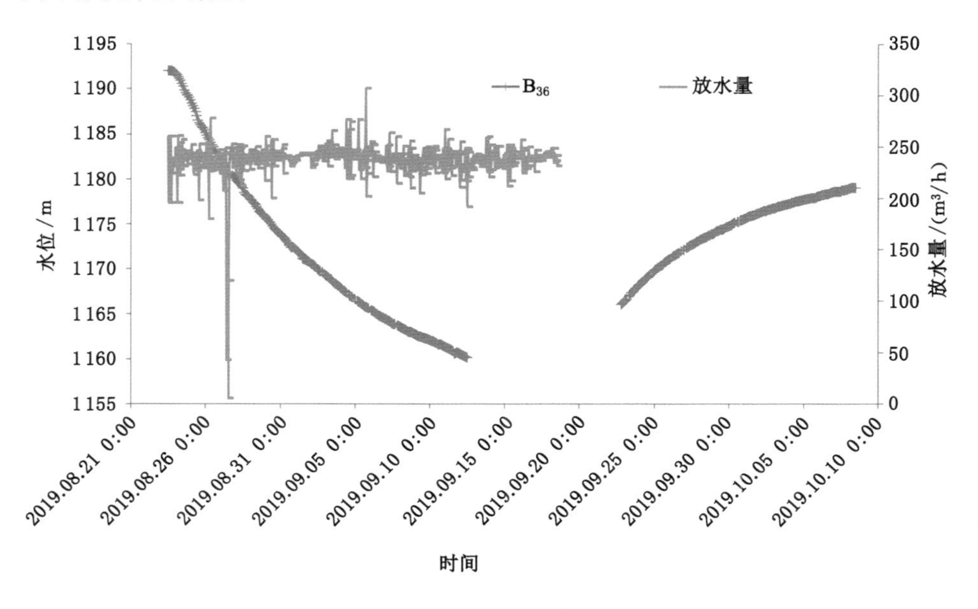

图 5-57　三叠系含水层 B_{36} 观测孔水位历时变化曲线图

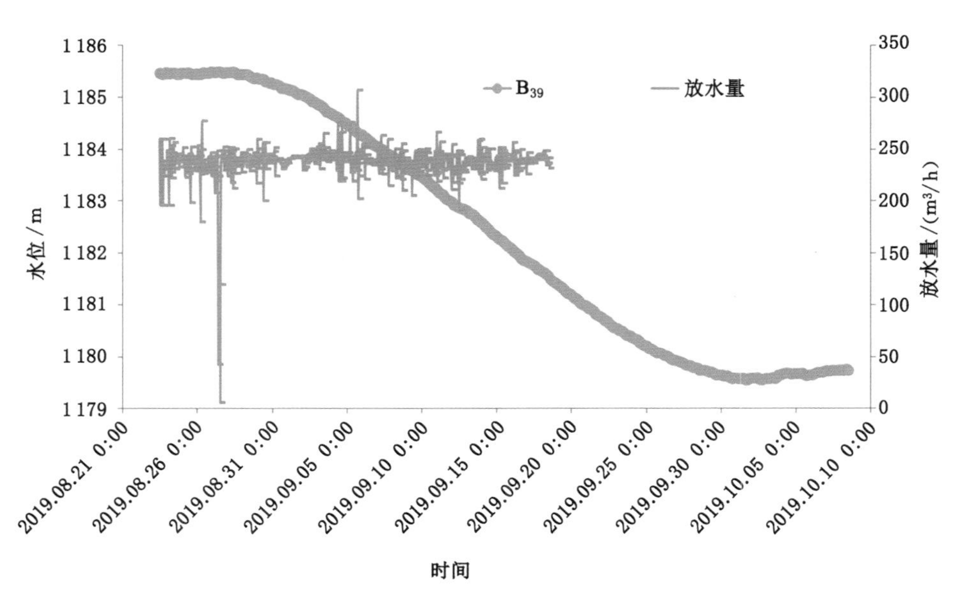

图 5-58　三叠系含水层 B_{39} 观测孔水位历时变化曲线图

5.8 多孔叠加放水试验观测数据

5.8.1 井下钻孔观测资料

多孔叠加放水试验从2019年10月8日12:00开始F_2钻孔放水,10月12日12:00叠加F_3钻孔放水,10月16日12:00 F_1和F_4钻孔放水,11月6日12:00所有钻孔结束放水,开始恢复水位,数据采集截至12月1日12:00。

(1) 放水孔水量

① F_2钻孔放水

F_2钻孔在整个多孔叠加放水试验过程中的放水量最大值为252.00 m^3/h,最小值为104.00 m^3/h,平均值为170.93 m^3/h(图5-59)。F_2钻孔单孔放水时水量平均值为206.52 m^3/h,F_2、F_3钻孔叠加放水时放水量平均值为192.06 m^3/h,F_1、F_2、F_3、F_4钻孔叠加放水时放水量平均值为160.06 m^3/h。

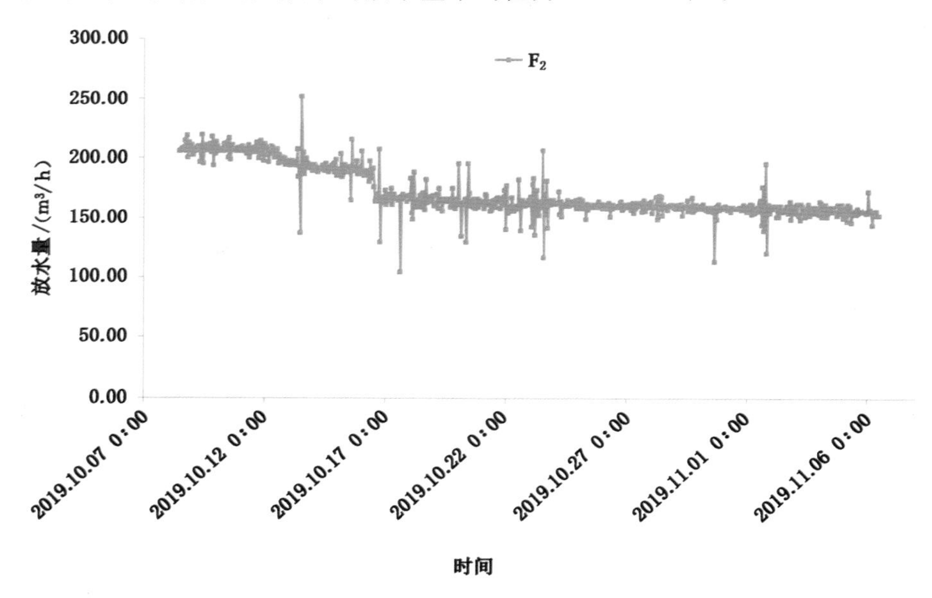

图5-59 F_2钻孔放水量历时变化曲线图

② F_3钻孔放水

F_3钻孔放水量最大值为194.00 m^3/h,最小值为58.00 m^3/h,平均值为118.01 m^3/h(图5-60)。F_2、F_3钻孔叠加放水时放水量平均值为140.86 m^3/h,F_1、F_2、F_3、F_4钻孔叠加放水时放水量平均值为113.66 m^3/h。

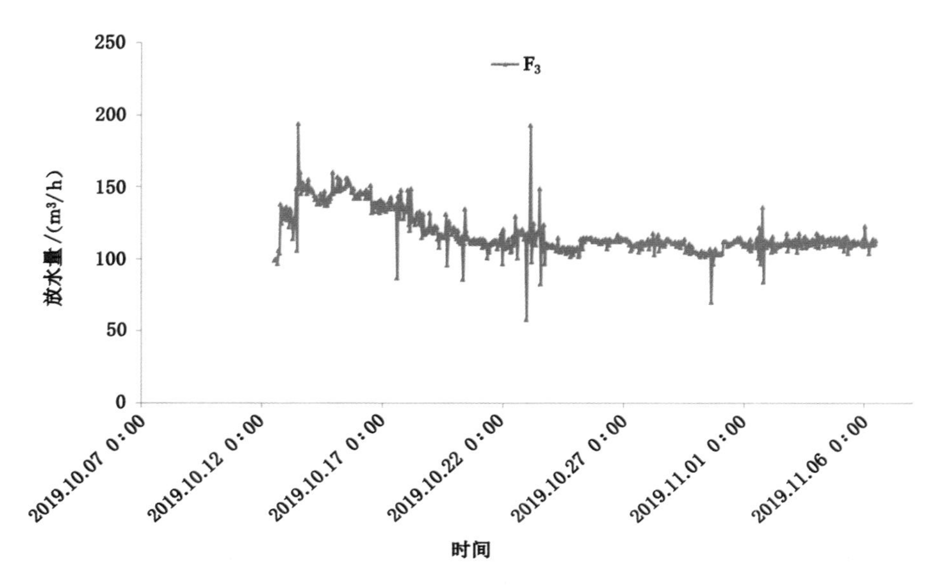

图 5-60　F_3 钻孔放水量历时变化曲线图

③ F_1 钻孔放水

F_1 钻孔放水量最大值为 161.00 m^3/h，最小值为 46.00 m^3/h，平均值为 100.12 m^3/h（图 5-61）。

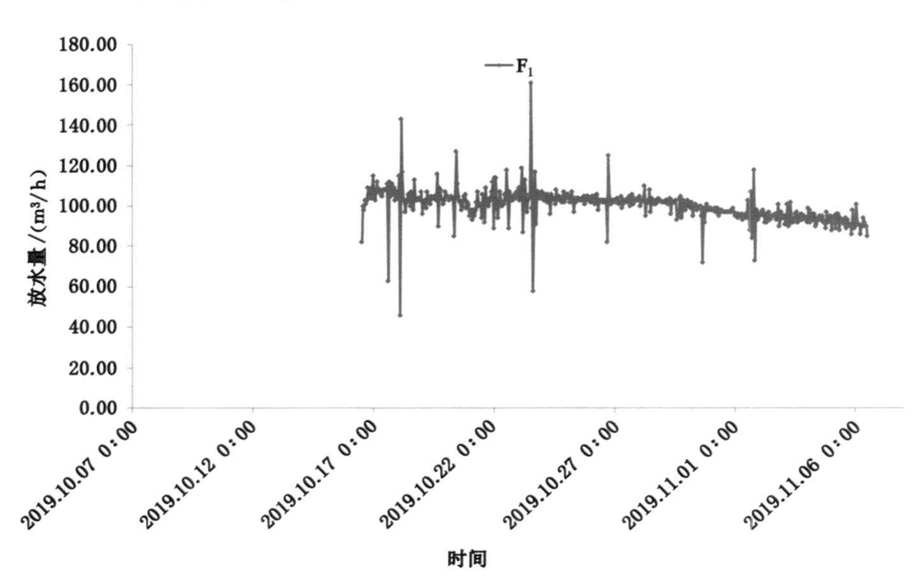

图 5-61　F_1 钻孔放水量历时变化曲线图

④ F_4 钻孔放水

F_4 钻孔放水量最大值为 161.00 m³/h，最小值为 46.00 m³/h，平均值为 100.12 m³/h(图 5-62)。

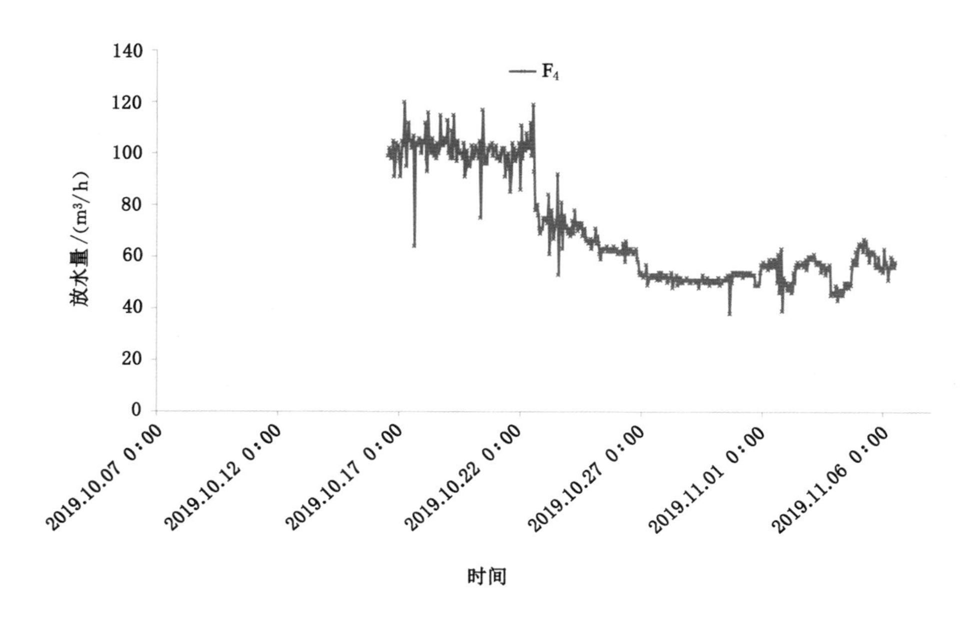

图 5-62 F_4 钻孔放水量历时变化曲线图

⑤ 放水总量

多孔叠加放水试验第一阶段放水量平均值为 206.52 m³/h，第二阶段放水量平均值为 332.93 m³/h，第三阶段放水量平均值为 444.10 m³/h(图 5-63)。由图中可以看出，第一阶段和第二阶段放水总量基本上能够稳定，第三阶段放水总量随着放水时间延长呈现出逐渐衰减的趋势。

(2) 观测孔水压

多孔叠加放水试验前各放水孔水压基本在 3.0 MPa 左右。多孔放水时，各井下放水孔的水压随着开始放水出现了阶梯式下降：F_2 放水孔开始放水时，F_1～F_4 放水孔水压分别降至 2.3 MPa、0.9 MPa、2.5 MPa 和 2.5 MPa；F_3 放水孔叠加放水时，F_1～F_4 放水孔水压分别降至 2.0 MPa、0.72 MPa、0.12 MPa和 2.03 MPa；F_1 和 F_4 放水孔叠加放水时，F_1～F_4 放水孔水压分别降至 0.7 MPa、0.5 MPa、0 MPa 和 0 MPa(表 5-6 和图 5-64～图 5-68)。

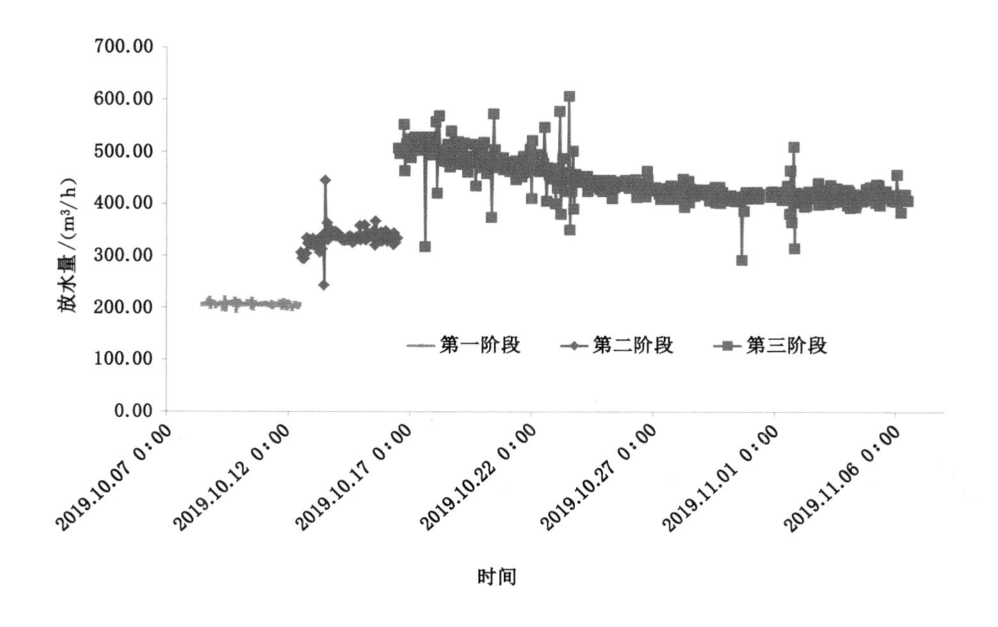

图 5-63　F_1、F_2、F_3、F_4 钻孔放水总量历时变化曲线图

表 5-6　多孔叠加放水试验各放水孔水压变化情况一览表

放水阶段	水压/MPa			
	F_1 放水孔	F_2 放水孔	F_3 放水孔	F_4 放水孔
放水前	3.0	3.0	2.98	2.96
F_2 放水	2.3	0.9	2.5	2.5
F_2、F_3 放水	2.0	0.72	0.12	2.03
F_1～F_4 放水	0.7	0.5	0	0

5.8.2　地面钻孔观测资料

(1) 白垩系含水层水位

多孔叠加放水试验时，共有 7 个观测孔对白垩系含水层水位进行观测，其水位历时变化曲线如图 5-69～图 5-76 所示。由图中可以看出，在多孔放水时，除了 B_9 观测孔水位出现了明显的变化(水位变化最大值为 15.41 m)，其他各观测孔水位变化很小(基本在 0.30～1.31 m 之间)，并且水位变化趋势与 F_2 放水孔单孔放水无明显关联性。

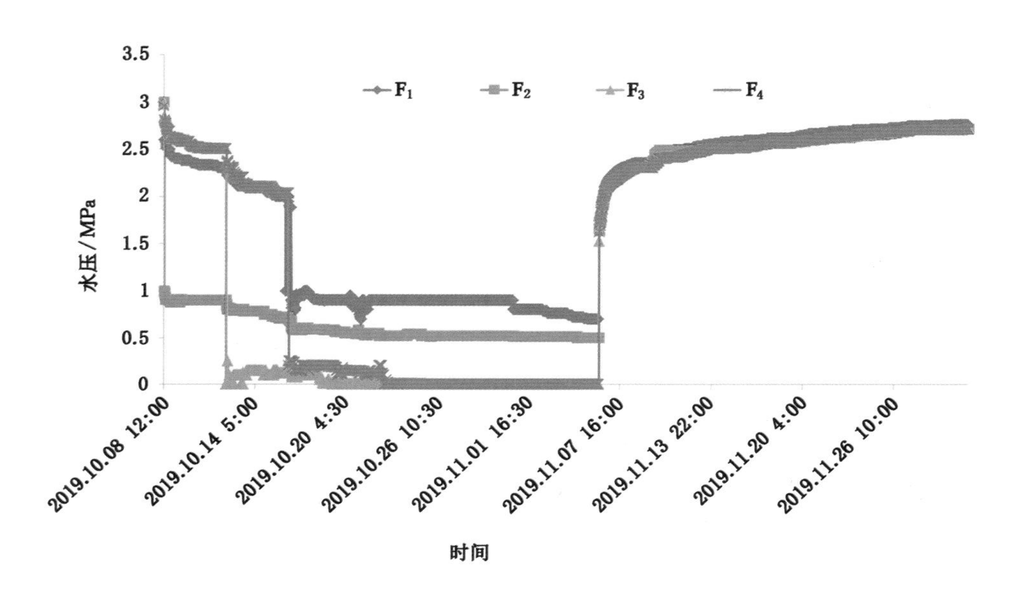

图 5-64　放水孔放水水压历时变化曲线图

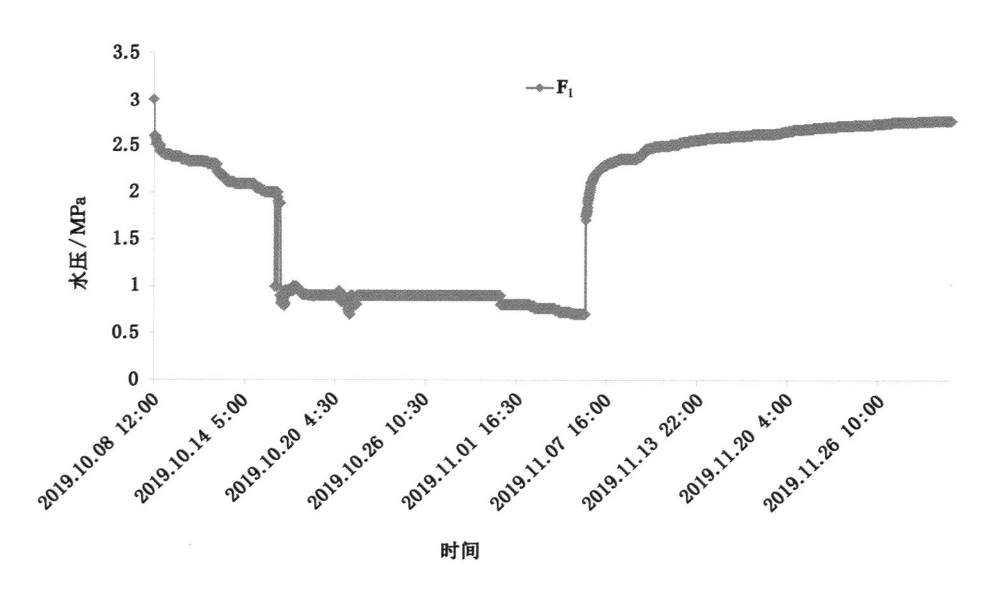

图 5-65　F_1 放水孔放水水压历时变化曲线图

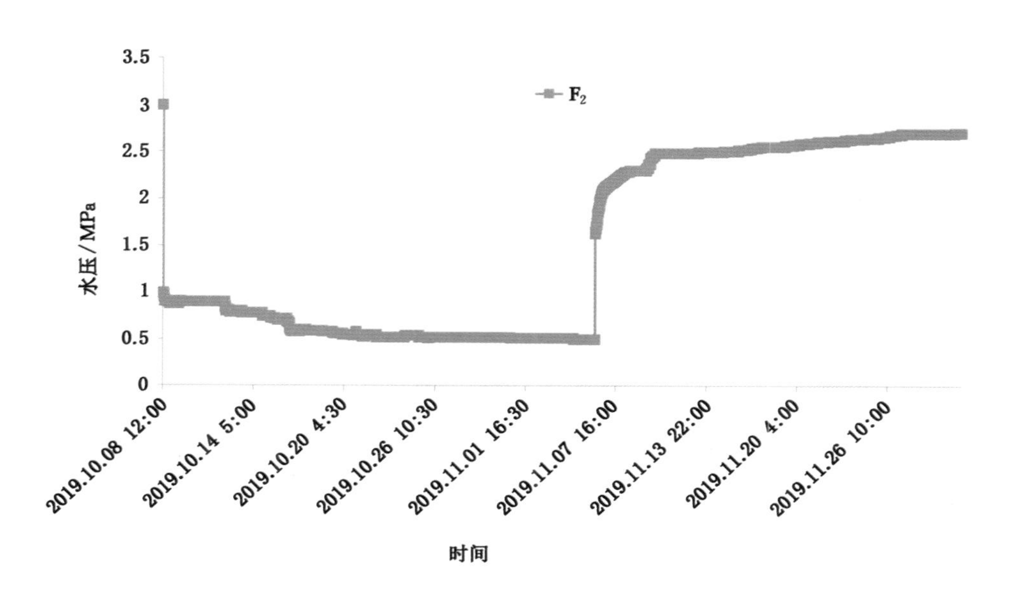

图 5-66　F_2 放水孔放水水压历时变化曲线图

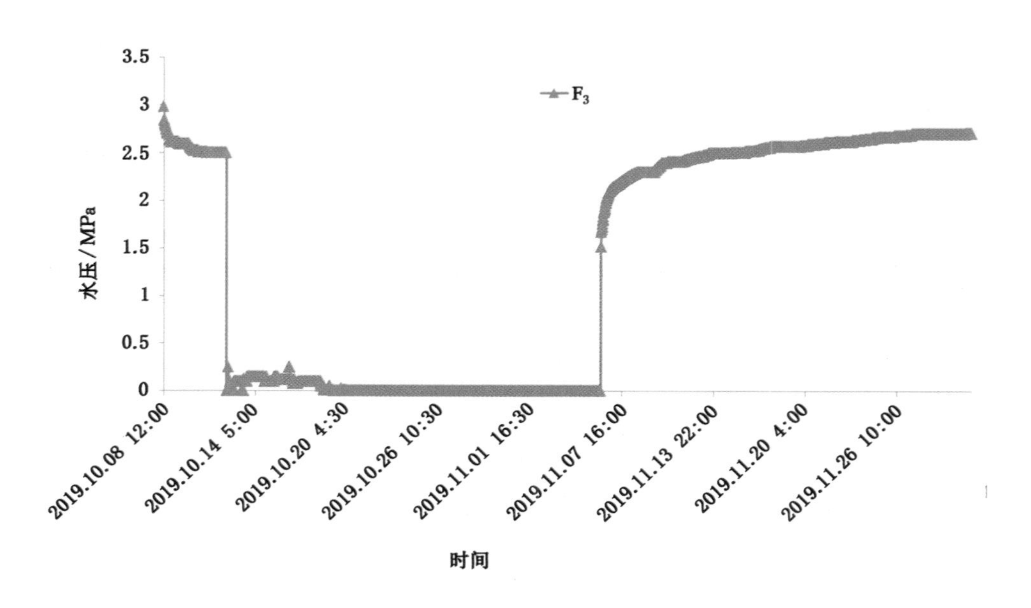

图 5-67　F_3 放水孔放水水压历时变化曲线图

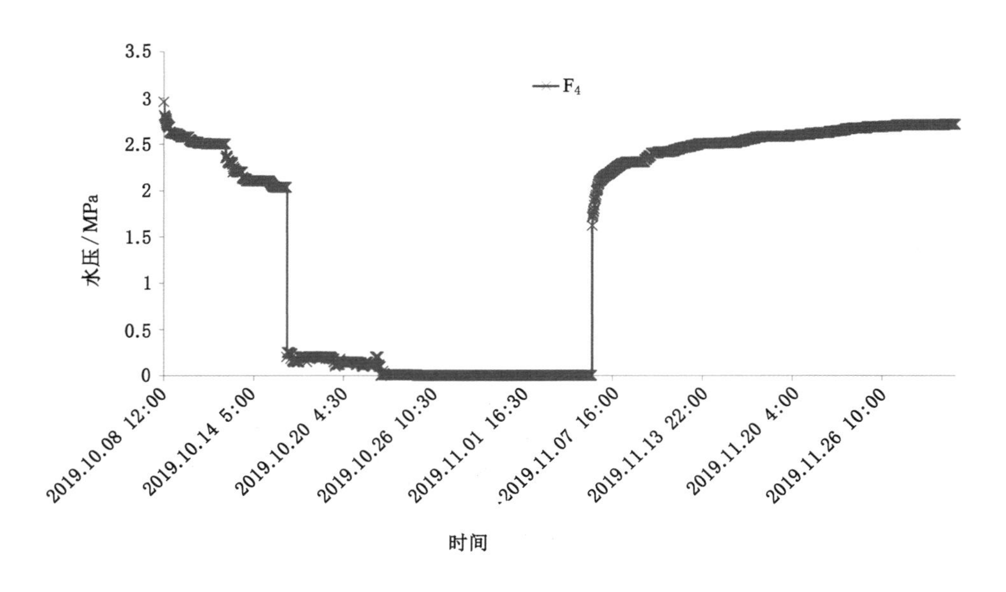

图 5-68　F_4 放水孔放水水压历时变化曲线图

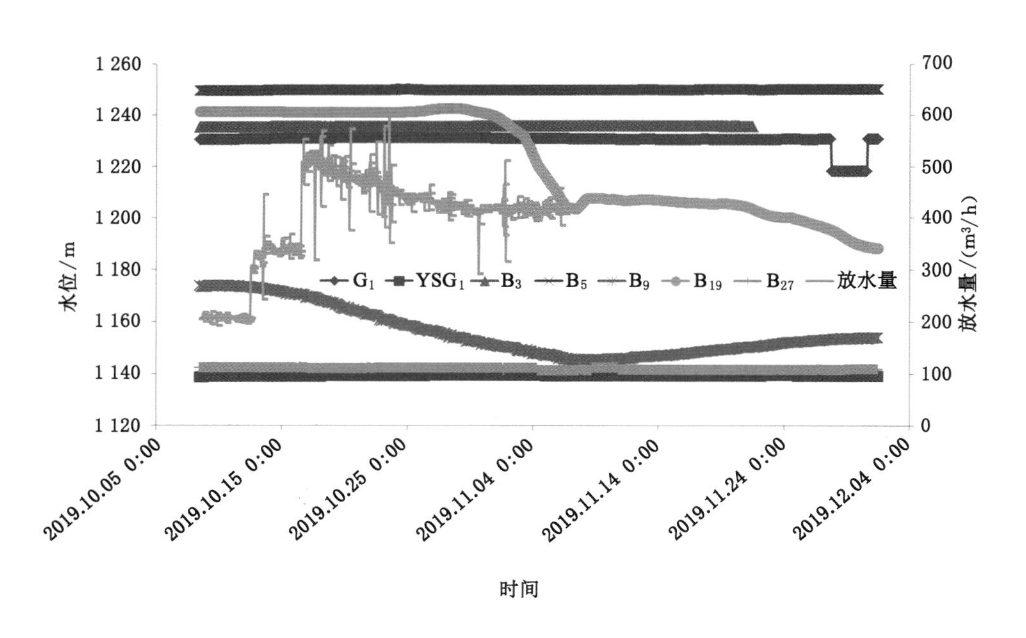

图 5-69　白垩系含水层观测孔水位历时变化曲线图

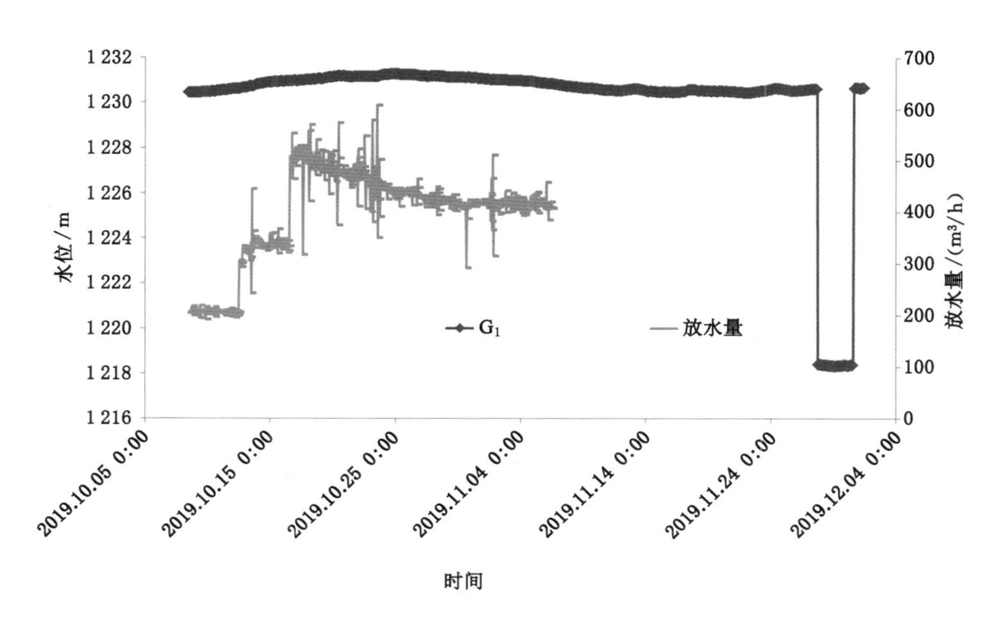

图 5-70　白垩系含水层 G_1 观测孔水位历时变化曲线图

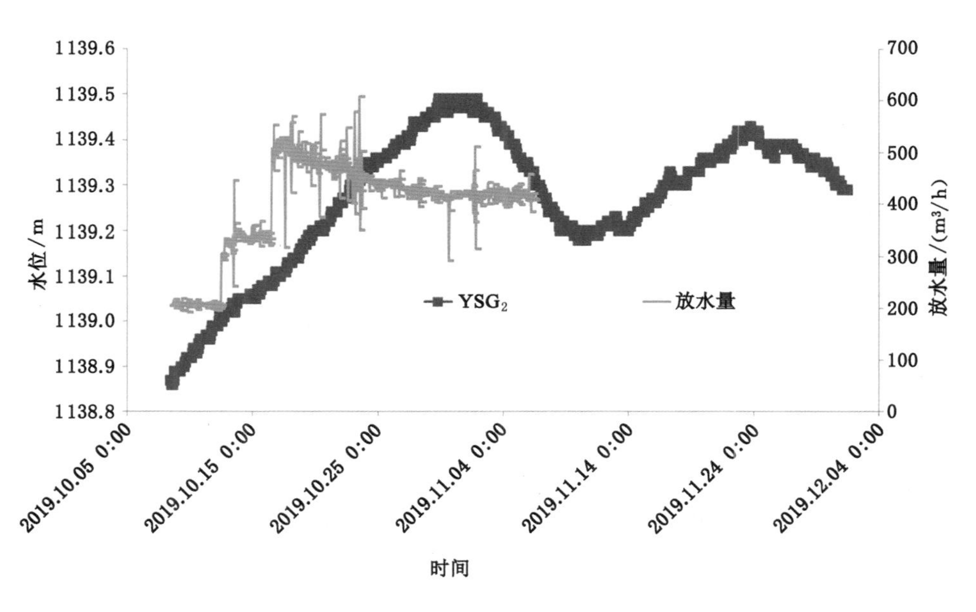

图 5-71　白垩系含水层 YSG_2 观测孔水位历时变化曲线图

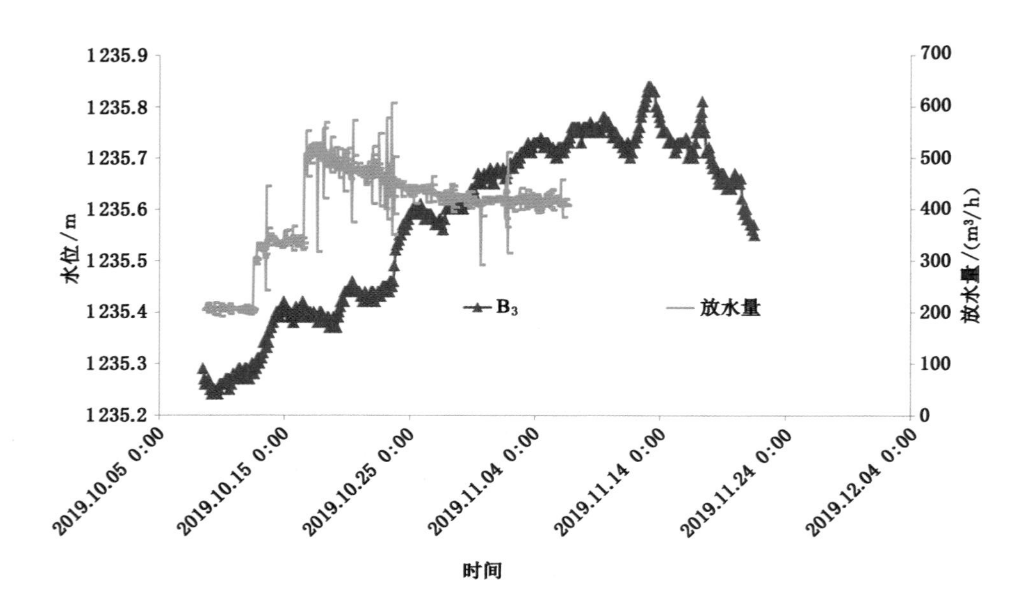

图 5-72　白垩系含水层 B_3 观测孔水位历时变化曲线图

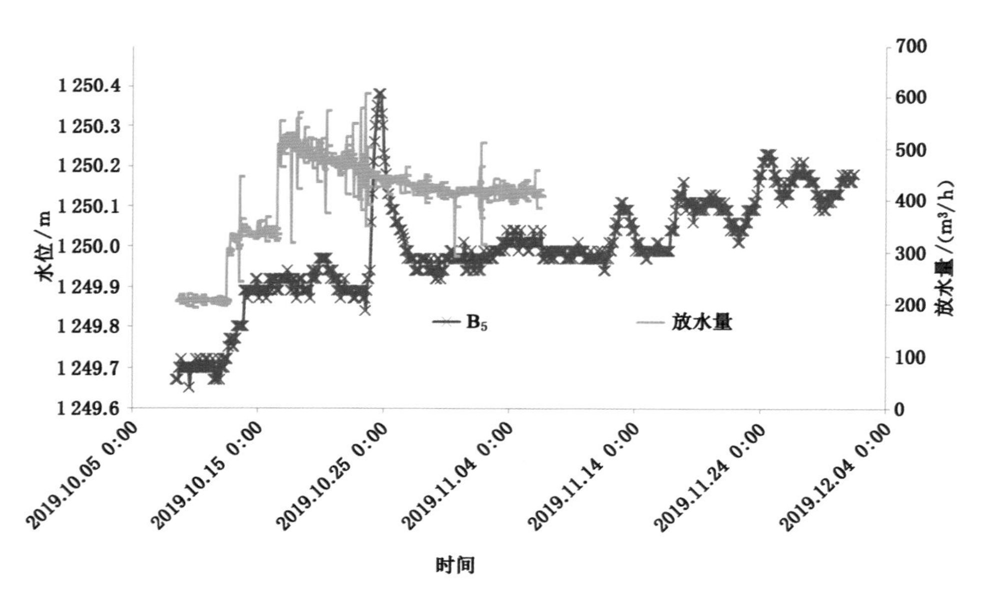

图 5-73　白垩系含水层 B_5 观测孔水位历时变化曲线图

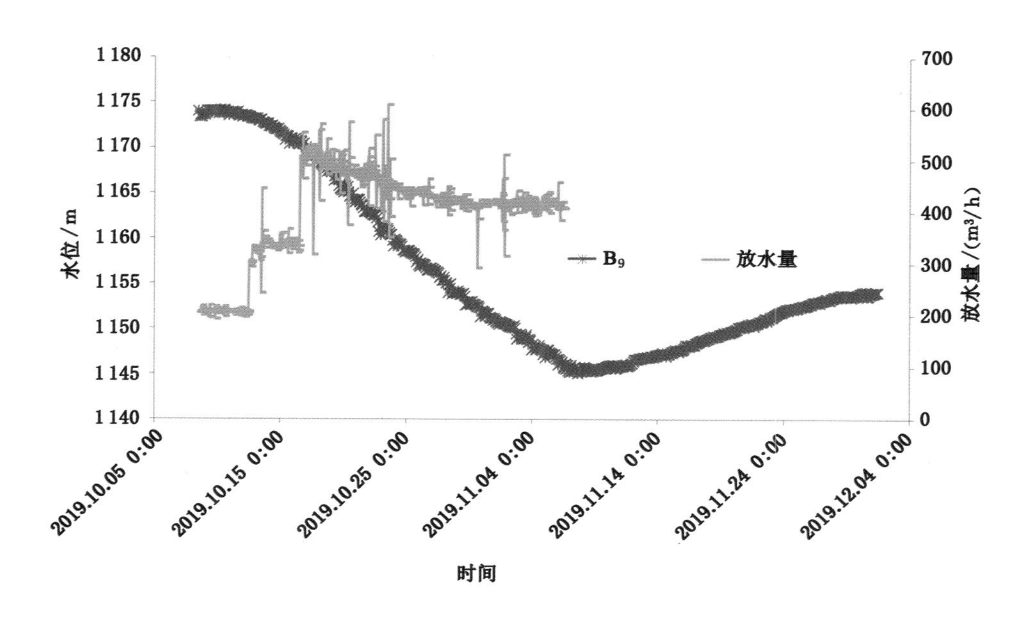

图 5-74　白垩系含水层 B_9 观测孔水位历时变化曲线图

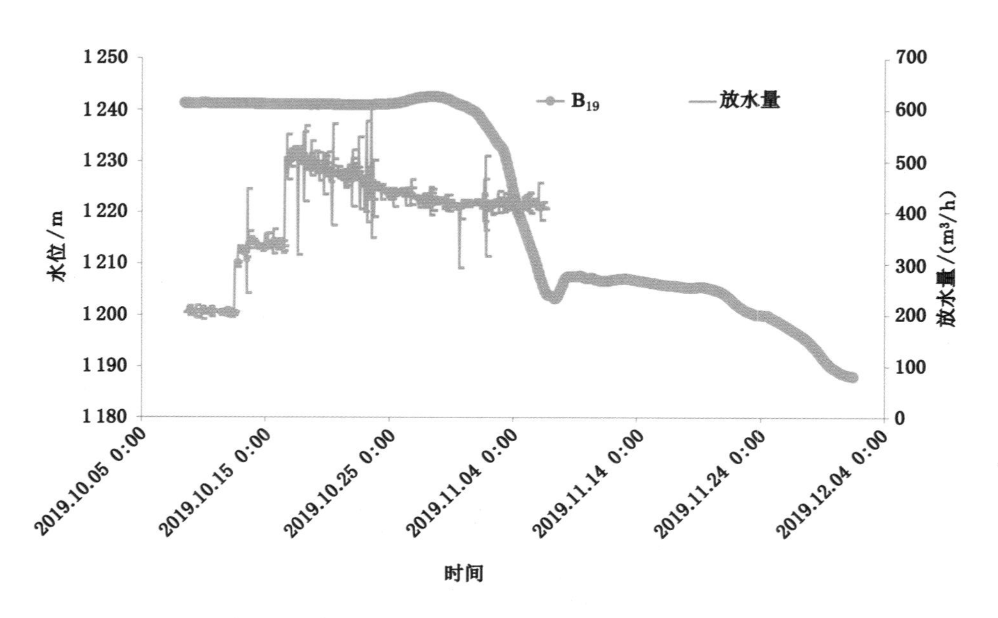

图 5-75　白垩系含水层 B_{19} 观测孔水位历时变化曲线图

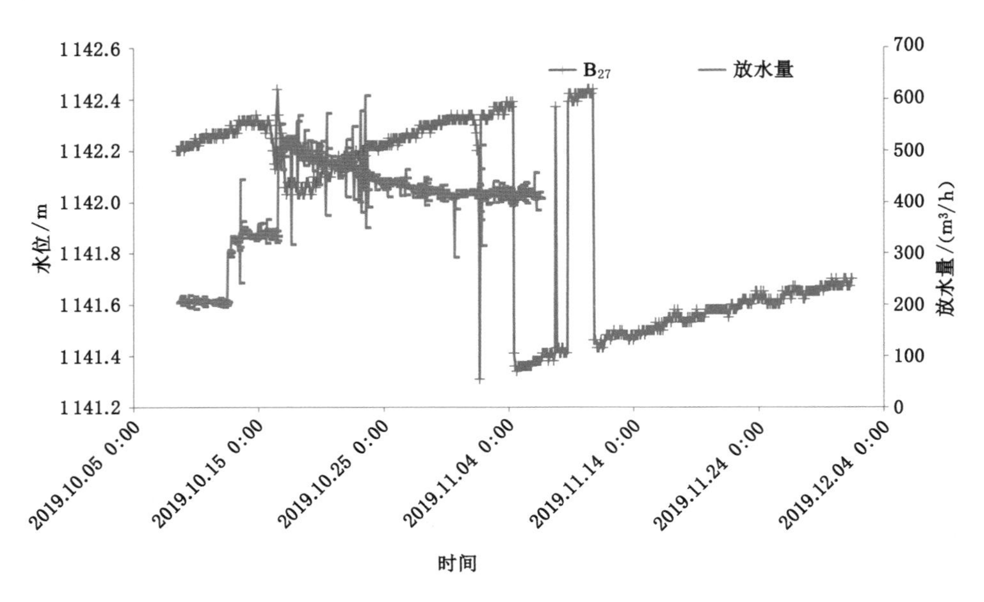

图 5-76　白垩系含水层 B_{27} 观测孔水位历时变化曲线图

(2) 直罗组含水层水位

多孔叠加放水试验时，共有 5 个观测孔对直罗组含水层水位进行观测，其水位历时变化曲线如图 5-77～图 5-82 所示。

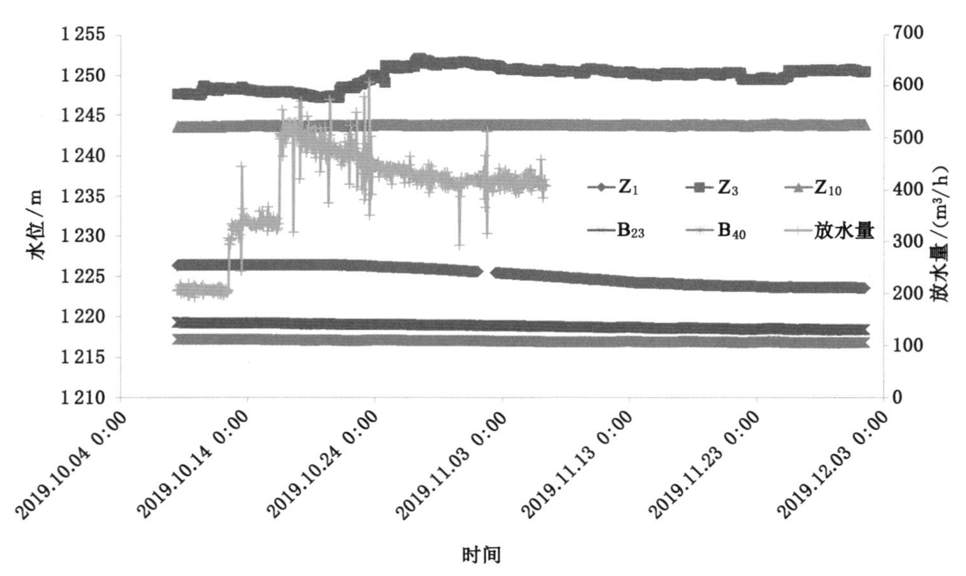

图 5-77　直罗组含水层观测孔水位历时变化曲线图

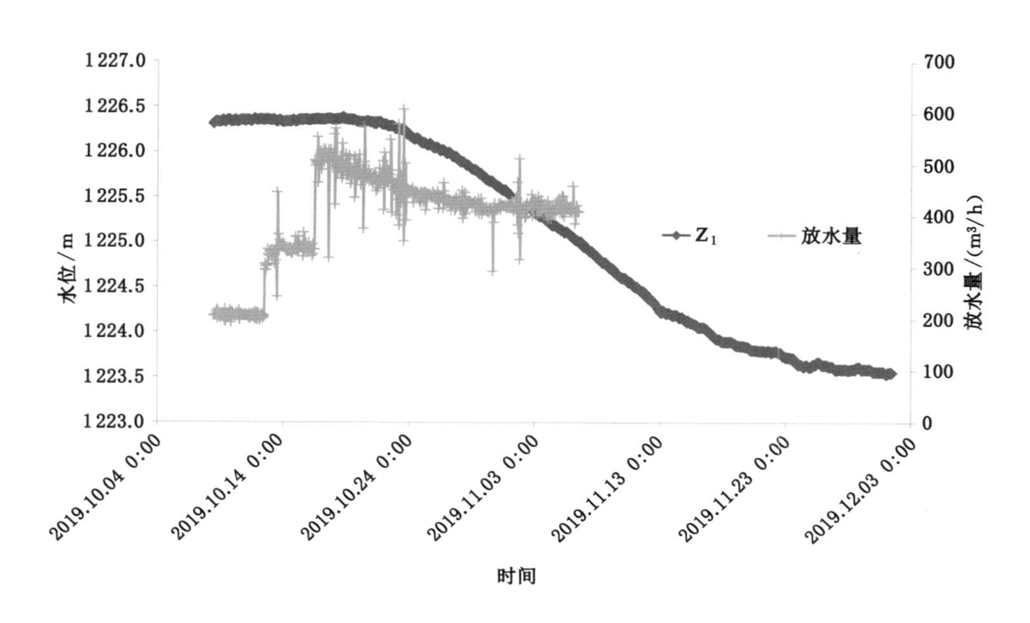

图 5-78　直罗组含水层 Z_1 观测孔水位历时变化曲线图

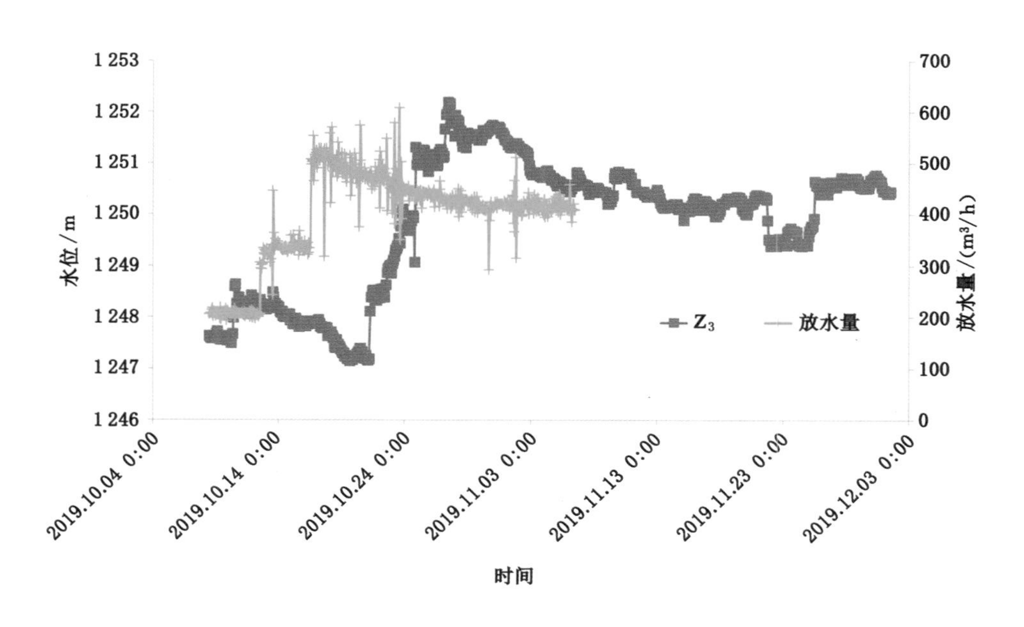

图 5-79　直罗组含水层 Z_3 观测孔水位历时变化曲线图

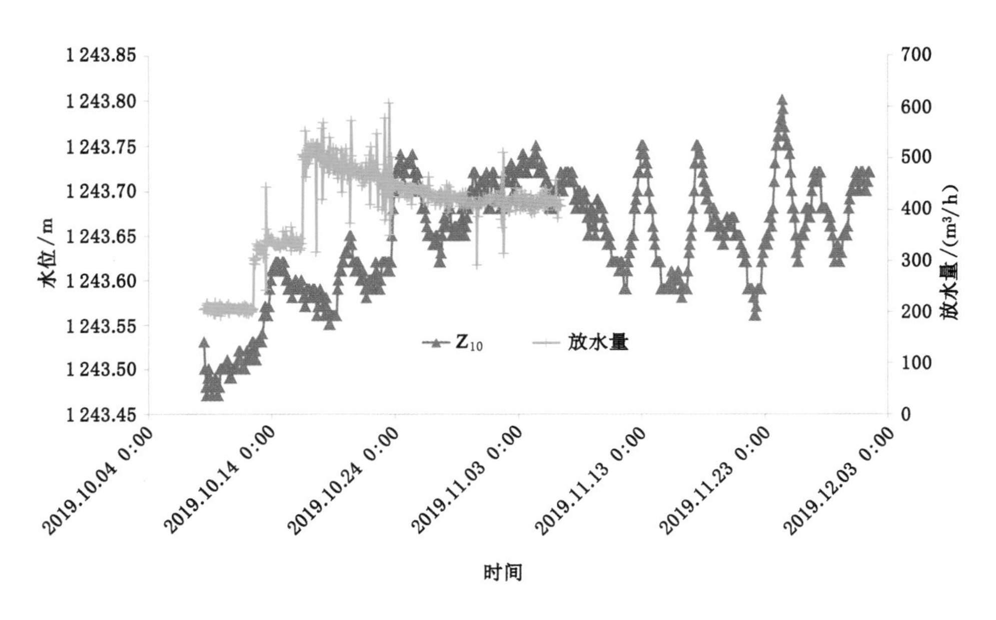

图 5-80　直罗组含水层 Z_{10} 观测孔水位历时变化曲线图

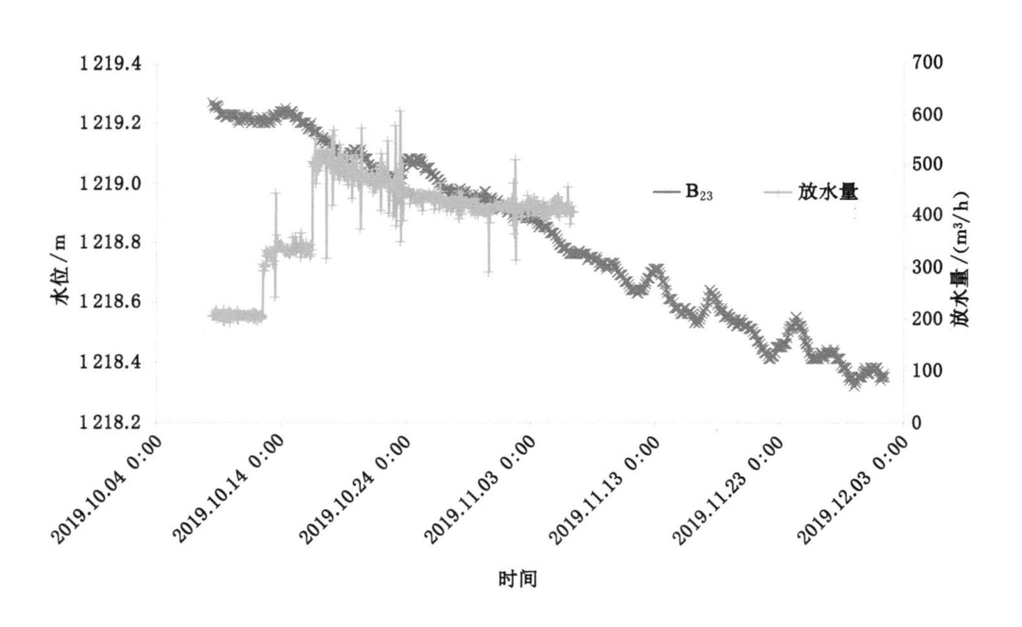

图 5-81　直罗组含水层 B_{23} 观测孔水位历时变化曲线图

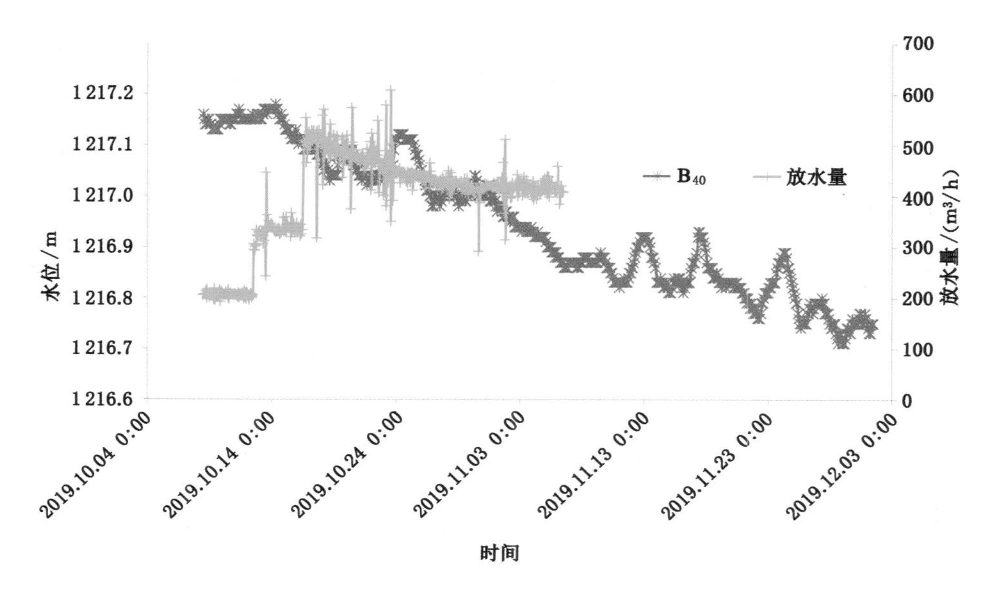

图 5-82　直罗组含水层 B_{40} 观测孔水位历时变化曲线图

(3) 煤系含水层水位

多孔叠加放水试验时，共有 9 个观测孔对煤系含水层水位进行观测，其水位历时变化曲线如图 5-83～图 5-92 所示。

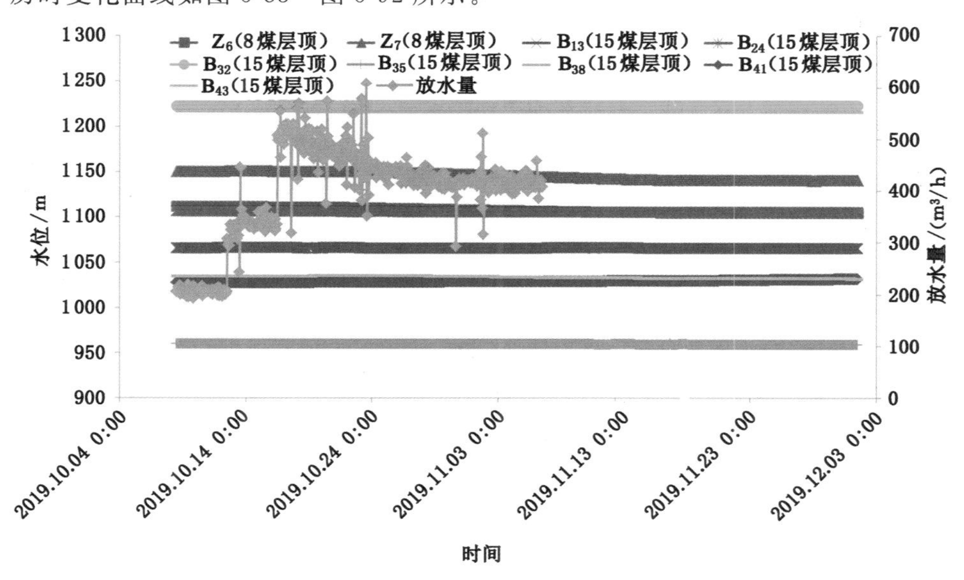

图 5-83　煤系含水层观测孔水位历时变化曲线图

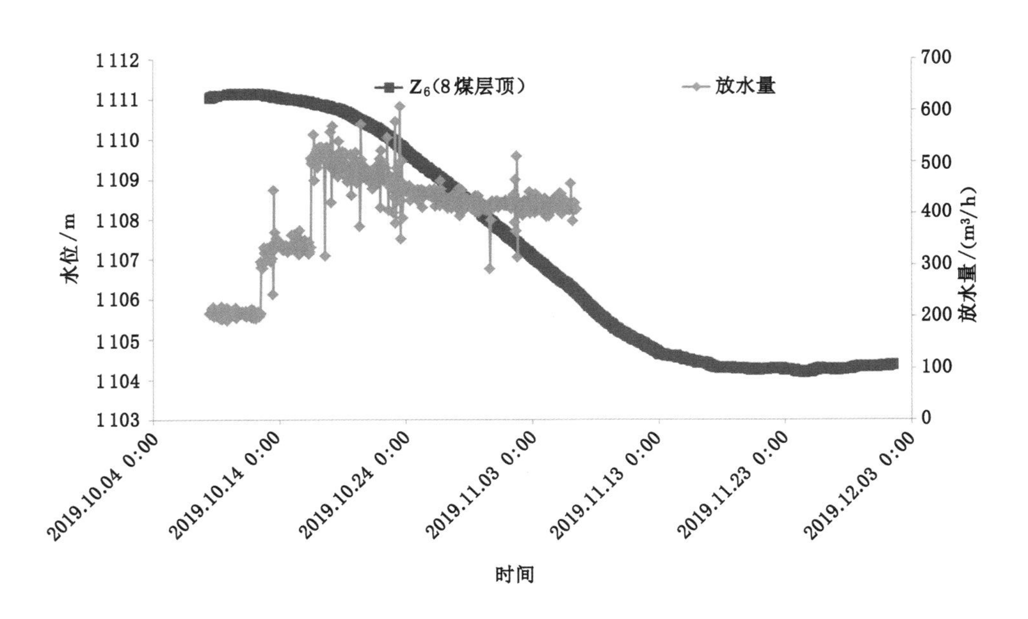

图 5-84　煤系含水层 Z_6(8 煤层顶)观测孔水位历时变化曲线图

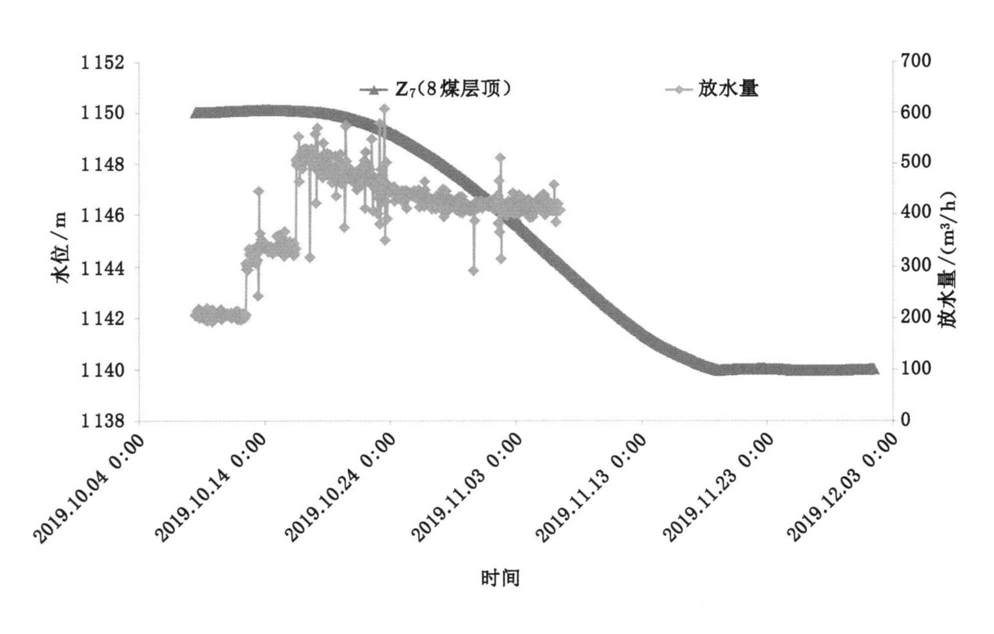

图 5-85　煤系含水层 Z_7(8 煤层顶)观测孔水位历时变化曲线图

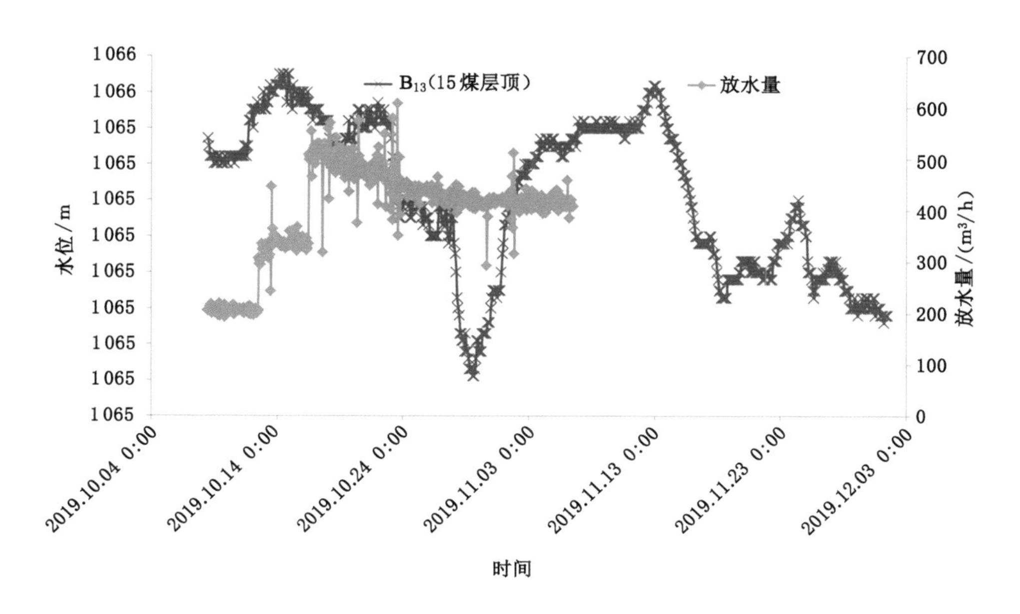

图 5-86　煤系含水层 B_{13}(15 煤层顶)观测孔水位历时变化曲线图

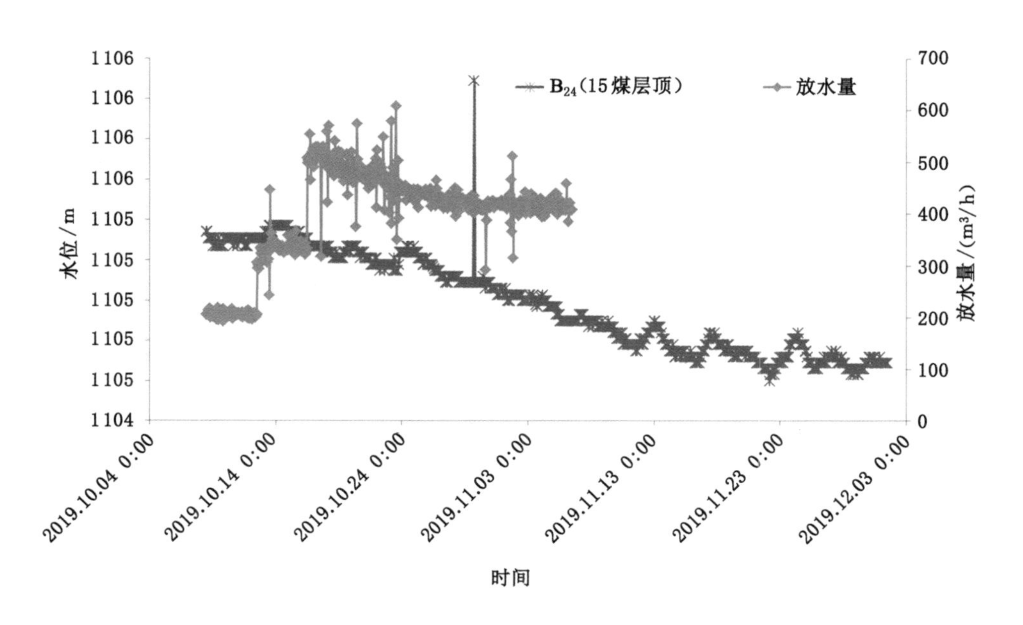

图 5-87　煤系含水层 B_{24}(15 煤层顶)观测孔水位历时变化曲线图

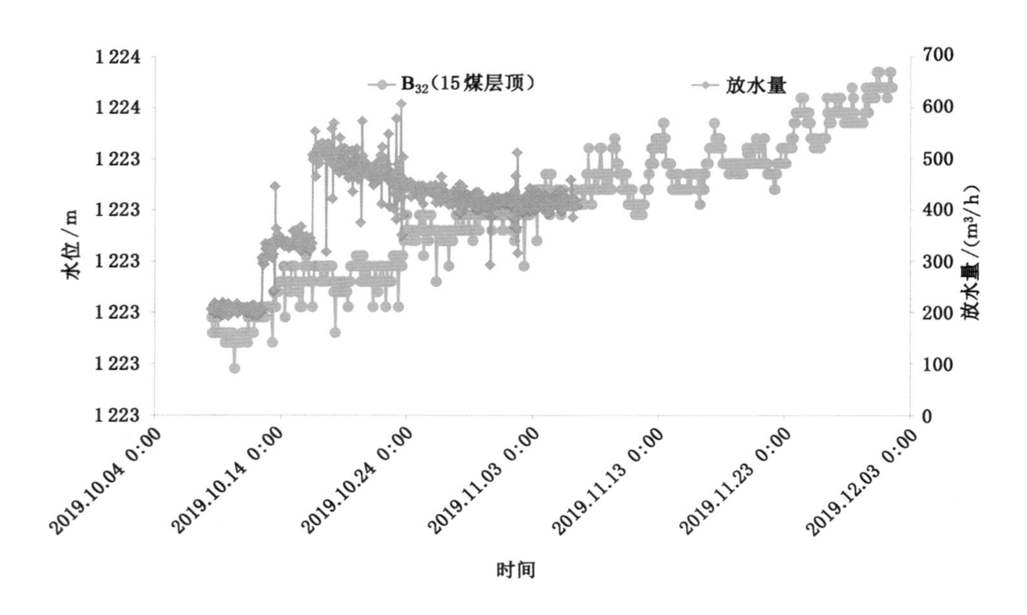

图 5-88　煤系含水层 B_{32}(15 煤层顶)观测孔水位历时变化曲线图

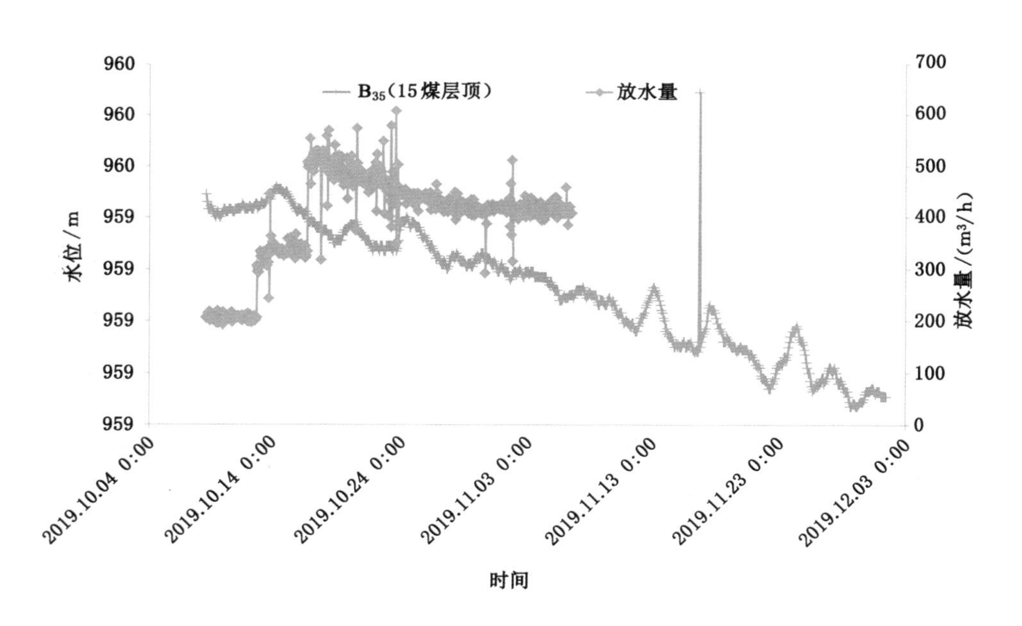

图 5-89　煤系含水层 B_{35}(15 煤层顶)观测孔水位历时变化曲线图

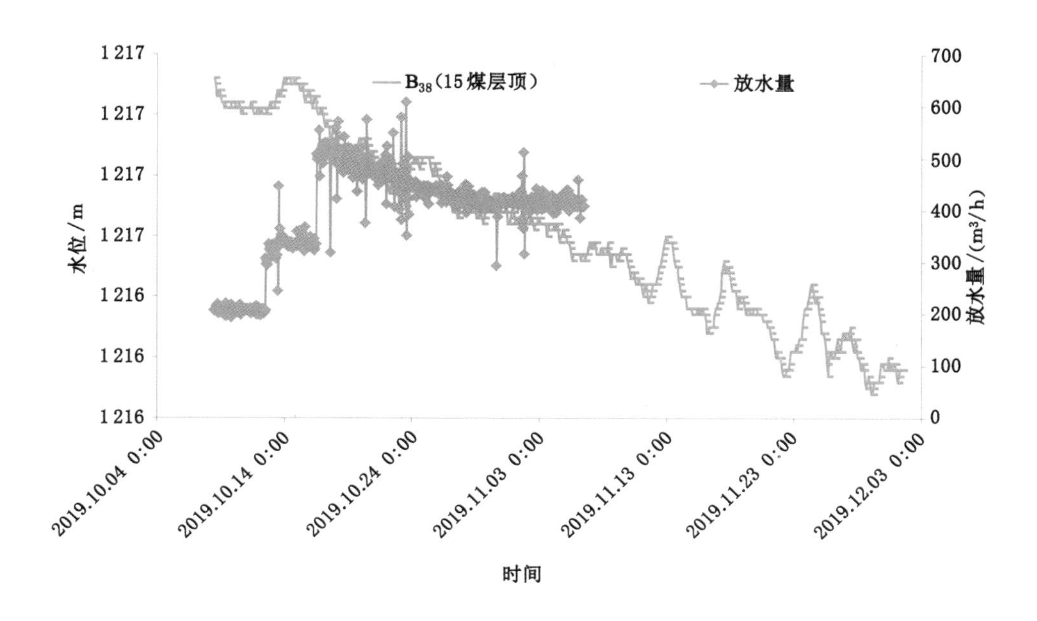

图 5-90　煤系含水层 B_{38}(15 煤层顶)观测孔水位历时变化曲线图

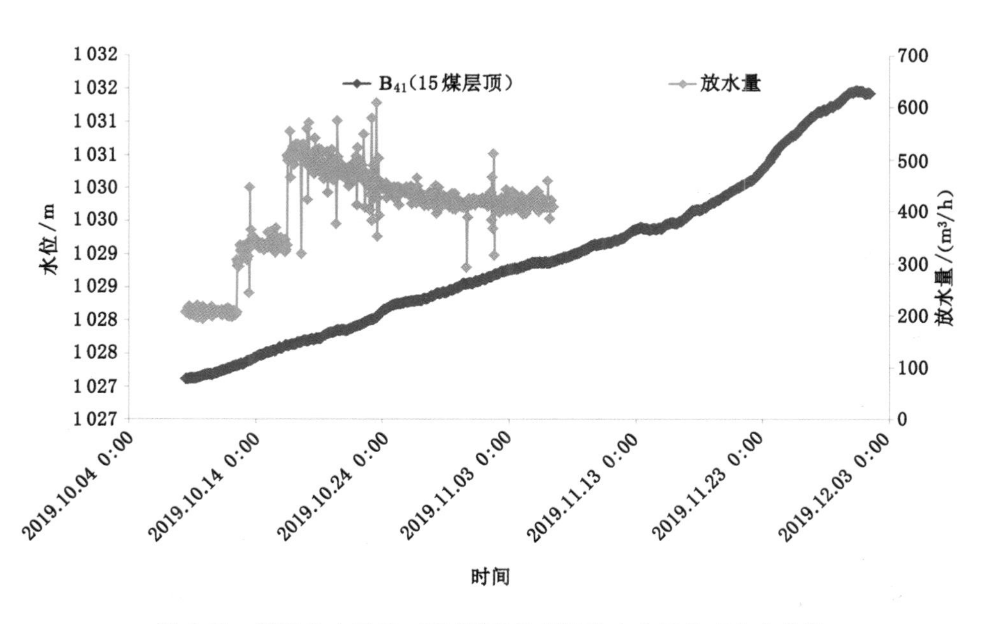

图 5-91　煤系含水层 B_{41}(15 煤层顶)观测孔水位历时变化曲线图

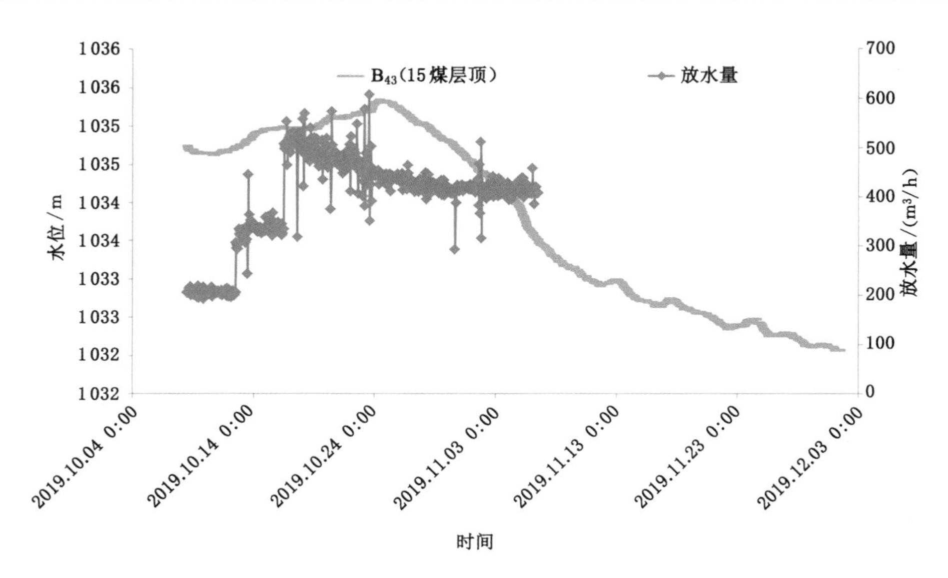

图 5-92　煤系含水层 B_{43}(15 煤层顶)观测孔水位历时变化曲线图

(4) 宝塔山砂岩含水层水位

多孔叠加放水试验时,共有 14 个观测孔对宝塔山砂岩含水层水位进行观测,其水位历时变化曲线如图 5-93～图 5-107 所示。由图中可以看出,除了 B_{33} 和 B_{42} 长观孔水位与多孔放水没有明显的相关性,其他长观孔水位均与多孔放水呈现出较好的相关性。

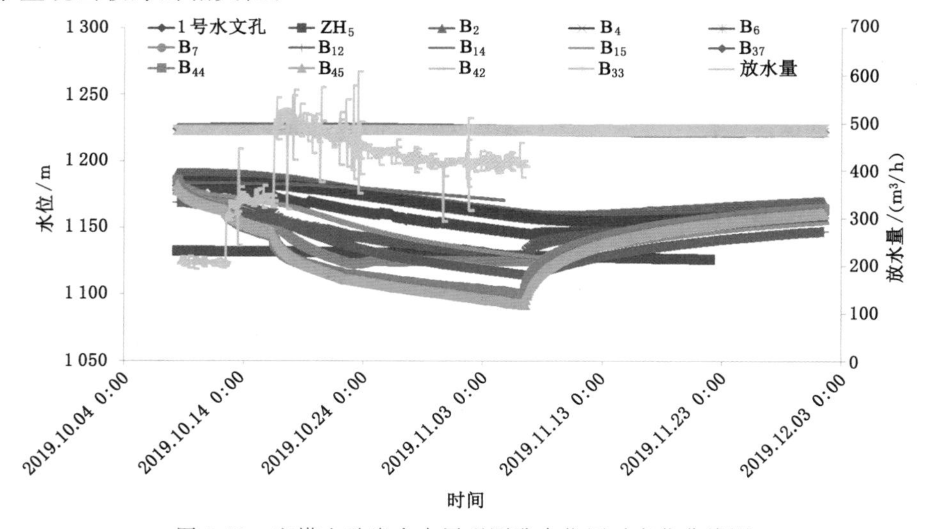

图 5-93　宝塔山砂岩含水层观测孔水位历时变化曲线图

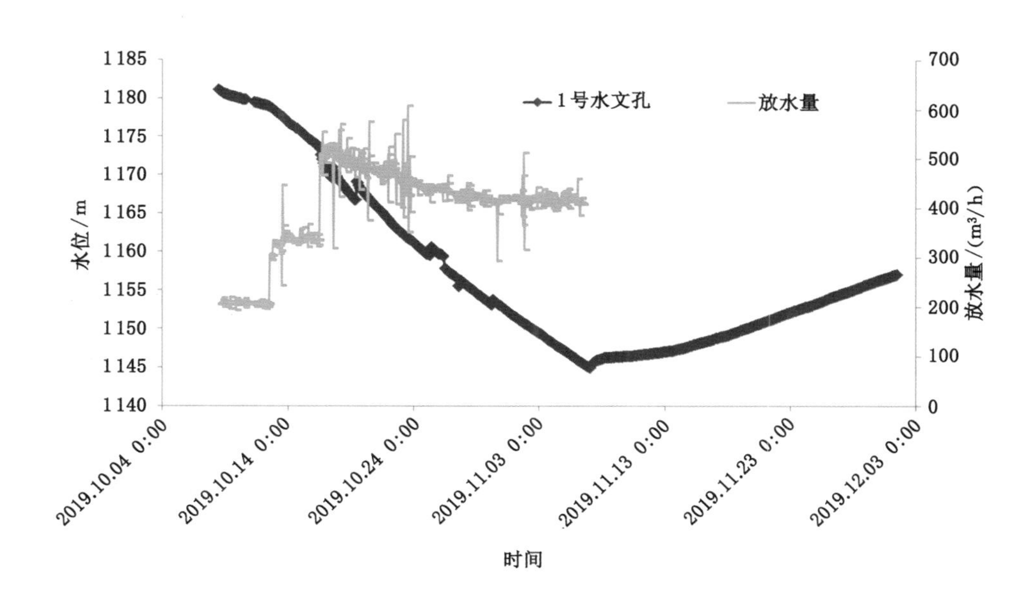

图 5-94　宝塔山砂岩含水层 1 号水文孔水位历时变化曲线图

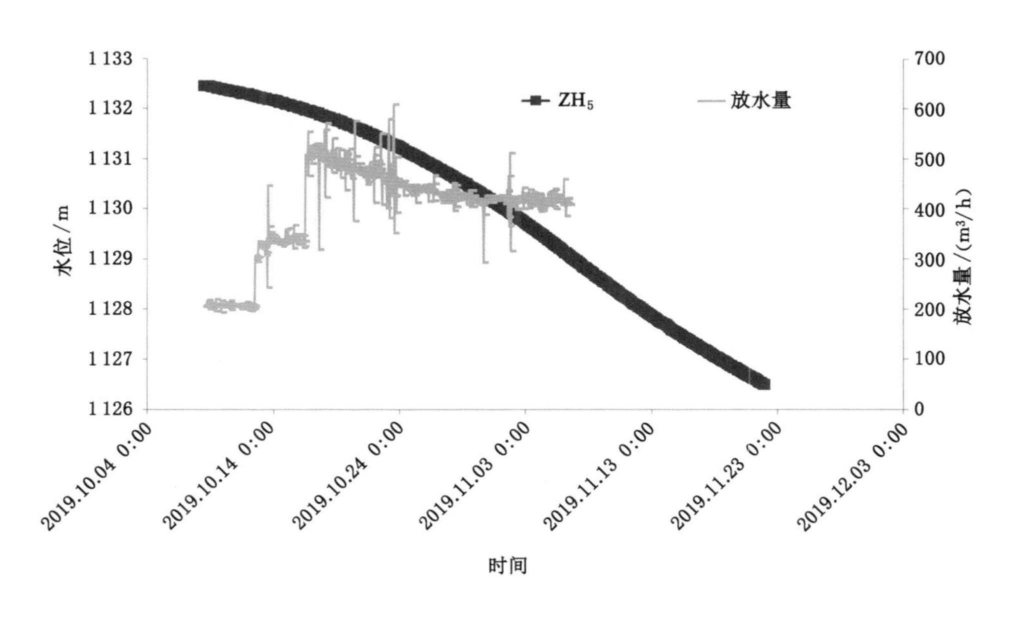

图 5-95　宝塔山砂岩含水层 ZH_5 观测孔水位历时变化曲线图

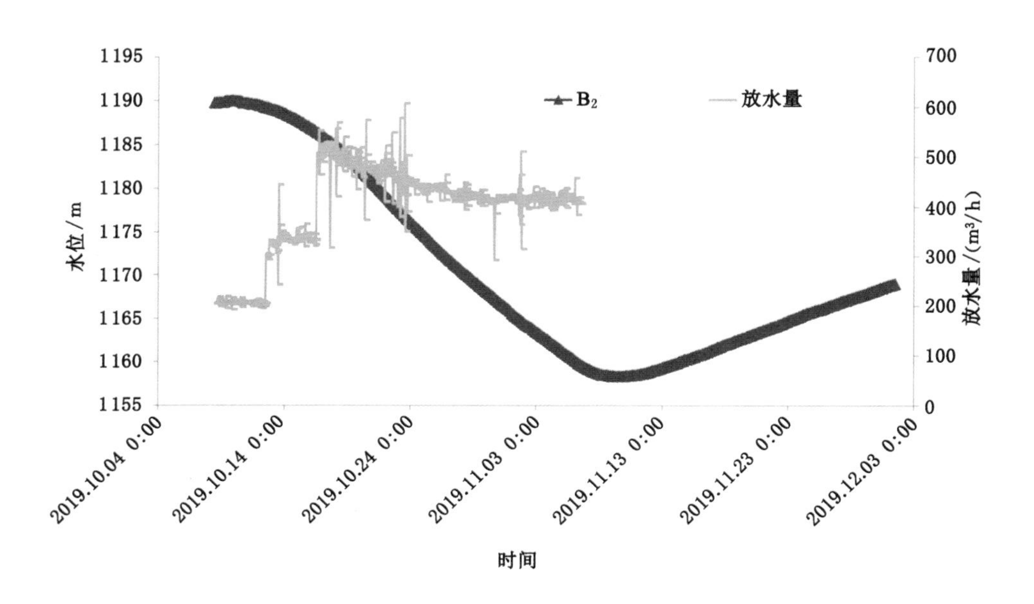

图 5-96　宝塔山砂岩含水层 B_2 观测孔水位历时变化曲线图

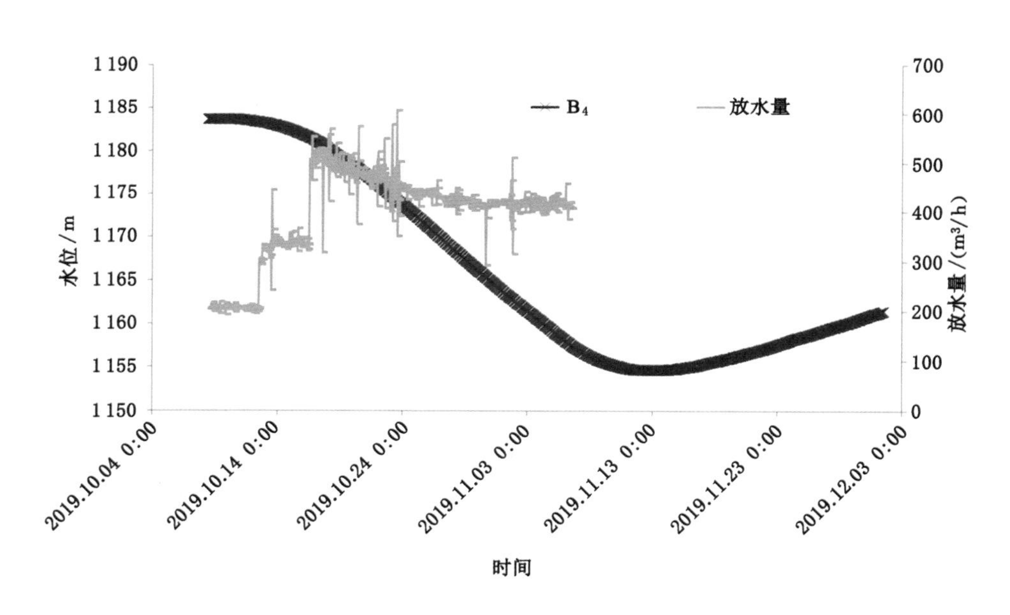

图 5-97　宝塔山砂岩含水层 B_4 观测孔水位历时变化曲线图

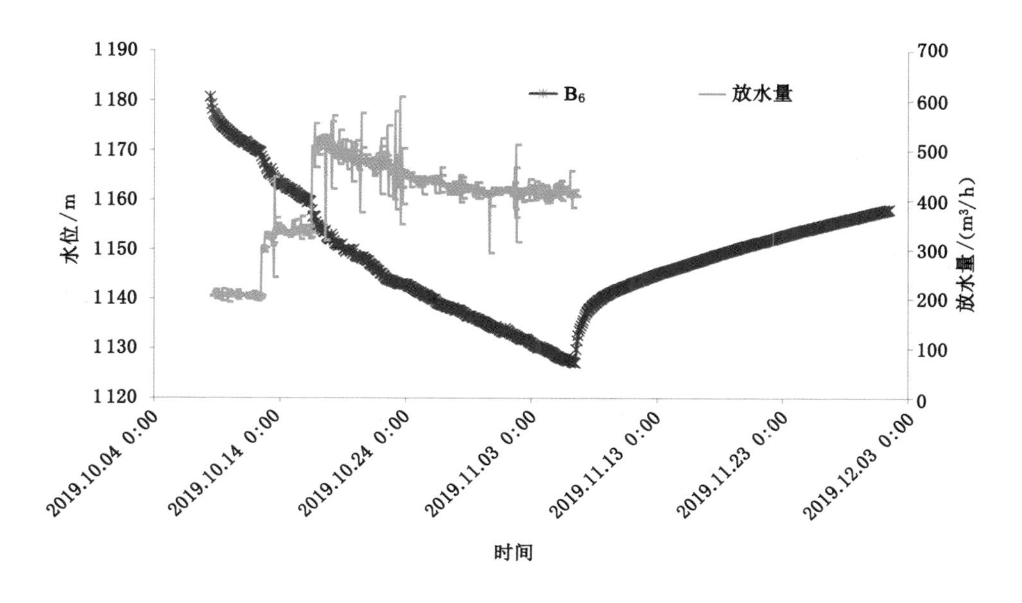

图 5-98 宝塔山砂岩含水层 B_6 观测孔水位历时变化曲线图

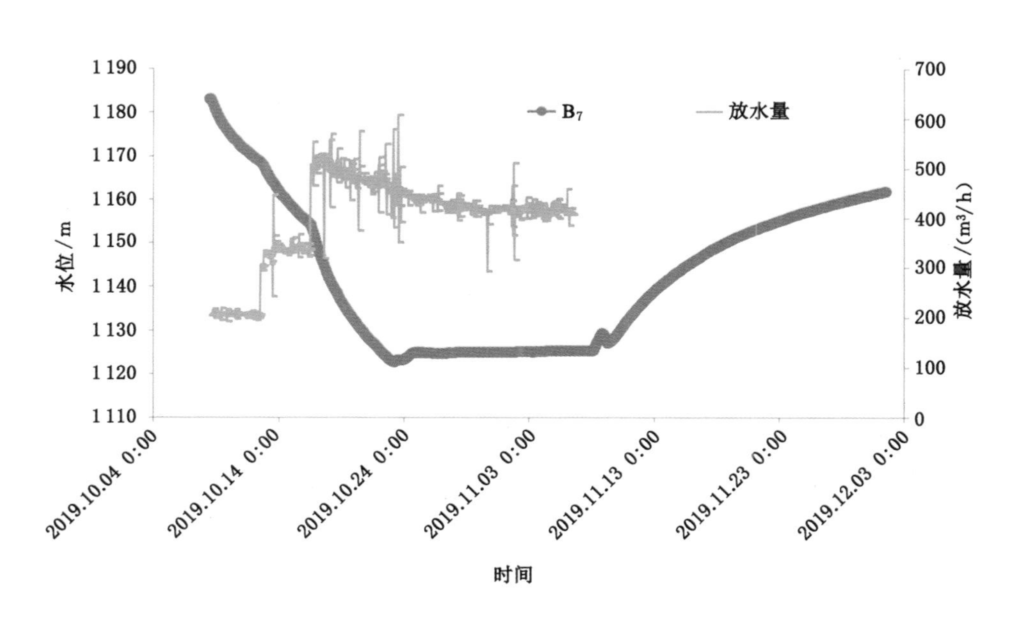

图 5-99 宝塔山砂岩含水层 B_7 观测孔水位历时变化曲线图

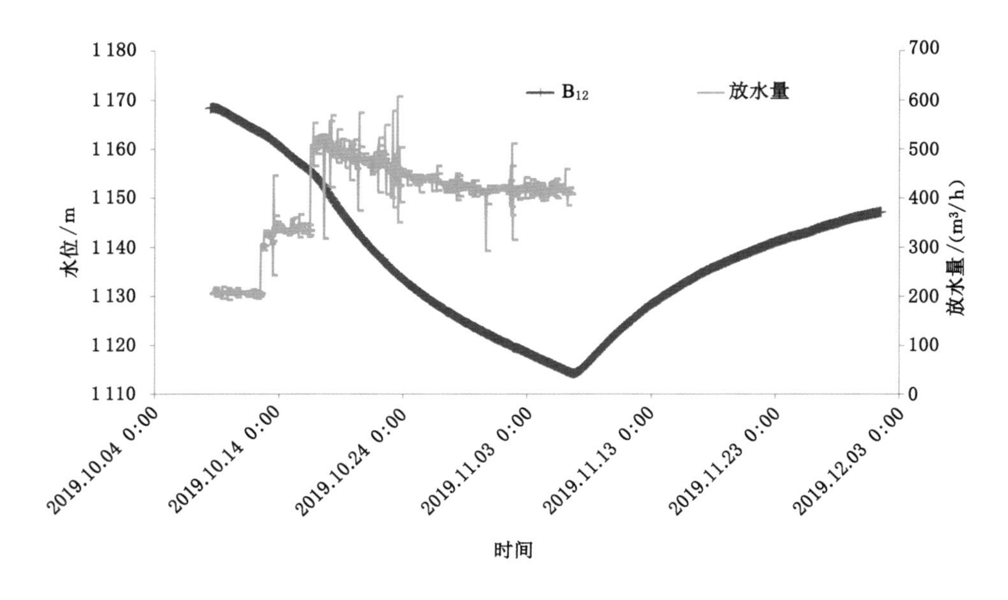

图 5-100　宝塔山砂岩含水层 B_{12} 观测孔水位历时变化曲线图

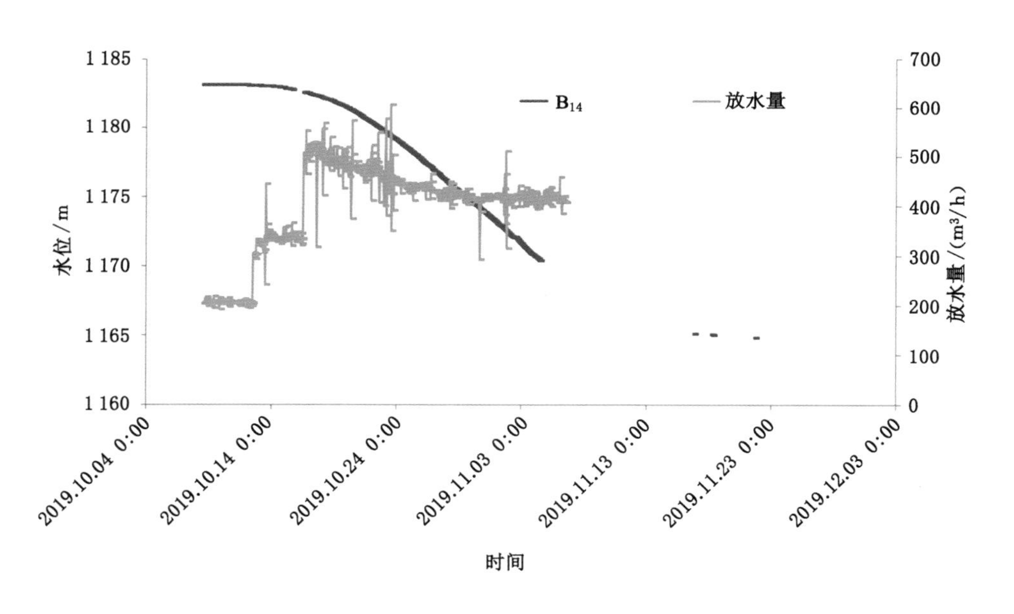

图 5-101　宝塔山砂岩含水层 B_{14} 观测孔水位历时变化曲线图

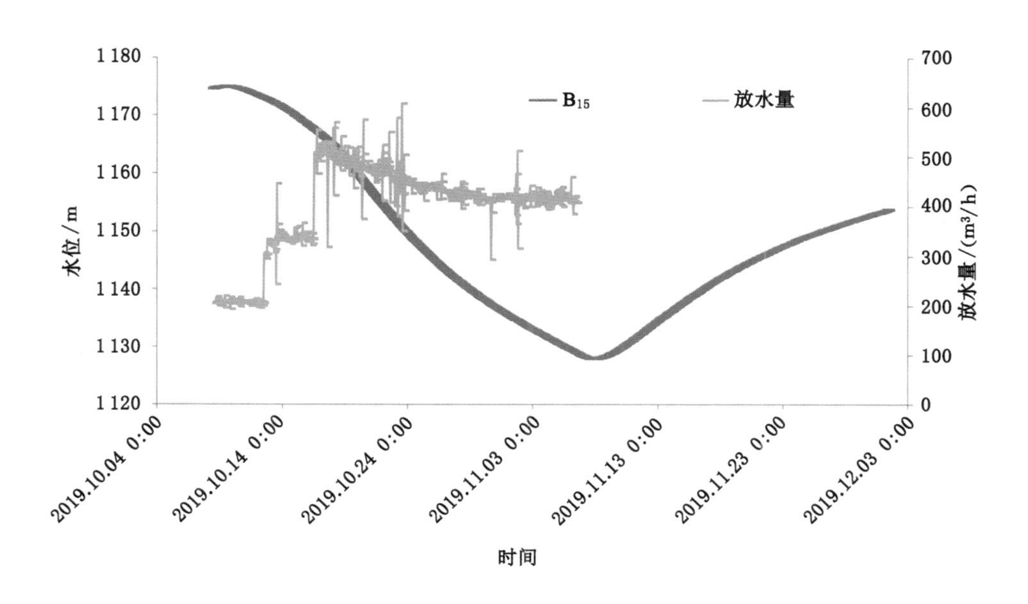

图 5-102 宝塔山砂岩含水层 B_{15} 观测孔水位历时变化曲线图

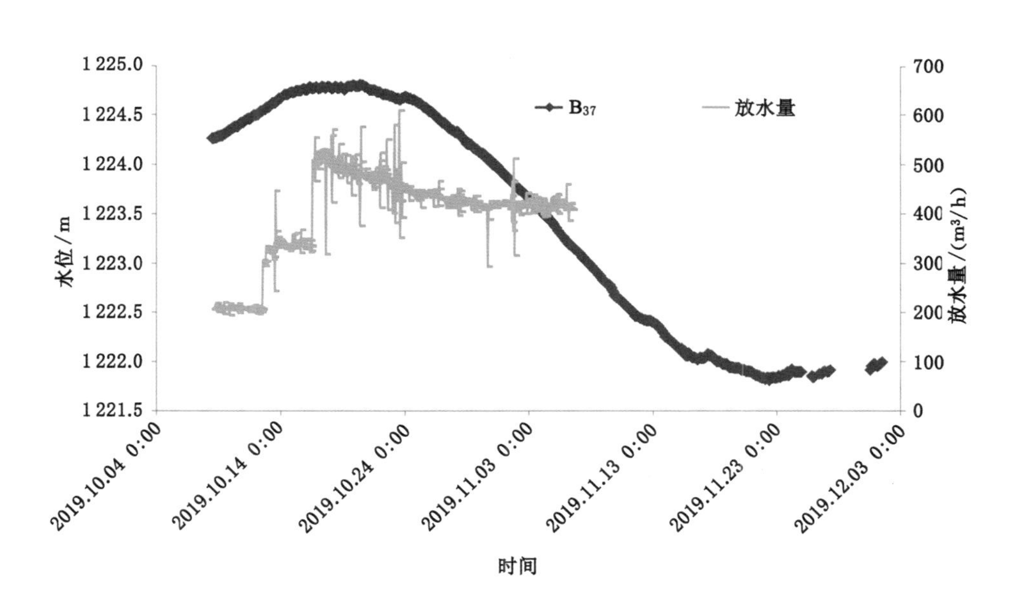

图 5-103 宝塔山砂岩含水层 B_{37} 观测孔水位历时变化曲线图

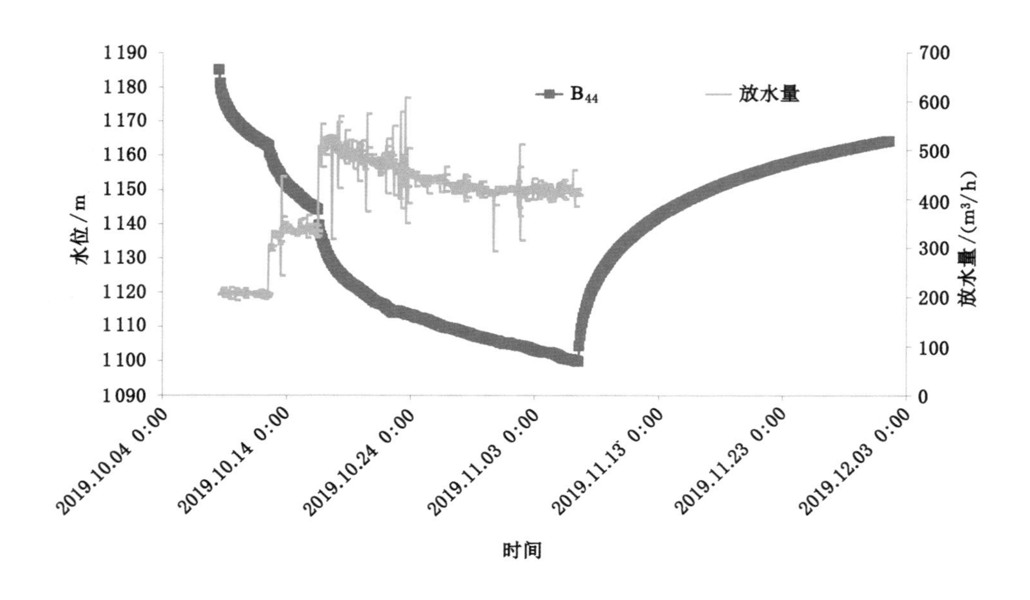

图 5-104　宝塔山砂岩含水层 B_{44} 观测孔水位历时变化曲线图

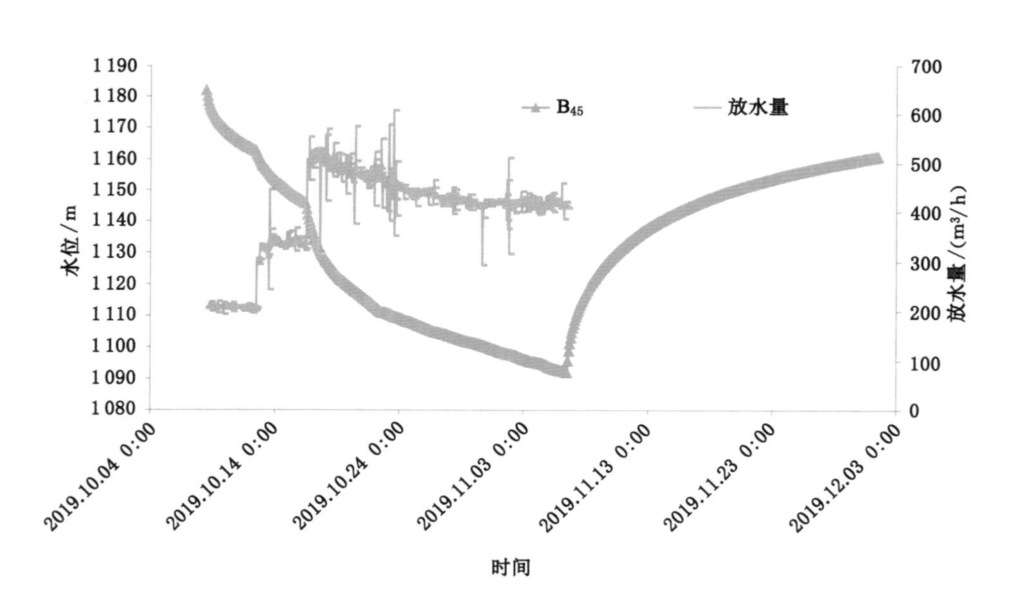

图 5-105　宝塔山砂岩含水层 B_{45} 观测孔水位历时变化曲线图

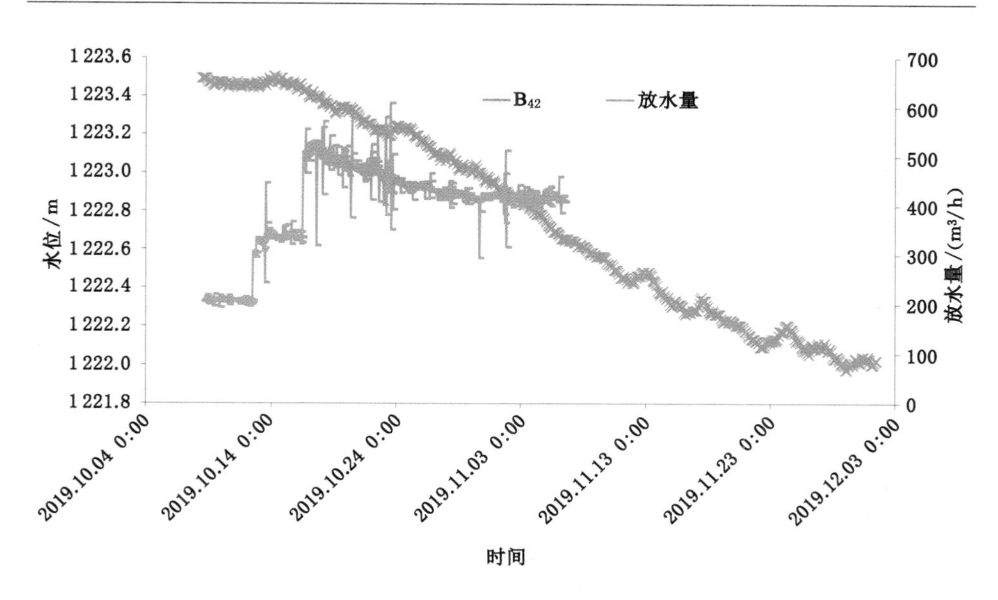

图 5-106　宝塔山砂岩含水层 B_{42} 观测孔水位历时变化曲线图

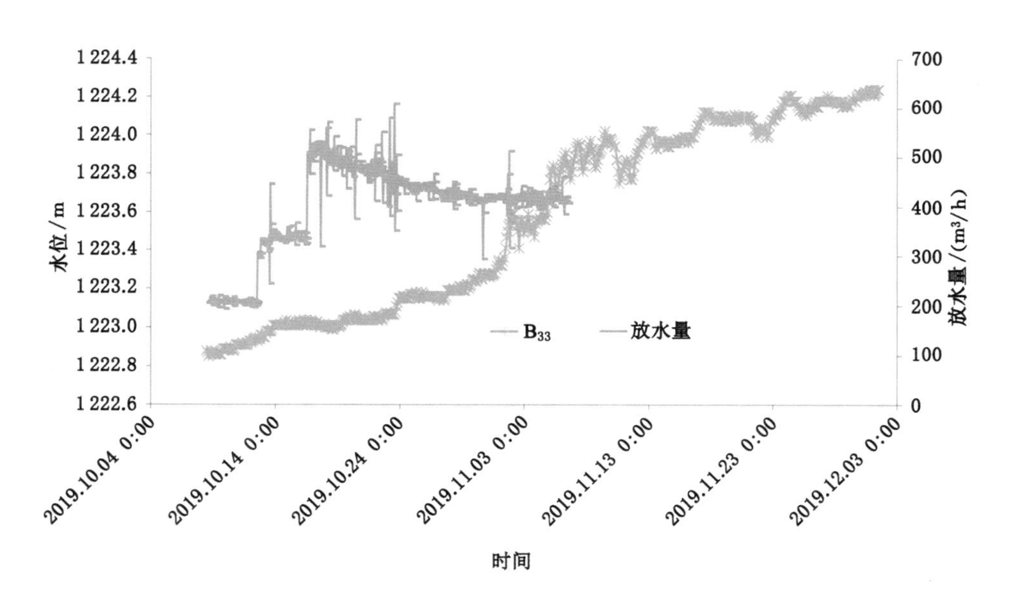

图 5-107　宝塔山砂岩含水层 B_{33} 观测孔水位历时变化曲线图

(5) 三叠系含水层水位

多孔叠加放水试验时，共有 2 个观测孔对三叠系含水层水位进行观测，其水位历时变化曲线如图 5-108、图 5-109 所示。由图中可以看出，B_{36} 和 B_{39} 长观孔水位与多孔放水具有明显的相关性。

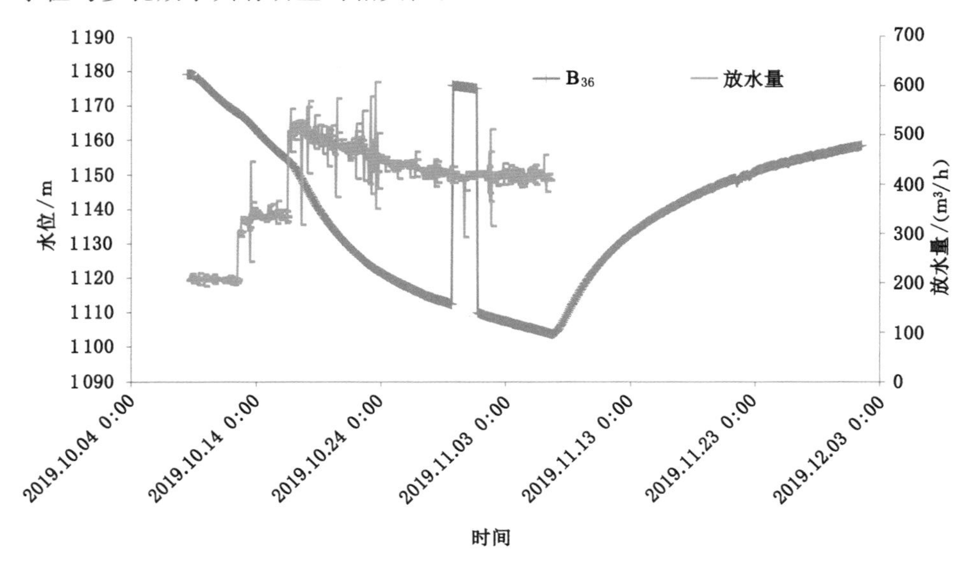

图 5-108　三叠系含水层 B_{36} 观测孔水位历时变化曲线图

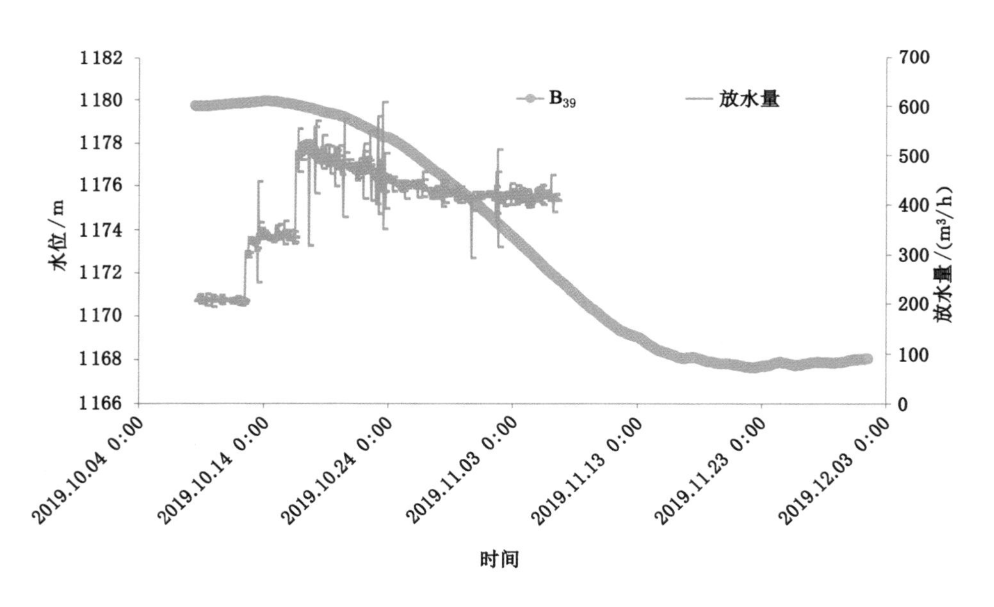

图 5-109　三叠系含水层 B_{39} 观测孔水位历时变化曲线图

5.9　宝塔山砂岩含水层水文地质参数计算

宝塔山砂岩含水层共进行了两次放水试验，其中 F_2 钻孔单孔放水试验主要为计算宝塔山砂岩含水层渗透系数。宝塔山砂岩含水层单孔放水试验中 F_2 钻孔放水量为 237.91 m^3/h，距该孔 249.5 m 的 B_{44} 长观孔、474.9 m 的 B_6 长观孔、564.6 m 的 B_{45} 长观孔和 925.7 m 的 B_7 长观孔水位降深曲线均有很好的响应。放水试验模拟时依据各长观孔水位数据，利用配线法、AquiferTest 软件以及直线图解法求解宝塔山砂岩含水层的水文地质参数。其中，配线法和 AquiferTest 软件利用泰斯公式进行求解，而直线图解法利用对泰斯公式进行变形的雅各布公式进行计算。

5.9.1　配线法

利用泰斯公式直接求解含水层的渗透系数比较困难，通常采用配线法来确定含水层的水文地质参数。

根据泰斯公式：

$$S=\frac{Q}{4\pi T}W(u) \tag{5-1}$$

即：

$$u=\frac{r^2}{4at},\quad t=\frac{r^2}{4a}\cdot\frac{1}{u} \tag{5-2}$$

对上面两式分别取对数：

$$\lg S=\lg W(u)+\lg\frac{Q}{4\pi T} \tag{5-3}$$

$$\lg t=\lg\frac{1}{u}+\lg\frac{r^2}{4a} \tag{5-4}$$

以上各式中的 Q、T、r、a 均为常数，因而式中的 $\lg\frac{Q}{4\pi T}$ 和 $\lg\frac{r^2}{4a}$ 也为常数。

根据解析几何有：

$$\begin{cases}y_1=y+b\\x_1=x+a\end{cases}$$

那么曲线 $y=f(x)$ 和 $y_1=f(x_1)$ 的形状是相同的，只是曲线 $y_1=f(x_1)$ 相对于曲线 $y=f(x)$ 在横坐标上位移了 a，在纵坐标上位移了 b。同理，$\lg S=f(\lg t)$ 曲线与 $\lg W(u)=f(\lg\frac{1}{u})$ 曲线形状也相同，而只是在横纵坐标上相差

了 $\lg \frac{Q}{4\pi T}$ 和 $\lg \frac{r^2}{4a}$ 值。

因此，如果在双对数坐标纸上绘制 $W(u)$-$\frac{1}{u}$ 曲线，而在另一张（比例尺相同）双对数坐标纸上绘制 S-t 曲线，显然这两条曲线的形状也是相同的，其具体步骤如下：

① 在双对数纸上绘制 $W(u)$-$\frac{1}{u}$ 曲线（称为理论曲线或标准曲线）。

② 在另一张与理论曲线相同比例尺的双对数坐标纸上，根据放水试验资料绘制 S-t 曲线（称为实测曲线）。

③ 进行配线：将实测曲线（$\lg S$-$\lg t$）蒙在理论曲线 $\left(\lg W(u)\text{-}\lg \frac{1}{u}\right)$ 上，在保持两图坐标轴平行的条件下移动，使实测曲线上绝大部分的点落在理论曲线上，直至两根曲线基本上重合为止。

④ 在重合的双对数纸上，任取一点作为配合点（在曲线上或曲线外均可）。为了计算方便，尽量取对数周期上的简单数值（如 0.1、1、10 等），并读出该点在两张对数纸上的相应坐标值。

⑤ 求含水层参数（T、K、μ_s）：

$$\begin{cases} T = \dfrac{Q}{4\pi[S]}[W(u)] \\ K = \dfrac{T}{M} \\ \mu^* = \dfrac{4T}{r^2_{[\frac{1}{u}]}}[t] \\ \mu_s = \dfrac{\mu^*}{M} \end{cases} \tag{5-5}$$

式中 T——导水系数，m^2/d；

$W(u)$——井函数，无量纲；

K——渗透系数，m/d；

Q——放水孔水量，m^3/d；

M——含水层厚度，m；

r——观测孔与放水孔距离，m；

S——计算点水位降深，m；

t——计算点放水时间，d；

μ^*——储水系数，无量纲；

μ_s——储水率，m^{-1}。

配线法水文求参示意图如图 5-110 所示。

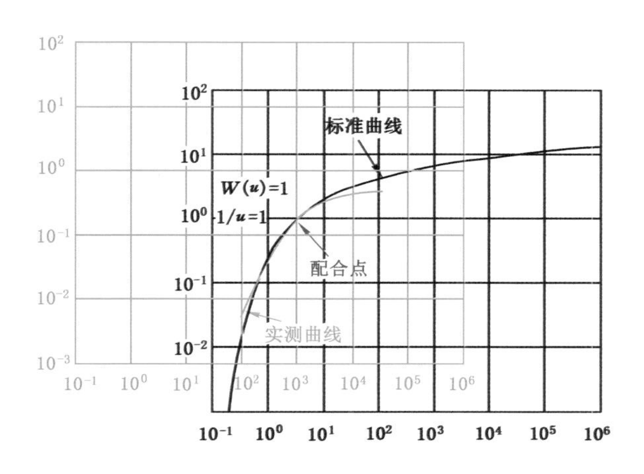

图 5-110　配线法水文求参示意图

(1) B_6 观测孔资料求参

根据 B_6 观测孔水位降深观测资料作出实测曲线与标准曲线拟合图，如图 5-111 所示。选取的配合点坐标分别为：

$$\begin{cases}[W(u)]=2.0\\[\dfrac{1}{u}]=13.4\\[S]=10.77\ \text{m}\\[t]=3\ 600\ \text{min}=2.5\ \text{d}\end{cases}$$

F_2 孔放水流量 $Q=237.91\ \text{m}^3/\text{h}=5\ 709.84\ \text{m}^3/\text{d}$，$B_6$ 观测孔揭露的宝塔山砂岩含水层厚度为 50.85 m，B_6 观测孔至 F_2 孔的距离 $r=474.9$ m，将以上数据代入上述公式计算得到有关参数为：

$$\begin{cases}T=\dfrac{Q}{4\pi[S]}[W(u)]=\dfrac{5\ 709.84}{4\times\pi\times10.77}\times2.0=84.378\\K=\dfrac{T}{M}=\dfrac{84.378}{50.85}=1.660\\\mu^*=\dfrac{4T}{r^2_{[\frac{1}{u}]}}[t]=\dfrac{4\times84.378}{474.9^2\times13.4}\times2.5=2.792\times10^{-4}\\\mu_s=\dfrac{\mu^*}{M}=\dfrac{2.792\times10^{-4}}{50.85}=5.491\times10^{-6}\end{cases}$$

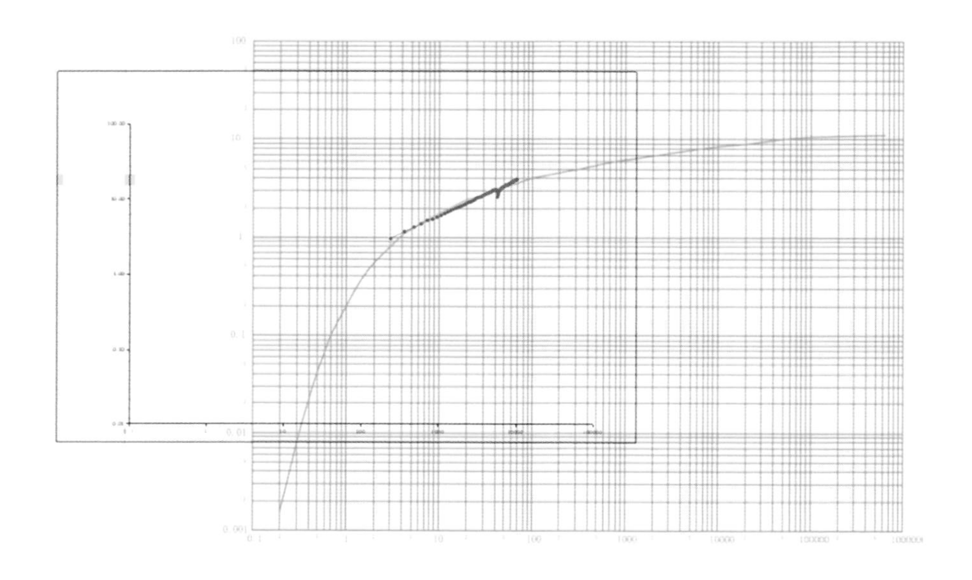

图 5-111　配线法计算水文地质参数(B_6 观测孔)

(2) B_7 观测孔资料求参

根据 B_7 观测孔水位降深观测资料作出实测曲线与标准曲线拟合图，如图 5-112 所示。选取的配合点坐标分别为：

$$\begin{cases}[W(u)]=2.8\\[\frac{1}{u}]=20.0\\[S]=23.3\ \text{m}\\[t]=13\ 800\ \text{min}=9.583\ \text{d}\end{cases}$$

F_2 孔放水流量 $Q=237.91\ \text{m}^3/\text{h}=5\ 709.84\ \text{m}^3/\text{d}$，$B_7$ 观测孔揭露的宝塔山砂岩含水层厚度为 53.5 m，B_7 观测孔至 F_2 孔的距离 $r=925.7$ m，将以上数据代入上述公式计算得到有关参数为：

$$\begin{cases}T=\dfrac{Q}{4\pi[S]}[W(u)]=\dfrac{5\ 709.84}{4\times\pi\times23.3}\times2.8=54.603\\K=\dfrac{T}{M}=\dfrac{54.603}{53.5}=1.021\\\mu^*=\dfrac{4T}{r^2_{[\frac{1}{u}]}}[t]=\dfrac{4\times54.603}{925.7^2\times20}\times2.416\ 7=3.080\times10^{-5}\\\mu_s=\dfrac{\mu^*}{M}=\dfrac{3.080\times10^{-5}}{53.5}=5.757\times10^{-7}\end{cases}$$

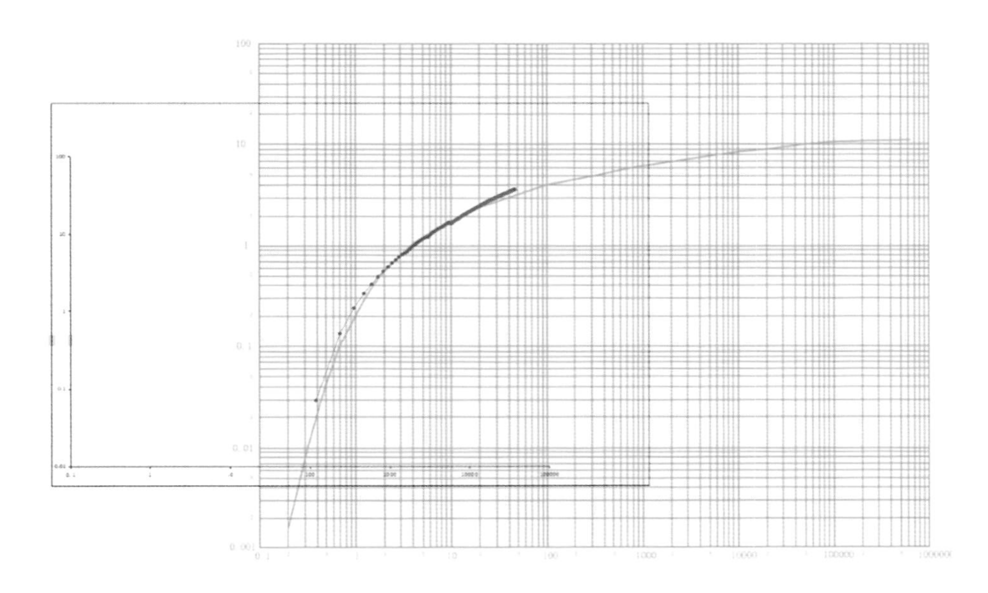

图 5-112 配线法计算水文地质参数(B_7 观测孔)

(3) B_{44}观测孔资料求参

根据 B_{44}观测孔水位降深观测资料作出实测曲线与标准曲线拟合图,如图 5-113 所示。选取的配合点坐标分别为:

$$\begin{cases}[W(u)]=2.01\\[\frac{1}{u}]=38.9\\[S]=18.51\ \mathrm{m}\\[t]=3\ 480\ \mathrm{min}=2.416\ 7\ \mathrm{d}\end{cases}$$

F_2 孔放水流量 $Q=237.91\ \mathrm{m^3/h}=5\ 709.84\ \mathrm{m^3/d}$,$B_{44}$观测孔揭露的宝塔山砂岩含水层厚度为 38.4 m,B_{44}观测孔至 F_2 孔的距离 $r=249.5$ m,将以上数据代入上述公式计算得到有关参数为:

$$\begin{cases}T=\frac{Q}{4\pi[S]}[W(u)]=\frac{5\ 709.84}{4\times\pi\times18.51}\times2.01=49.341\\K=\frac{T}{M}=\frac{49.341}{38.4}=1.285\\\mu^*=\frac{4T}{r^2_{[\frac{1}{u}]}}[t]=\frac{4\times49.341}{249.5^2\times38.9}\times2.416\ 7=1.970\times10^{-4}\\\mu_s=\frac{\mu^*}{M}=\frac{1.970\times10^{-4}}{38.4}=5.130\times10^{-6}\end{cases}$$

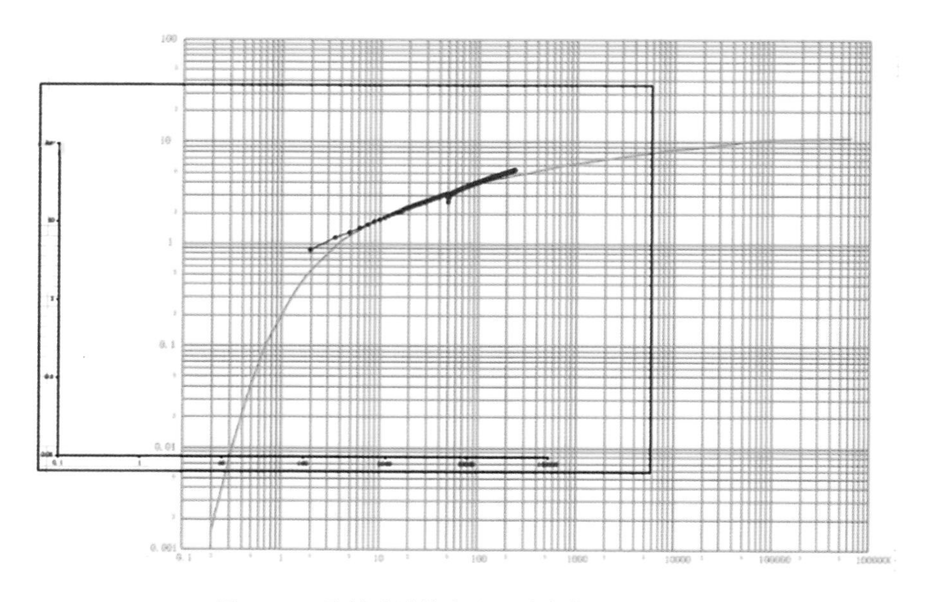

图 5-113　配线法计算水文地质参数(B_{44}观测孔)

(4) B_{45}观测孔资料求参

根据B_{45}观测孔水位降深观测资料作出实测曲线与标准曲线拟合图，如图 5-114 所示。选取的配合点坐标分别为：

$$\begin{cases}[W(u)]=3.2\\ [\dfrac{1}{u}]=40.0\\ [S]=23.2\ \text{m}\\ [t]=9\ 000\ \text{min}=6.25\ \text{d}\end{cases}$$

F_2 放水流量 $Q=237.91\ \text{m}^3/\text{h}=5\ 709.84\ \text{m}^3/\text{d}$，$B_{45}$观测孔揭露的宝塔山砂岩含水层厚度为 42.6 m，B_{45}观测孔至 F_2 孔的距离 $r=564.6$ m，将以上数据代入上述公式计算得到有关参数为：

$$\begin{cases}T=\dfrac{Q}{4\pi[S]}[W(u)]=\dfrac{5\ 709.84}{4\times\pi\times 23.2}\times 3.2=62.672\\ K=\dfrac{T}{M}=\dfrac{62.672}{42.6}=1.471\\ \mu^*=\dfrac{4T}{r^2_{[\frac{1}{u}]}}[t]=\dfrac{4\times 62.672}{546.6^2\times 39.4}\times 6.25=1.331\times 10^{-4}\\ \mu_s=\dfrac{\mu^*}{M}=\dfrac{1.331\times 10^{-4}}{42.6}=3.124\times 10^{-6}\end{cases}$$

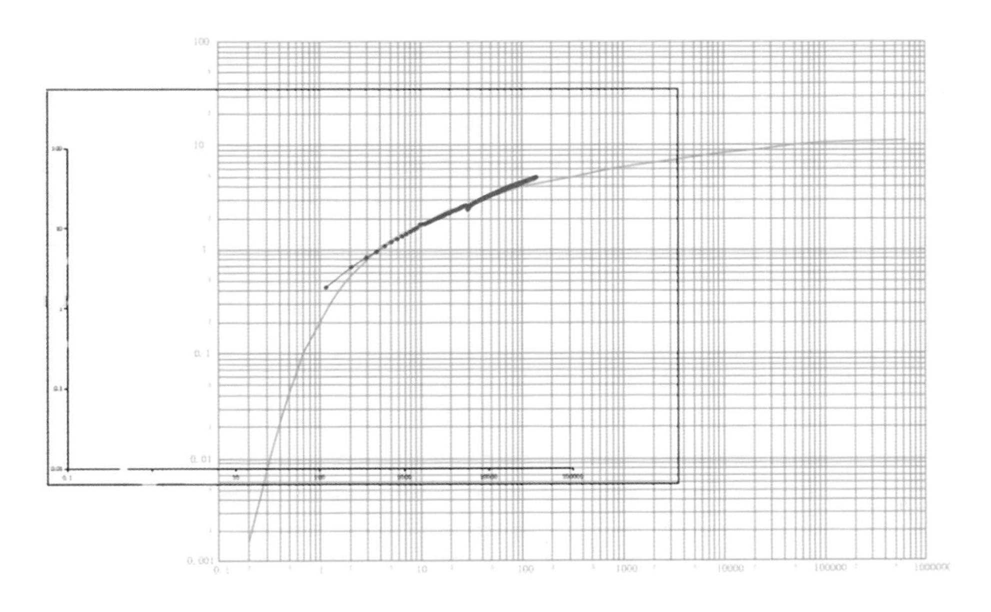

图 5-114　配线法计算水文地质参数(B_{45} 观测孔)

5.9.2　AquiferTest 法

(1) B_6 观测孔资料求参

利用 AquiferTest 软件对 B_6 观测孔资料进行分析，拟合结果如图 5-115 所示。渗透系数计算结果为：

$$K=\frac{T}{M}=\frac{96.4}{50.85}=1.896$$

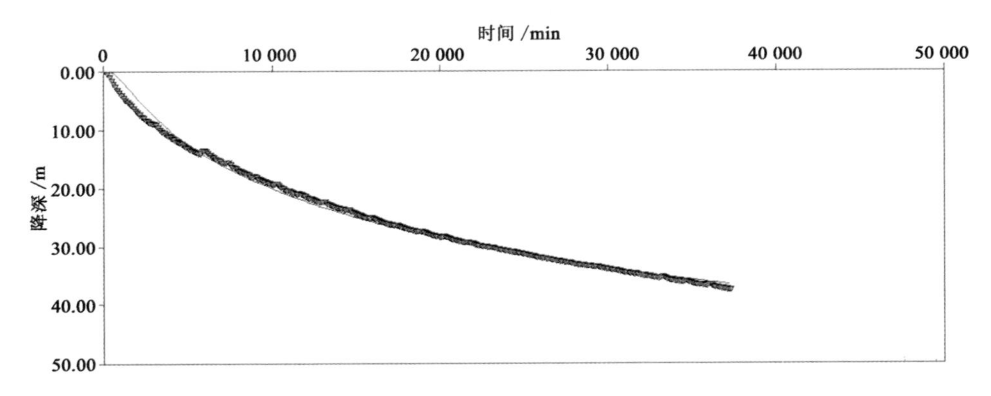

图 5-115　AquiferTest 软件计算水文地质参数(B_6 观测孔)

(2) B_7 观测孔资料求参

利用 AquiferTest 软件对 B_7 观测孔资料进行分析，拟合结果如图 5-116 所示。渗透系数计算结果为：

$$K=\frac{T}{M}=\frac{56.4}{53.5}=1.054$$

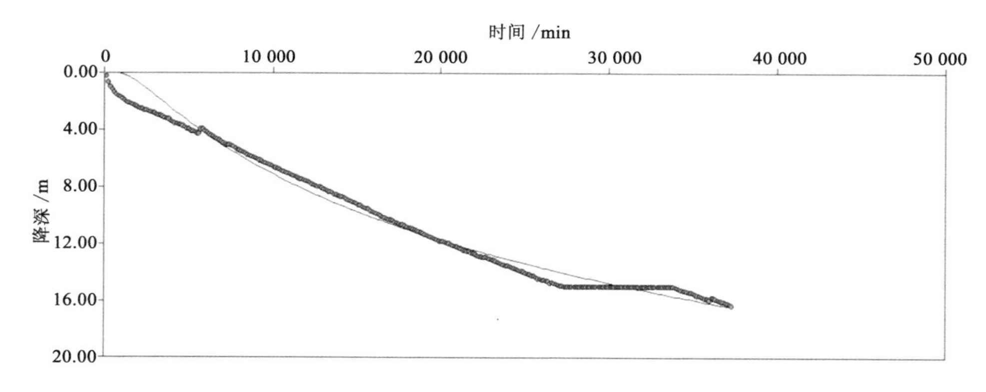

图 5-116　AquiferTest 软件计算水文地质参数(B_7 观测孔)

(3) B_{44} 观测孔资料求参

利用 AquiferTest 软件对 B_{44} 观测孔资料进行分析，拟合结果如图 5-117 所示。渗透系数计算结果为：

$$K=\frac{T}{M}=\frac{40.0}{38.4}=1.042$$

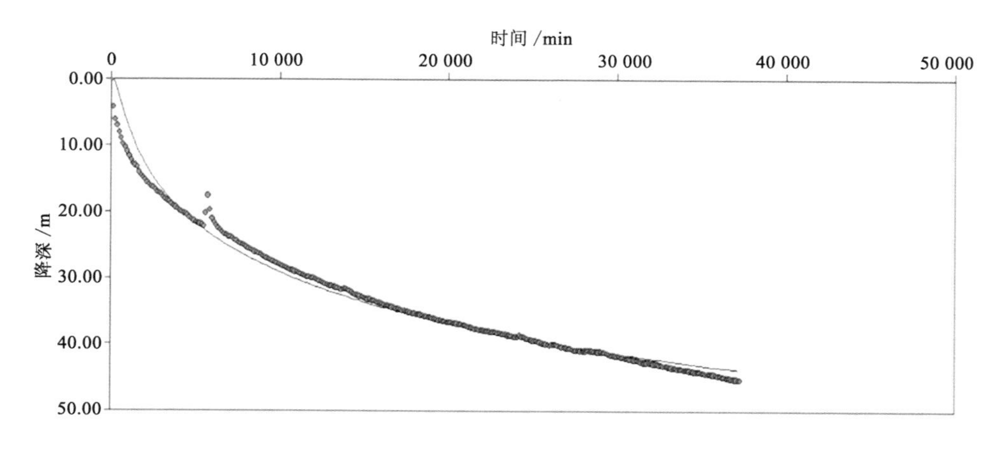

图 5-117　AquiferTest 软件计算水文地质参数(B_{44} 观测孔)

（4）B_{45}观测孔资料求参

利用 AquiferTest 软件对 B_{45}观测孔资料进行分析，拟合结果如图 5-118 所示。渗透系数计算结果为：

$$K=\frac{T}{M}=\frac{66.4}{42.6}=1.559$$

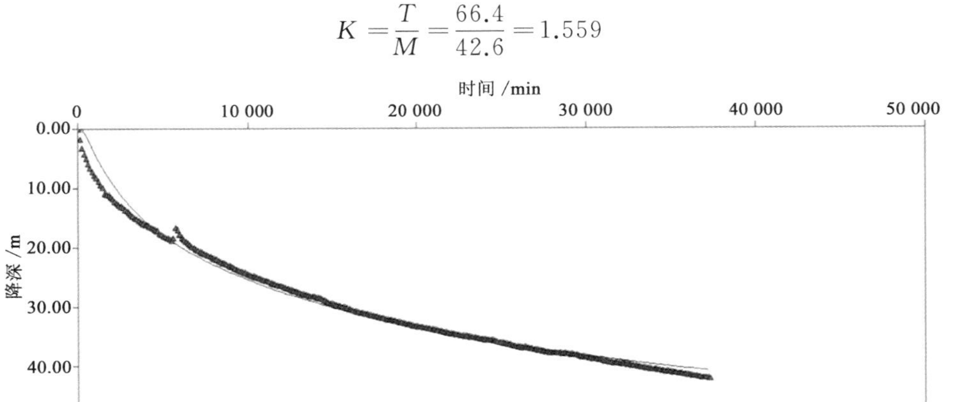

图 5-118　AquiferTest 软件计算水文地质参数（B_{45}观测孔）

5.9.3　直线图解法

该法用于根据一个观测点不同时刻的水位降深资料确定水文地质参数。

当 r 固定（$r=C$）时，式(5-1)可以写为：

$$S=0.183\frac{Q}{T}\lg\frac{2.25a}{r^2}+0.183\frac{Q}{T}\lg t \tag{5-6}$$

上式中仅 S 和 t 为变量，其余均为常量。上式表明 S 和 $\lg t$ 呈直线关系。如在单对数坐标纸上作 S-t（对数轴）关系直线，该直线的斜率（i）为 $0.183\frac{Q}{T}$。直线与 t 轴（对数轴）交于 t_0，则：

$$S=0.183\frac{Q}{T}\lg\frac{2.25at_0}{r^2}=0 \tag{5-7}$$

因此，在确定 i 和 t_0 值后，便可以按照以下公式计算参数：

$$\begin{cases}T=0.183\dfrac{Q}{i}\\[2ex] a=\dfrac{r^2}{2.25t_0}\\[2ex] \mu_s=\dfrac{T}{a}\end{cases} \tag{5-8}$$

(1) B_6 孔观测资料求参

利用直线图解法对 B_6 观测孔资料进行分析,lg t-S 曲线如图 5-119 所示。参数计算结果为:

$$\begin{cases} T = 0.183 \times 24 \times Q/i = 58.57 \\ K = \dfrac{T}{M} = \dfrac{58.57}{50.85} = 1.152 \end{cases}$$

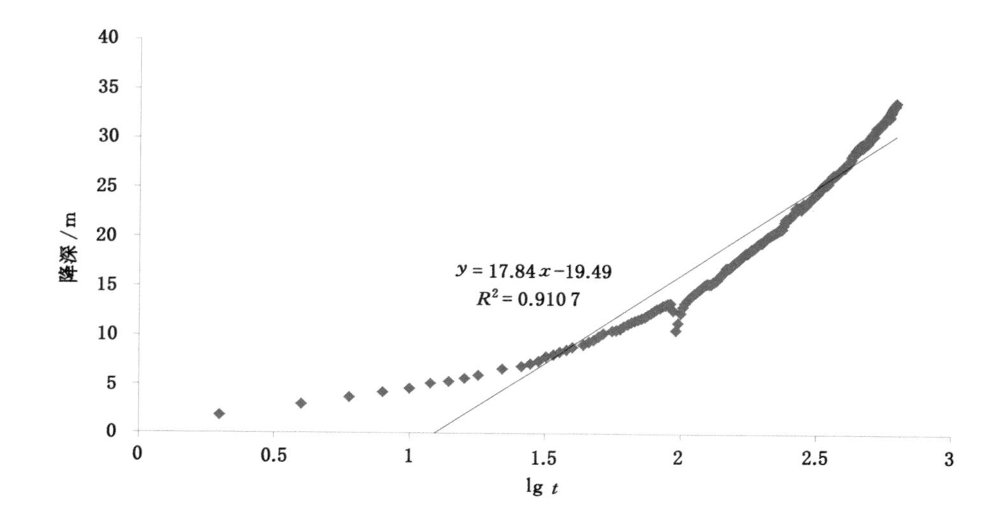

图 5-119 直线图解法计算水文地质参数(B_6 观测孔)

(2) B_7 孔观测资料求参

利用直线图解法对 B_7 观测孔资料进行分析,lg t-S 曲线如图 5-120 所示。参数计算结果为:

$$\begin{cases} T = 0.183 \times 24 \times Q/i = 48.07 \\ K = \dfrac{T}{M} = \dfrac{48.07}{53.5} = 0.899 \end{cases}$$

(3) B_{44} 孔观测资料求参

利用直线图解法对 B_{44} 观测孔资料进行分析,lg t-S 曲线如图 5-121 所示。参数计算结果为:

$$\begin{cases} T = 0.183 \times 24 \times Q/i = 47.43 \\ K = \dfrac{T}{M} = \dfrac{47.43}{38.4} = 1.235 \end{cases}$$

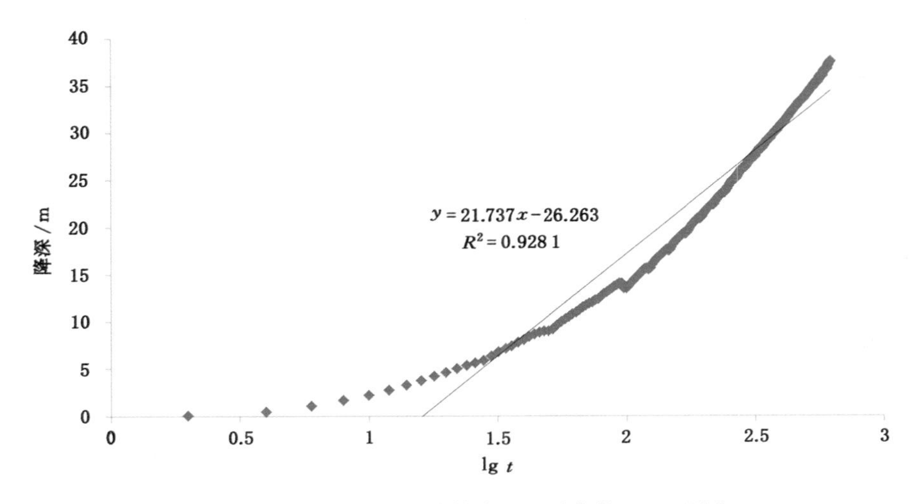

图 5-120　直线图解法计算水文地质参数(B_7 观测孔)

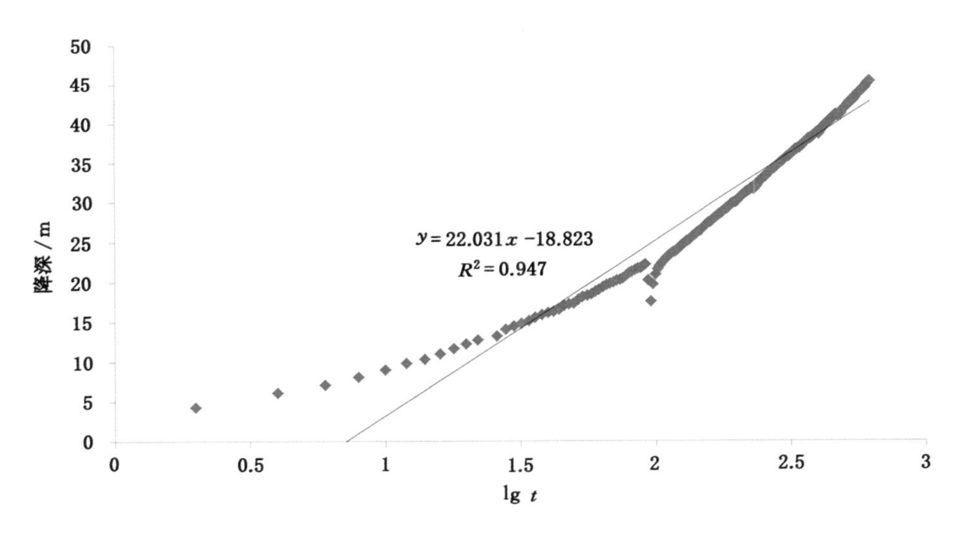

图 5-121　直线图解法计算水文地质参数(B_{44} 观测孔)

(4) B_{45} 孔观测资料求参

利用直线图解法对 B_{45} 观测孔资料进行分析，lg t-S 曲线如图 5-122 所示。参数计算结果为：

$$\begin{cases}T=0.183\times 24\times Q/i=47.41\\ K=\dfrac{T}{M}=\dfrac{47.41}{42.6}=1.113\end{cases}$$

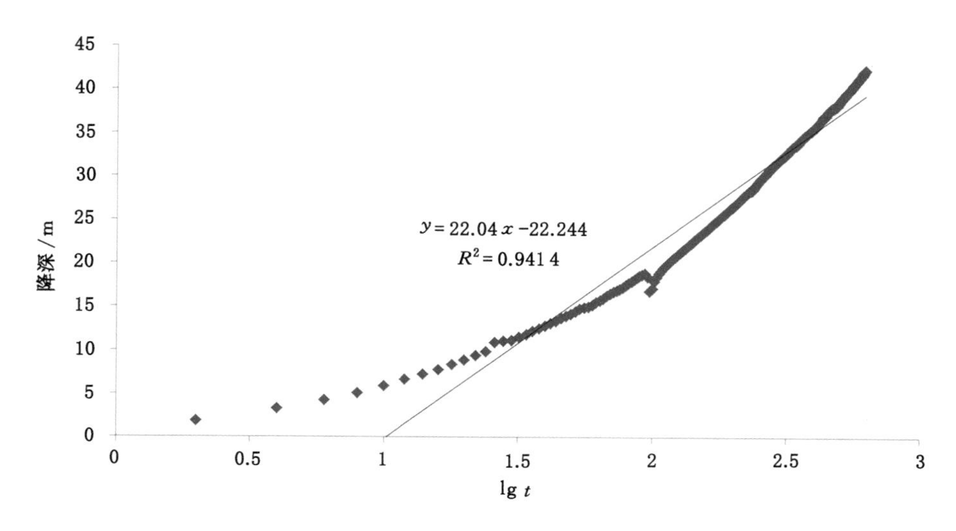

图 5-122　直线图解法计算水文地质参数(B_{45}观测孔)

针对本次放水试验,利用配线法、AquiferTest 法和直线图解法对 B_6、B_7、B_{44}和 B_{45}孔的渗透系数进行了计算,计算结果见表 5-7。

表 5-7　单孔放水试验渗透系数计算一览表

钻孔放水/(m^3/h)	观测孔	渗透系数/(m/d)		
		配线法	AquiferTest 法	直线图解法
237.91	B_6	1.660	1.896	1.152
	B_7	1.021	1.054	0.899
	B_{44}	1.285	1.042	1.235
	B_{45}	1.471	1.559	1.113

第 6 章　宝塔山砂岩含水层水文地质条件

6.1　宝塔山砂岩含水层微观结构及矿物成分

6.1.1　扫描电镜试验

扫描电镜(SEM)是将具有一定能量的入射电子束轰击样品表面,电子与元素的原子核及外层电子发生单次或多次弹性与非弹性碰撞,一些电子被反射出样品表面,而其余的电子则渗入样品中,并被样品吸收。利用二次电子信号成像来观察样品的表面形态,即用极狭窄的电子束去扫描样品,通过电子束与样品的相互作用产生各种效应,其中主要是样品的二次电子发射。扫描电镜就是通过这些信号得到信息,用来观察材料的表面形貌,并获得相应材料的表面形貌和成分信息。因此,需要被观察的样本表面导电,本次试验观测的试样主要为砂岩,其本身不具有导电的性质,需要对其表面喷金(图 6-1),喷金的每个金颗粒直径大约是 2～3 nm。

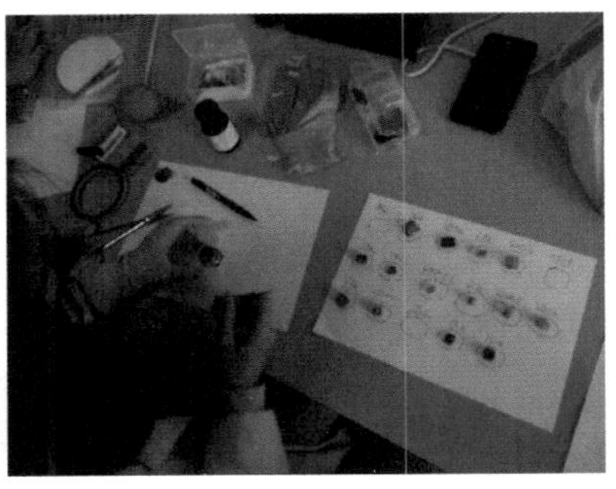

图 6-1　样品喷金前处理及准备过程

样品制备前需要经过预处理,其主要过程分为:切片→磨样→无水乙醇中超声处理清除表面杂质→自然烘干 3 h。扫描电镜样品的制备在图片获取的过程中至关重要,样品制备的质量直接关乎获取图片的质量,甚至会影响分析的结果。扫描电镜与普通显微镜有明显的区别，扫描电镜观察样品的制备较为简单，在不改变原样品形状的基础上可以直接观察样品的表面。

试验开始后，在样品台上粘上少量的导电胶，用棉签粘取少量干燥的固体样品后涂在导电胶上，然后去除多余未粘在导电胶上的粉末。开启试样室进气阀控制开关放真空，将样品放在试样室后将试样室进气阀控制开关关闭并抽真空。打开工作软件，加高压至 5 kV，将图像选区调为全屏。调节显示器对比度、亮度至适当位置，调节聚焦旋钮至图像清晰。放大图像选区至高倍状态，消去 x 方向和 y 方向的像散。选择适当的扫描速率观察图像，根据要求进行观测和拍照，如图 6-2 所示。

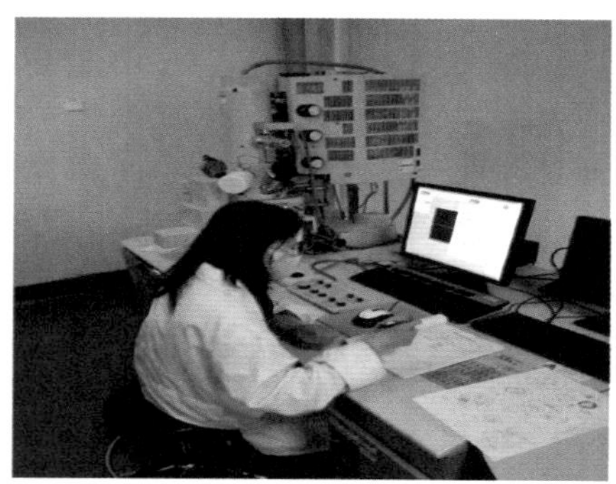
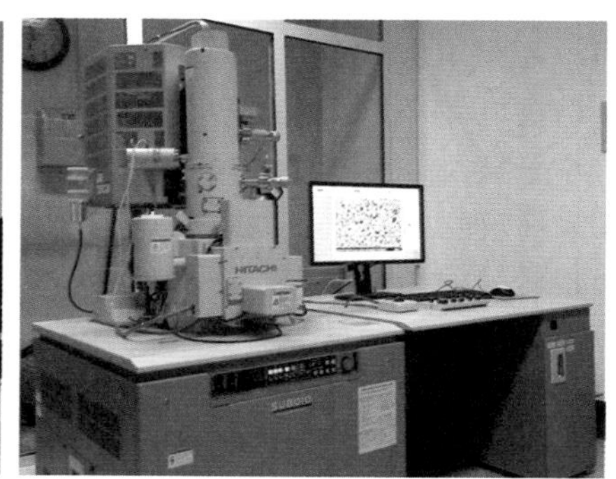

图 6-2　扫描电镜观测

利用扫描电镜对试样进行扫描，由于砂岩放大倍数太大时看到的是具体的某一个颗粒的表面，因此砂岩的放大倍数选择的是 400～6 000 倍，从而能够从宏观和微观两个方面对比测试试样的组成结构。

结果显示：砂岩试样多有泥质胶结，部分层段为泥质和钙质混合胶结，具块状结构，试样砂岩孔隙性较好，以中小孔隙为主。孔隙呈无序分布，几何形状多样，且不规则，其面积和体积亦呈现不规则形状。通过电镜扫描可以观察到砂岩是由具有可比尺寸的砂晶粒随机堆积而成，其石英晶粒的直径一般只有几百微米。这种类型的晶体颗粒应是形成于沉积过程中，在与其他矿物质一起沉积及经历成岩作用后，在高压作用下形成了具有多孔隙连通网络的复合结构，如图 6-3 所示。

6.1.2　X 射线衍射试验

矿物成分测试分两个步骤：首先通过灼烧法（250 ℃）测定试样的有机质含量；然后将灼烧后的试样在 X 射线衍射仪（图 6-4）上测定其他矿物成分。

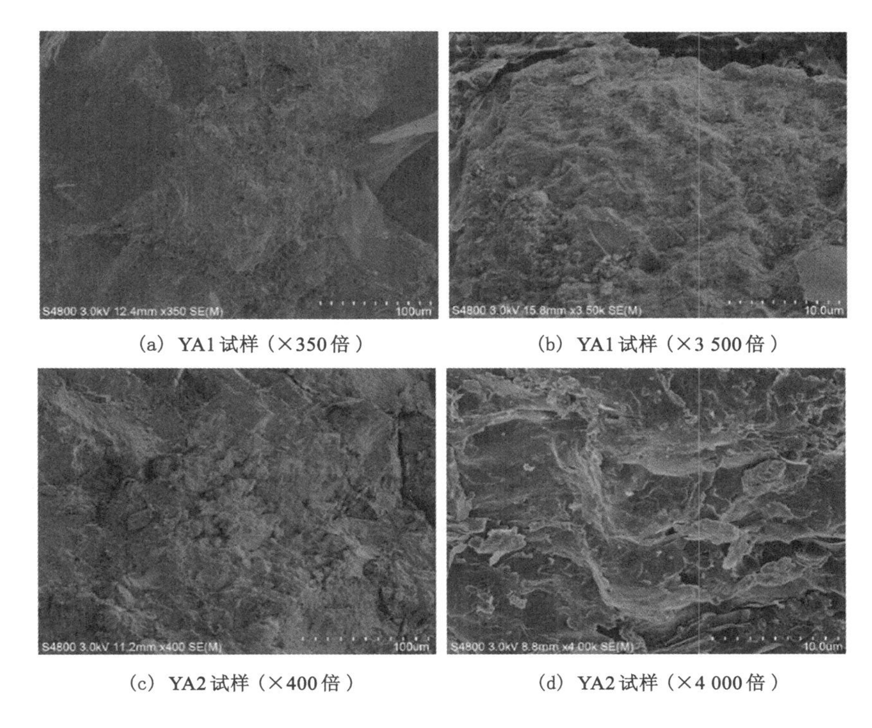

(a) YA1 试样（×350 倍）　(b) YA1 试样（×3 500 倍）

(c) YA2 试样（×400 倍）　(d) YA2 试样（×4 000 倍）

图 6-3　扫描电镜结果图

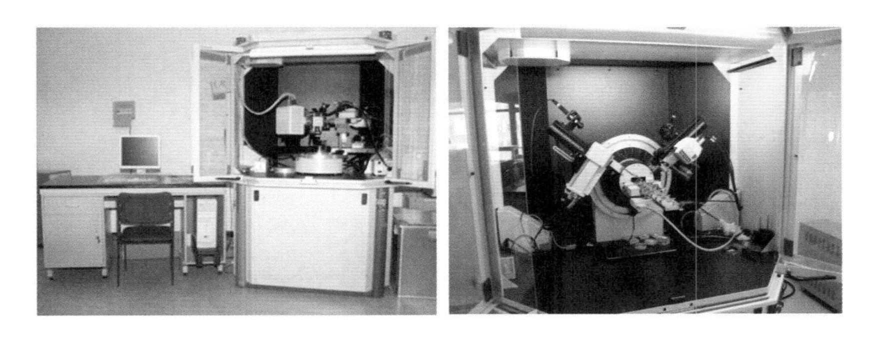

图 6-4　X 射线衍射仪

测试采用广角逐步扫描法，测试参数为：电压 40 kV，电流 30 mA，扫描速度 2.000 0°/min，扫描范围 4.000～95.000，样品倾斜 0.500°，调整时间 1.50。

测试样品制备分为以下两个步骤：

(1) 研磨：用研钵将试样颗粒状固体(1～2 g)磨成粉末(粒度小于 200 目)。

(2) 装样:将粉末状样品装入样品盘,用干净的玻璃片压盖,使样品表面平整。

试样的X射线衍射(XRD)图谱如图6-5、图6-6所示。通过对X射线衍射图谱进行分析,得出了各试样的矿物成分及含量(表6-1)。

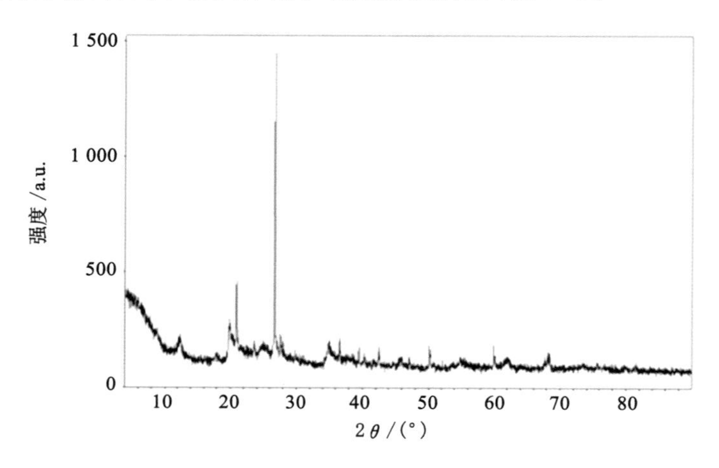

图6-5 YA1号试样XRD衍射图谱

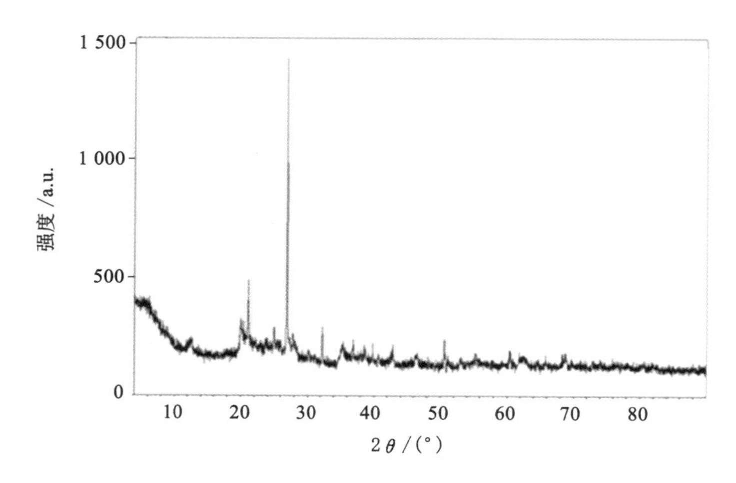

图6-6 YA2号试样XRD衍射图谱

由衍射图谱可以看出,测试试样化学成分以硅铝为主,含量最多的是SiO_2,其次还含有较多的Al_2O_3、$CaCO_3$,另外还有少量的Fe_2O_3、CaO、Na_2O等。

通过图谱比照分析,砂岩试样矿物成分主要为石英(平均含量80.5%)和黏土矿物(平均含量 11.4%),其次含有长石、云母、方解石、赤铁矿、菱铁矿等,试样都含有一定量的有机质,范围从 0.8%至 1.3%不等。

表 6-1　测试试样物质成分组成

试样号	物质成分/%					
	石英	黏土矿物	长石	赤铁矿/菱铁矿	云母、方解石等	有机质
YA1	81.9	11.2	3.1	1.1	1.9	0.8
YA2	79.1	11.6	4	1.1	2.9	1.3
平均值	80.5	11.4	3.55	1.1	2.4	1.05

6.1.3　压汞试验

压汞试验主要测定试样孔径大小及其分布。汞对一般固体不润湿,欲使汞进入孔隙需施加外压,汞压入的孔半径与所受外压力成反比,外加压力越大,汞能进入的孔半径越小,进入孔隙的汞量也就越多。汞填充孔隙的顺序是先外部、后内部,先大孔、后中孔、再小孔。测量不同外压下进入孔中汞的量即可知相应孔大小的孔体积。压汞仪(图 6-7)使用压力最大约 200 MPa,可测孔范围为 0.006 4～50 μm(孔直径)。

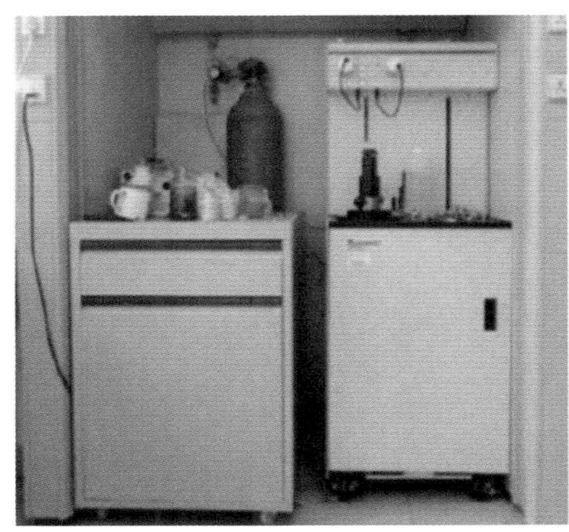
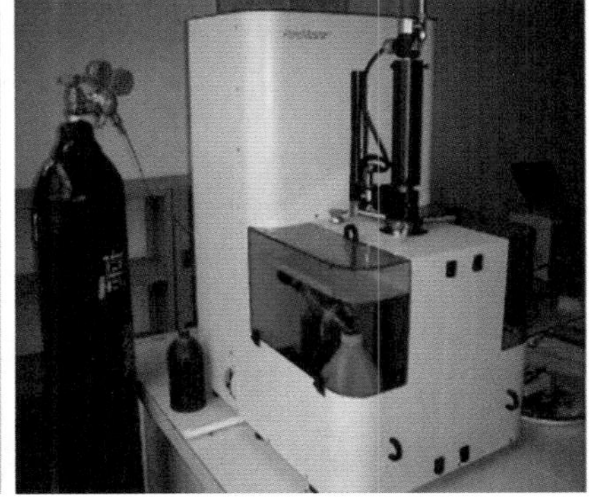

图 6-7　压汞仪

压汞试验结果曲线如图 6-8 所示。通过对曲线进行分析,可得出测试试样孔径特征数值,可知宝塔山砂岩试样孔隙率为 9.36%。

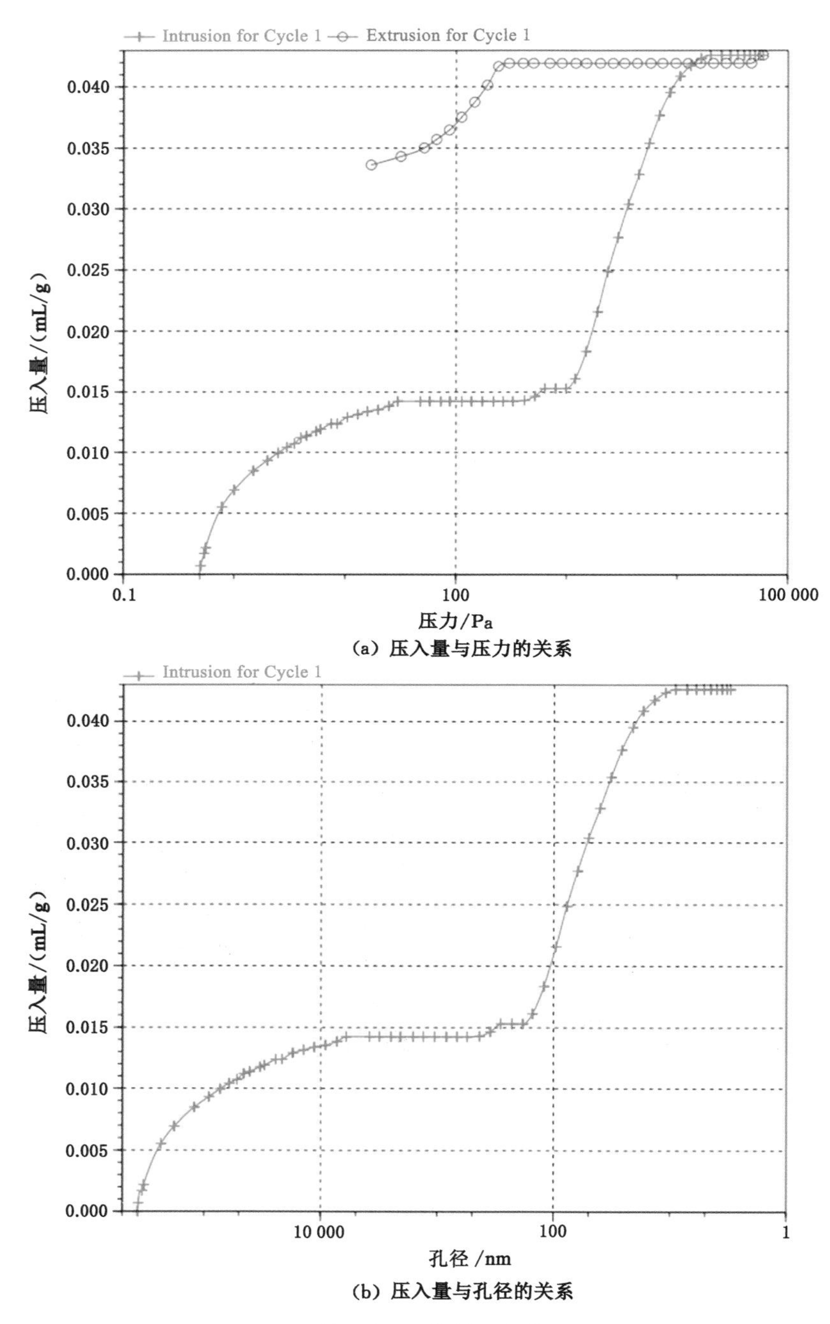

(a) 压入量与压力的关系

(b) 压入量与孔径的关系

图 6-8　试样压汞曲线

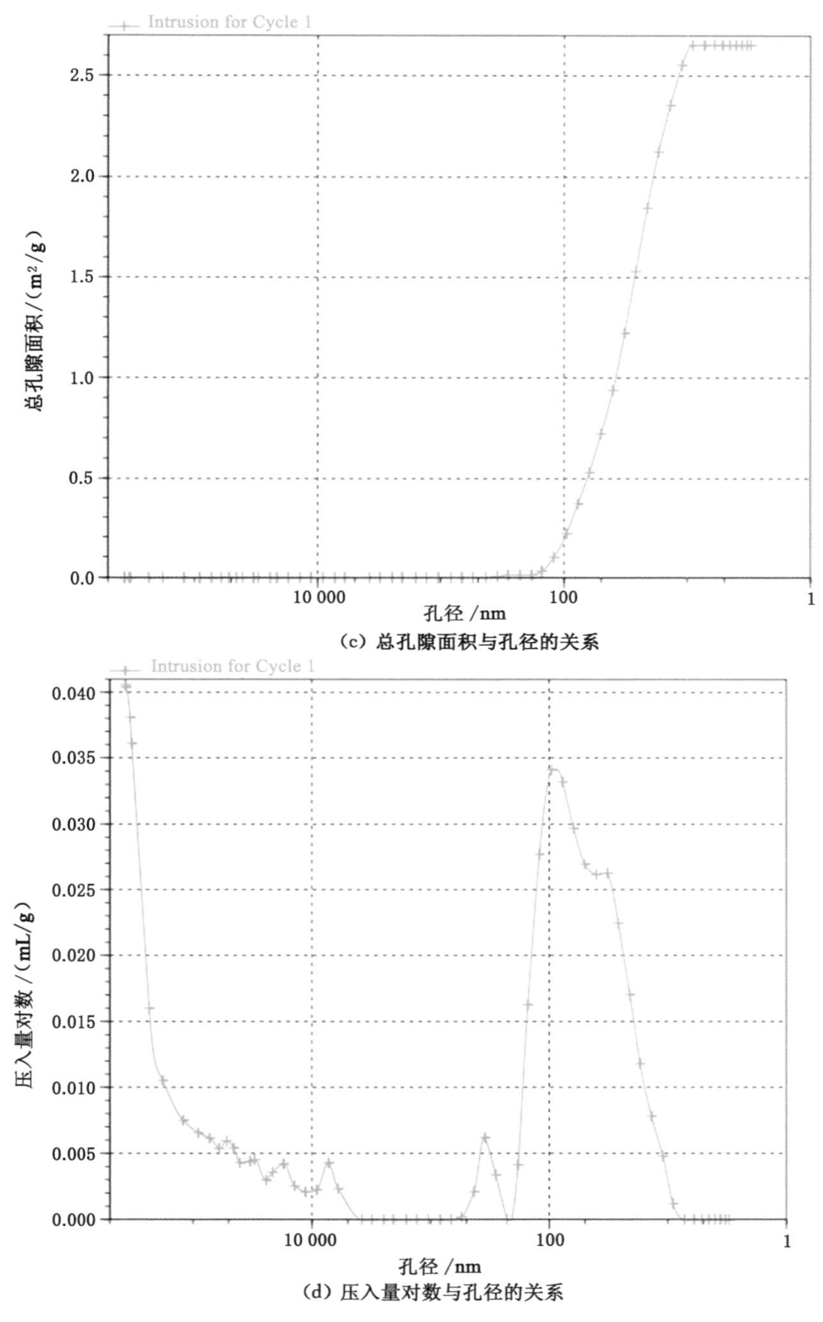

Intrusion for Cycle 1
2.5
2.0
1.5
1.0
0.5
0.0
总孔隙面积/(m²/g)
10 000
100
1
孔径/nm
(c) 总孔隙面积与孔径的关系
Intrusion for Cycle 1
0.040
0.035
0.030
0.025
0.020
0.015
0.010
0.005
0.000
压入量对数/(mL/g)
10 000
100
1
孔径/nm
(d) 压入量对数与孔径的关系

图 6-8(续)

6.2 宝塔山砂岩含水层水文地质参数

6.2.1 以往勘探成果

以往针对宝塔山砂岩含水层开展的水文地质工作较多，主要包括 2007 年新上海一号井田煤炭勘探、2017 年水文地质补充勘探和 2019 年水文地质补充勘探，见表 6-2。

表 6-2 宝塔山砂岩含水层水文地质参数计算成果一览表

阶段	钻孔	含水层厚/m	水位标高/m	单位涌水量/[L/(s・m)]	渗透系数/(m/d)
煤炭勘探	1202	56.16	1 271.11	0.009 1	0.011 4
	1602	45.06	1 271.19	0.006 42	0.013 1
	2403	33.62	1 271.70	0.002 89	0.007 71
	平均值	44.95	1 271.33	0.006 1	0.010 7
直排孔		55.45	1 192.11	0.299 8	0.560 0
2017 年水文地质补充勘探	B_2	62.10	1 200.03	0.190 7	0.329 9
	B_4	127.10	1 195.83	0.138 7	0.105 7
	B_6	79.70	1 183.862	0.401 2	0.483 9
	B_7	53.50	1 180.87	1.043 5	2.0247
	B_8	53.55	1 187.241	0.911 2	1.772 6
	B_{12}	56.85	1 185.63	0.037 7	0.288
	B_{14}	14.21	1 184.609	1.156	1.968 8
	平均值	63.86	1 188.30	0.554 1	0.996 2
2019 年水文地质补充勘探	B_{37}	56.35	1 233.792	0.148 7	0.254 1
	B_{44}	81.00	1 198.322	1.070 9	1.429 0
	B_{45}	58.98	1 193.871	1.067 9	2.060 3
	B_{47}	42.18	1 171.521	0.434 8	1.095 5
	平均值	59.63	1 199.38	0.680 6	1.209 7
平均值		58.39	1 208.11	0.461 3	0.827 0

2007 年煤炭勘探期间施工了 1202、1602 和 2403 这 3 个水文地质钻孔，针对延安组煤系含水层进行了抽水试验，抽水试验层位除了煤系含水层还包括了直罗组

含水层和延长组含水层，由于直罗组、煤系和延长组含水层渗透性和富水性较弱，故根据这 3 个水文地质钻孔计算的渗透系数（K=0.007 71～0.013 1 m/d，$K_{均}$=0.010 7）和单位涌水量[q=0.002 89～0.009 1 L/(s·m)，$q_{均}$=0.006 1 L/(s·m)]相对较小。

2015 年在一分区胶带暗斜井注浆治理期间施工了直排孔，由于受注浆的影响，利用直排孔计算的宝塔山砂岩含水层的水文地质参数与实际情况存在一定差异。

2017 年水文地质补充勘探期间施工了 B_2、B_4、B_6、B_7、B_8、B_{12} 和 B_{14} 等 7 个水文地质钻孔，这几个水文地质钻孔抽水试验的层位仅为宝塔山砂岩含水层。根据这 7 个水文地质钻孔计算的渗透系数（K=0.105 7～2.024 7 m/d，$K_{均}$=0.996 2）和单位涌水量[q=0.037 7～1.156 0 L/(s·m)，$q_{均}$=0.554 1 L/(s·m)]比较能够反映宝塔山砂岩含水层的真实情况。

2019 年水文地质补充勘探期间为了进一步查明宝塔山砂岩含水层的水文地质条件，施工了 B_{37}、B_{44}、B_{45} 和 B_{47} 等 4 个水文地质钻孔，这几个水文地质钻孔抽水试验的层位也仅为宝塔山砂岩含水层。根据这 4 个水文地质钻孔计算的渗透系数（K=0.254 1～2.060 3 m/d，$K_{均}$=1.209 7）和单位涌水量[q=0.148 7～1.070 9 L/(s·m)，$q_{均}$=0.680 6 L/(s·m)]，与 2017 年水文地质补充勘探成果较为一致。

6.2.2　本次放水试验成果

（1）渗透系数

本次放水试验采用了解析法和数值法两种计算方法对宝塔山砂岩含水层的渗透系数进行了计算。根据计算结果，采用这两种方法获取的渗透系数差别不大（表 6-3 和表 6-4），但是比以往计算成果大，主要是由于抽水试验过程中采用了泥浆作为循环液，泥浆在不同程度上对含水层的渗透性能具有影响，且抽水试验受到井径和水泵的限制，抽水量有限（以往抽水试验最大流量为 40.38 m^3/h），不能在最大程度上激发地下水流场的变化（以往抽水试验最大降深为 51.86 m），而本次单孔放水试验放水量大（F_2 放水孔放水量为 237.91 m^3/h），钻孔水位降深大（F_2 放水孔水位降深为 250 m），在最大程度上激发了宝塔山砂岩含水层地下水流场的变化，多孔放水试验形成的降落漏斗范围超过 9 346 m（B_{27} 观测孔），故井下放水试验获取的渗透系数更能反映真实情况。

表 6-3 宝塔山砂岩含水层渗透系数计算成果一览表(解析法)

观测孔	渗透系数/(m/d)			
	配线法	AquiferTest 法	直线图解法	平均值
B_6	1.660	1.896	1.152	1.569
B_7	1.021	1.054	0.899	0.991
B_{44}	1.285	1.042	1.327	1.218
B_{45}	1.471	1.559	1.113	1.381

表 6-4 宝塔山砂岩含水层渗透系数计算成果一览表(数值法)

钻孔	渗透系数/(m/d)	钻孔	渗透系数/(m/d)
1202	1.2	B_8	2.5
1602	3.2	B_{12}	1.2
2403	1.0	B_{14}	1.4
直排孔	3.2	B_{37}	3.2
B_2	1.0	B_{44}	2.5
B_4	1.0	B_{45}	2.5
B_6	1.0	B_{47}	1.2
B_7	2.5	平均值	1.91

(2) 单位涌水量

本次放水试验利用 F_2 放水孔资料获取宝塔山砂岩钻孔单位涌水量，F_2 放水孔单位放水试验时水量为 237.91 m^3/h(66.09 L/s)，水压从 3.1 MPa 降到 0.6 MPa(水位降深 250 m)，并呈现出稳定的趋势。钻孔单位涌水量计算公式如下：

$$q = \frac{Q}{H} \tag{6-1}$$

式中 q——钻孔单位涌水量，L/(s·m)；

Q——钻孔放水量，L/s；

H——钻孔水位降深，m。

计算得 $q=0.264\ 3$ L/(s·m)，与以往单位涌水量计算成果相比，本次放水试验获取的单位涌水量较小，主要是由于放水孔未完全揭露宝塔山砂岩含水层的缘故。

6.3　宝塔山砂岩含水层胶结性分析

6.3.1　崩解试验

(1) 试验方法

选择无宏观裂隙的原状试样(圆柱或正方体)装入可透水的试样盒内，浸入水槽崩解，设定一定时间间隔利用电子天平称量残余试样质量，采用经过崩解后的试样残余质量与试件总质量之比(即耐崩解指数)来评价各个试样的崩解特性：

$$I = \frac{M_r}{M_t} \times 100\% \qquad (6\text{-}2)$$

式中　I——耐崩解指数，%；

M_r——残留试样质量，g；

M_t——试样总质量，g。

(2) 试验方案

对 YA2 试样进行崩解试验，每个试样做一个平行试验，采用两种质量试样进行崩解试验(100 g 左右、10 g 左右)，测试试样崩解的时间效应、崩解总量、耐崩解性与试样质量的关系。测试时间间隔拟设置为 1 min，称量精度为 0.001 g。

通过对试样的耐崩解指数进行比较，可以对比分析不同试样的崩解性大小，得到测试试样耐崩解指数近似范围值。

(3) 试验结果分析

崩解试验按照试样尺寸(质量)，设计了两组试验，每组两个试样。第一组平均质量 101.79 g，第二组平均质量 10.09 g，两组试样质量相差约 10 倍，如图 6-9 所示。试样崩解过程如图 6-10～图 6-12 所示。

图 6-9　不同尺寸崩解试样

图 6-10　崩解前测试试样

图 6-11　崩解初期测试试样

图 6-12　崩解末期测试试样

通过试验，第一组 YA2 试样耐崩解指数平均为 80.88%，测试试样有一定崩解性，但崩解量较小（表 6-5、图 6-13）；第二组 YA2 试样耐崩解指数平均为 80.76%，测试试样有一定崩解性，但崩解量较小（表 6-6、图 6-14）。

表 6-5　第一组试样耐崩解指数对比

试样编号	YA2	YA2(对比样)
原始质量/g	98.47	105.11
崩解量/g	19.90	18.96
残余质量/g	78.57	86.15
耐崩解指数/%	79.79	81.96

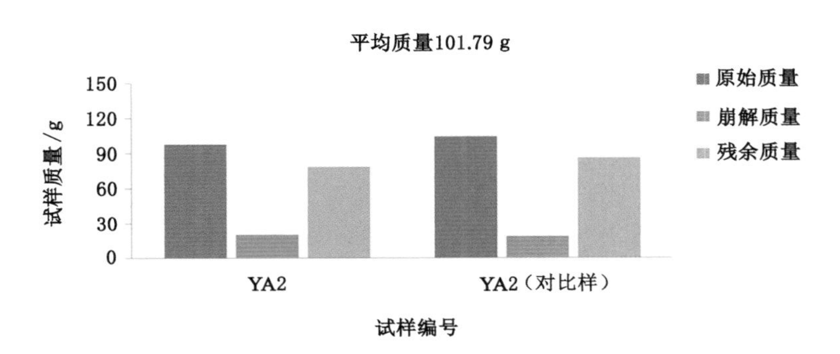

图 6-13　第一组试样崩解质量对比

表 6-6　第二组试样耐崩解指数对比

试样编号	YA2	YA2(对比样)
原始质量/g	10.12	10.06
崩解量/g	1.68	2.21
残余质量/g	8.44	7.85
耐崩解指数/%	83.44	78.07

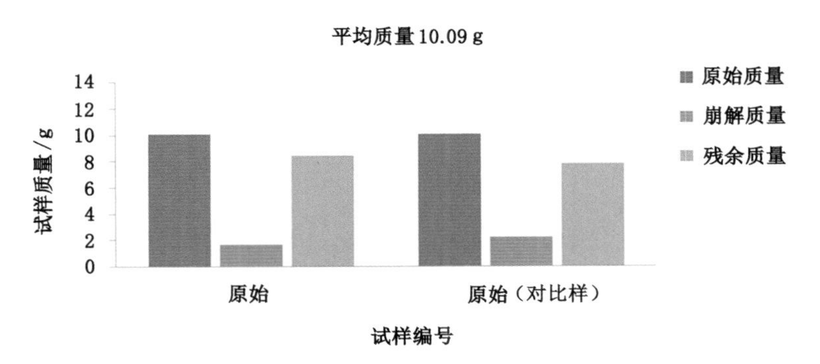

图 6-14　第二组试样崩解质量对比

两组泥岩试样最终崩解量均小于原始质量的 20%，试样耐崩解指数范围为 80.76%～80.88%，有一定崩解性，但耐崩解指数高，崩解性较弱，且崩解总量受试样尺寸（质量）因素控制较弱。

如图 6-15、图 6-16 所示，在试样放入水中的前 30 s，崩解率较低，原因是在这段时间内水逐步进入试样的孔隙中，还有一部分空气被水包围在孔隙中。一部分空气被挤出，在试验过程中形成一些小气泡。随着试验的进行，由于被封闭的孔隙或孔隙中的气体压缩导致了张应力的产生，使得试样沿着一些软弱部位产生裂隙。在试验进行到 1～4 min，试样快速崩解，之后崩解速率降低，直至试验结束。

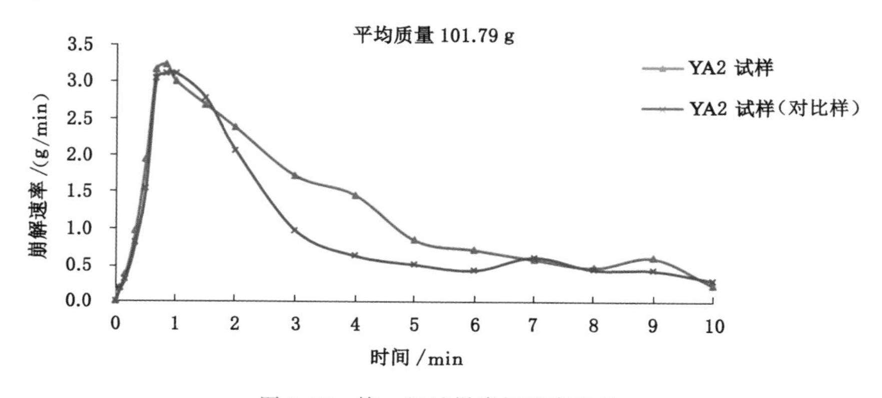

图 6-15　第一组试样崩解速率对比

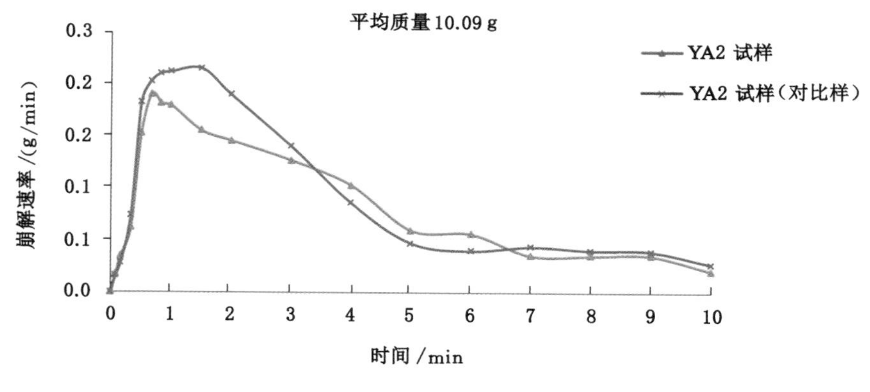

图 6-16　第二组试样崩解速率对比

两组试样高速崩解均集中在试验开始后 1～4 min，之后崩解速率降低，趋于稳定。通过两组试样对比，崩解速率受试样尺寸（质量）因素控制较弱。

6.3.2　放水试验含砂量观测

井下放水试验过程中对各放水孔的含砂量进行了观测(表6-7),通常打开闸阀后,各放水孔水质浑浊,含砂量较大,约为3.0%～5.0%;约一天后,含砂量可以降至0.2%～0.4%;两天后,含砂量可以降至0.02%～0.2%;随后水逐渐清澈,基本不含砂。在打开闸阀后,裸孔段及钻孔内水流为紊流状态,对裸孔段含水层的扰动较大,加之含水层在高压、大流量放水条件下部分胶结物松散,导致水中含砂量较大,随着放水时间延长,钻孔内水流流量稳定,含水层中松散胶结物逐渐减少,水中含砂量逐渐降低,水质逐渐清澈。

表6-7　放水试验过程中各钻孔含砂量观测一览表

钻孔	起止时间/含砂量		观测时间		
F_2	8.23 12:00	9.18 12:00	8.23 14:00	8.24 2:00	8.25 12:00
	含砂量		3.0%	0.2%	0.2%
F_2	10.8 12:00	11.6 12:00	8.23 14:00	8.24 2:00	8.25 12:00
	含砂量		3.0%	0.2%	0.04%
F_3	10.12 12:00	11.6 12:00	10.12 14:00	10.13 12:00	10.14 12:00
	含砂量		5.0%	0.4%	0.03%
F_4	10.16 12:00	11.6 12:00	10.16 14:00	10.17 12:00	10.18 12:00
	含砂量		5.0%	0.4%	0.02%
F_1	10.16 12:00	11.6 12:00	10.16 14:00	10.17 12:00	10.18 12:00
	含砂量		4.0%	0.3%	0.02%

综上所述,通过崩解试验和含砂量观测结果,宝塔山砂岩含水层具有一定的崩解性,在静水条件下崩解性较小,但是在高水压、大流量的扰动条件下,由于侏罗纪地层大多为泥质胶结,加之成岩时期较短,导致放水过程中的含砂量较大。

6.4　宝塔山砂岩含水层与其他含水层之间的水力联系

6.4.1　一分区胶带暗斜井突水资料分析

2015年11月25日,一分区胶带暗斜井在掘进至标高+746.4 m时,发生底板突水,峰值水量4 000 m^3/h左右,经过初步分析,突水水源为宝塔山砂岩含水层,同时白垩系、直罗组、煤系含水层长观孔水位均发生了不同程度的变化,各观测孔相对位置如图6-17所示,各长观孔水位变化如图6-18～图6-21所示。突水前后水位变化情况见表6-8。

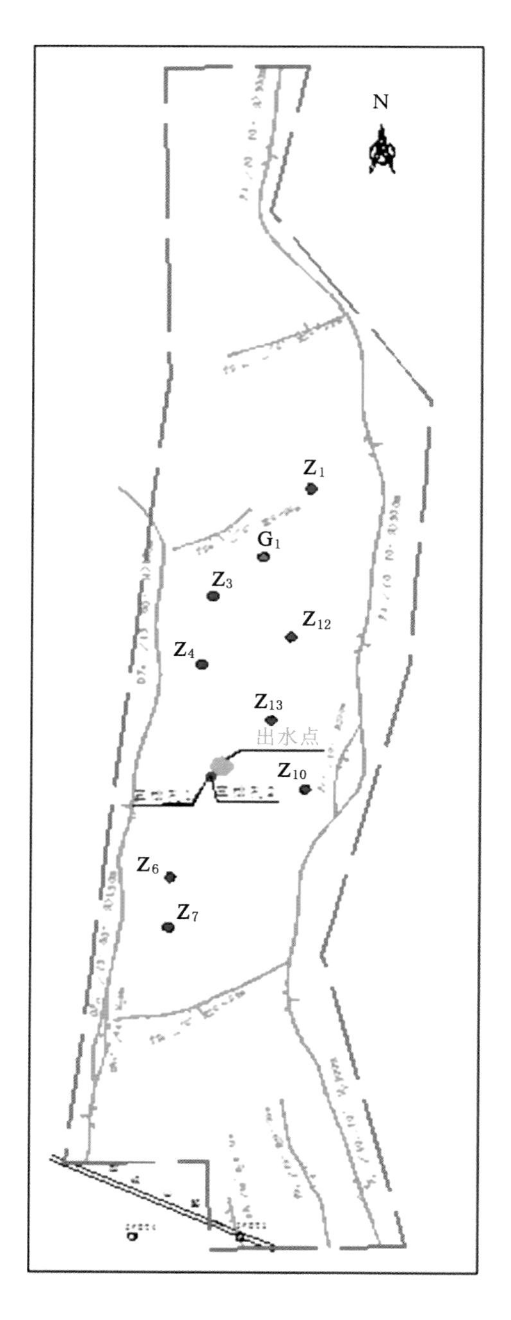

图 6-17　各观测孔相对位置图

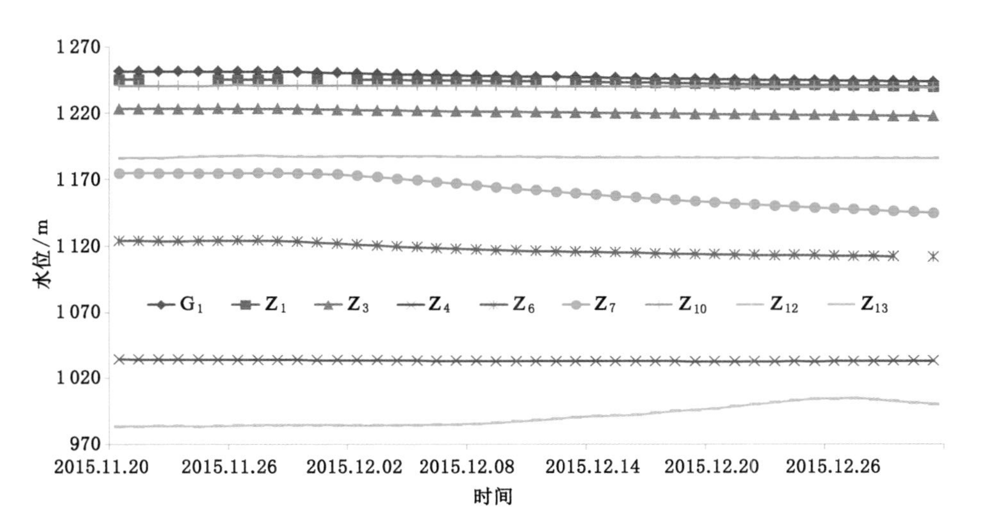

图 6-18　胶带暗斜井突水后各观测孔水位变化历时曲线图

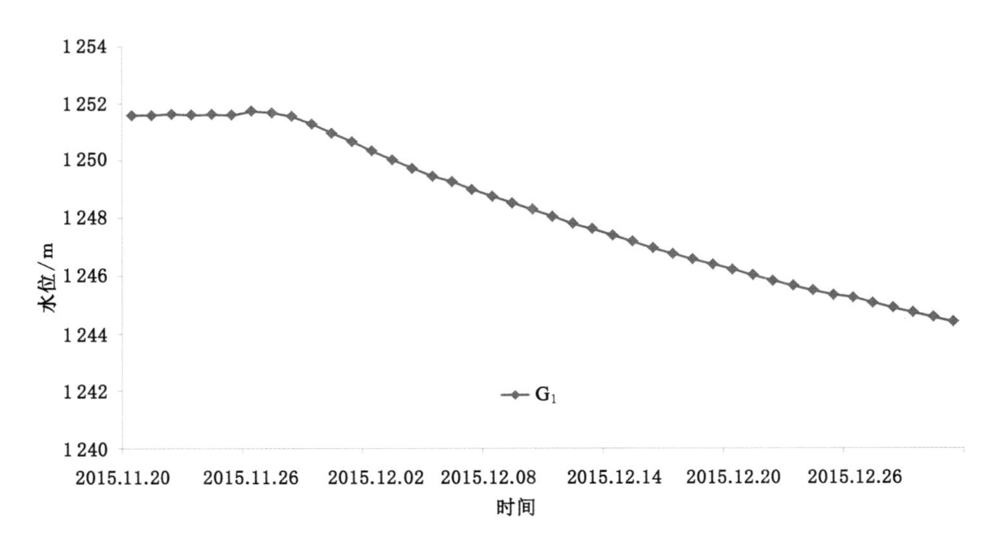

图 6-19　胶带暗斜井突水后白垩系含水层观测孔水位变化历时曲线图

由图 6-18～图 6-21 可以看出，11 月 25 日发生突水后，煤系含水层的 Z_6 和 Z_7 长观孔水位下降最为明显，其次是白垩系含水层的 G_1 长观孔，直罗组含水层的 Z_1 和 Z_3 长观孔对突水也有明显的响应，其余观测孔水位变化与突水相关性一般。

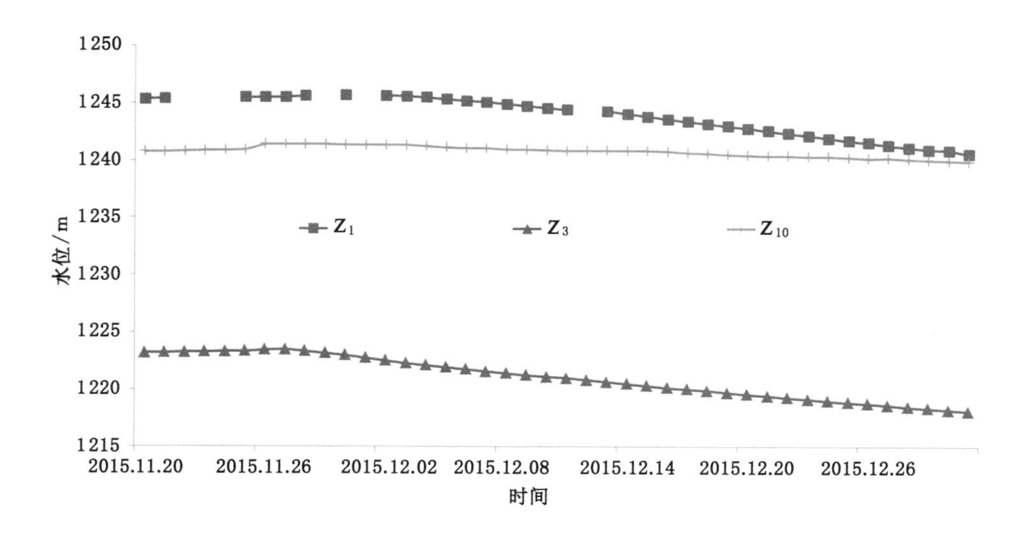

图 6-20　胶带暗斜井突水后直罗组含水层观测孔水位变化历时曲线图

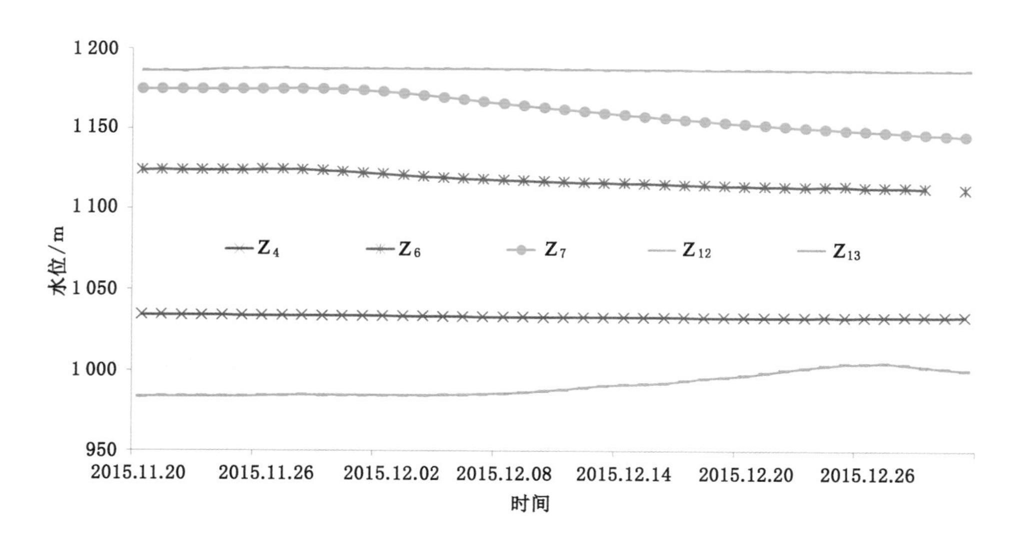

图 6-21　胶带暗斜井突水后煤系含水层观测孔水位变化历时曲线图

表 6-8　胶带暗斜井突水前后水位变化情况　　单位:m

含水层	观测孔	2015.11.25	2015.12.31	水位变化
白垩系	G_1	1 251.620	1 244.398	−7.222
直罗组	Z_1	1 245.500	1 240.547	−4.953
	Z_3	1 223.337	1 218.127	−5.210
	Z_{10}	1 240.879	1 239.866	−1.013
煤系	Z_4	1 034.148	1 033.255	−0.893
	Z_6	1 123.772	1 111.681	−12.091
	Z_7	1 174.760	1 145.187	−29.573
	Z_{12}	1 187.327	1 186.298	−1.029
	Z_{13}	983.627	1 000.343	16.716

综上所述,井田范围内白垩系、直罗组和煤系含水层均与宝塔山砂岩含水层存在不同程度的水力联系。其中,在 Z_6 和 Z_7 长观孔附近,宝塔山砂岩含水层与 8 煤层风氧化带及其顶板含水层水力联系最为紧密。

6.4.2　放水试验资料分析

(1) 宝塔山砂岩含水层与白垩系含水层之间的水力联系

图 6-22 所示为单孔和多孔叠加放水试验时白垩系含水层 B_9 观测孔水位历时变化曲线。由图中可以看出,当 F_2 放水孔开始放水后,B_9 观测孔水位出现显

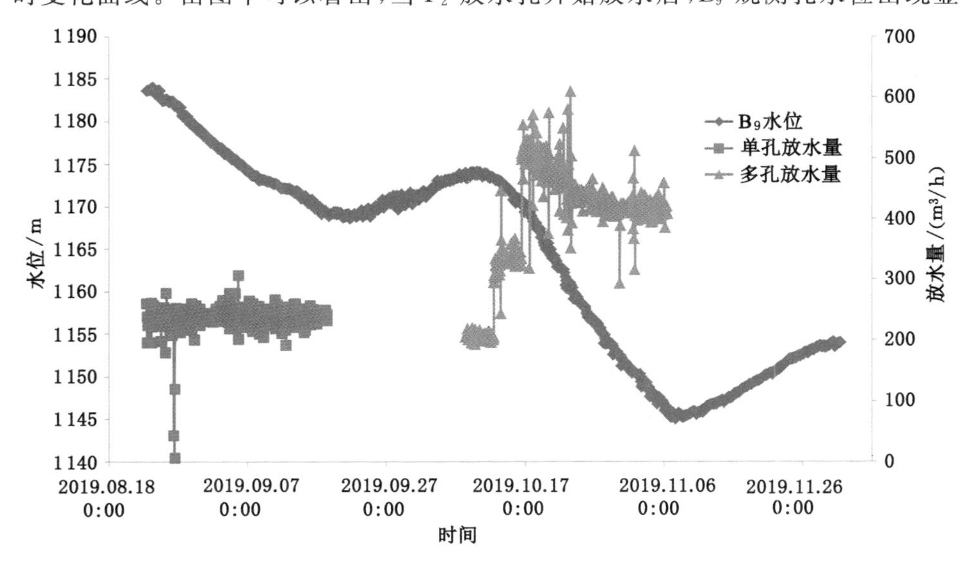

图 6-22　单孔和多孔叠加放水试验 B_9 观测孔水位历时变化曲线图

著下降，F_2 放水孔停止放水后，其水位逐渐回升，当多孔叠加放水开始后，B_9 观测孔水位再次下降，多孔叠加放水停止后，B_9 观测孔水位再次回升，说明 B_9 观测孔水位与放水孔放水呈现出较好的相关性，B_9 观测孔附近宝塔山砂岩含水层与白垩系含水层具有较好的水力联系。

图 6-23 所示为单孔和多孔叠加放水试验时白垩系含水层 B_{27} 观测孔水位历时变化曲线图。从图形形态上推测长观仪器可能存在问题，故对 B_{27} 观测孔水位历时变化曲线图进行了修正(图 6-24)。由图 6-24 可以看出，当 F_2 放水孔开始放水后，B_{27} 观测孔水位出现显著下降，F_2 放水孔停止放水后，其水位逐渐回升，当多孔叠加放水开始后，B_{27} 观测孔水位再次下降，多孔叠加放水停止后，B_{27} 观测孔水位再次回升，说明 B_{27} 观测孔水位与放水孔放水呈现出较好的相关性，B_{27} 观测孔附近宝塔山砂岩含水层与白垩系含水层具有一定的水力联系，同时也存在一定的滞后性。

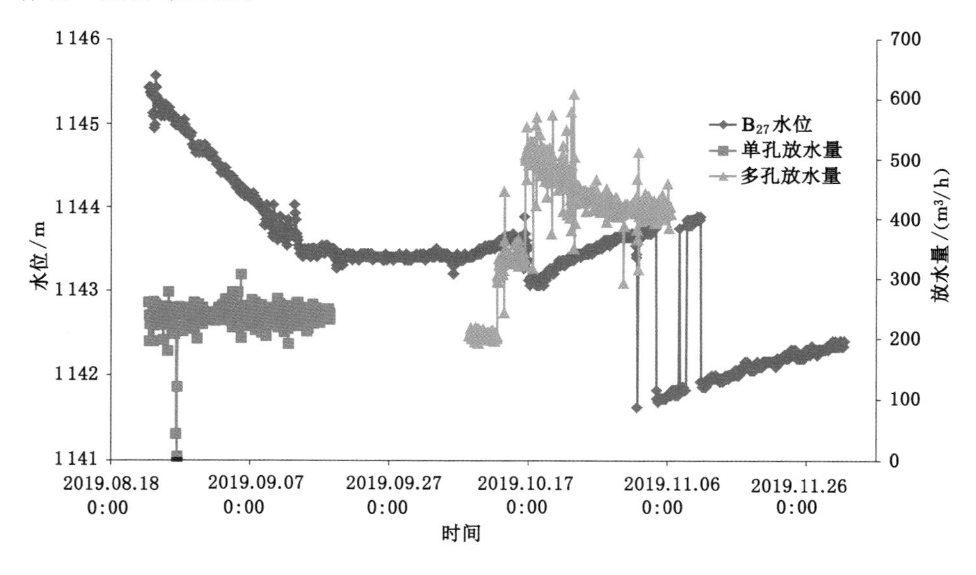

图 6-23　单孔和多孔叠加放水试验 B_{27} 观测孔水位历时变化曲线图

(2) 宝塔山砂岩含水层与煤系含水层之间的水力联系

图 6-25 和图 6-26 所示为单孔和多孔叠加放水试验时煤系含水层 Z_6 和 Z_7 观测孔水位历时变化曲线图。由图中可以看出，当 F_2 放水孔开始放水后，Z_6 和 Z_7 观测孔水位出现显著下降，F_2 放水孔停止放水后，其水位逐渐回升，当多孔叠加放水开始后，Z_6 和 Z_7 观测孔水位再次下降，多孔叠加放水停止后，Z_6 和 Z_7 观测孔水位再次回升，说明 Z_6 和 Z_7 观测孔水位与放水孔放水呈现出较好的相

关性，Z_6 和 Z_7 观测孔附近宝塔山砂岩含水层与 8 煤层风氧化带及其顶板含水层具有较好的水力联系。

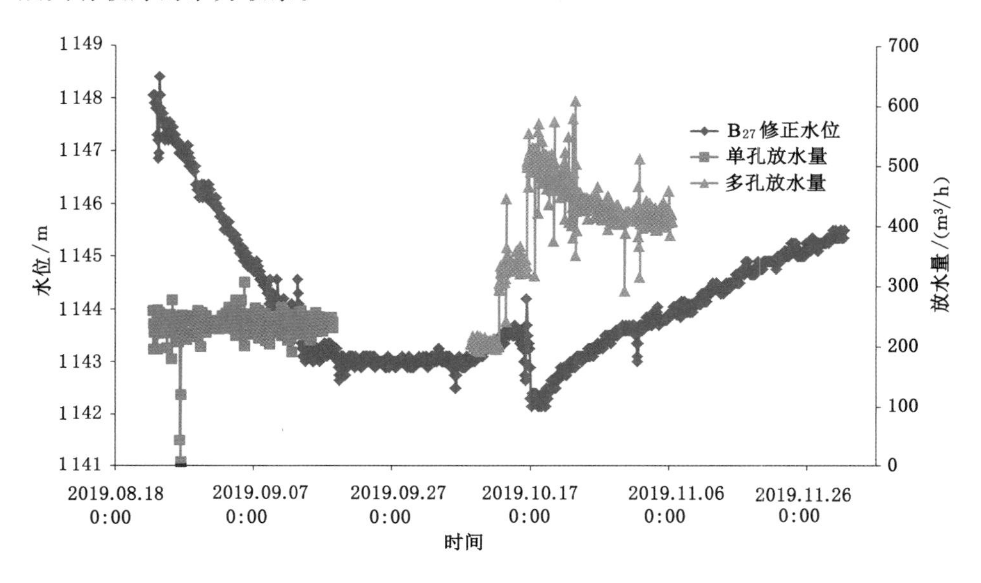

图 6-24　单孔和多孔叠加放水试验 B_{27} 观测孔修正水位历时变化曲线图

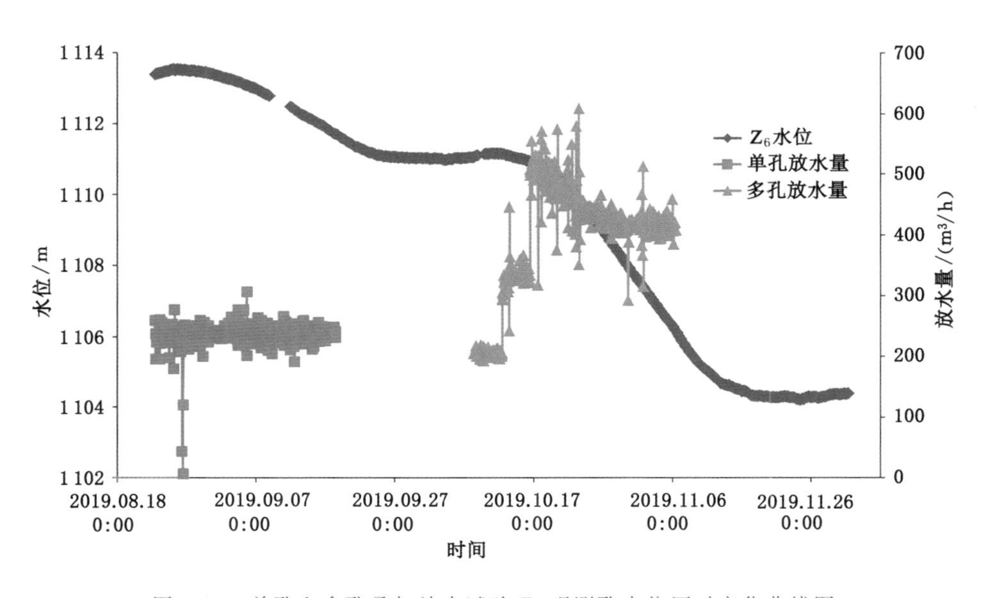

图 6-25　单孔和多孔叠加放水试验 Z_6 观测孔水位历时变化曲线图

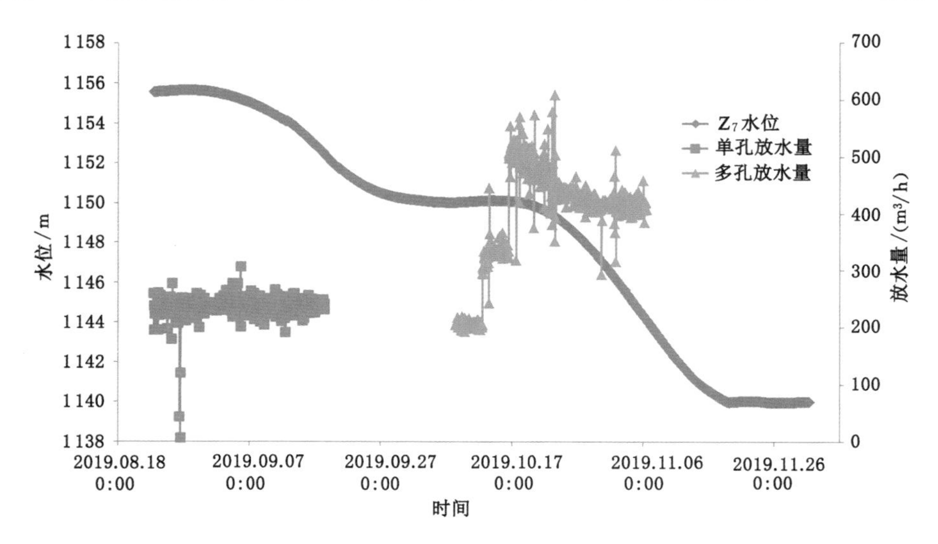

图 6-26 单孔和多孔叠加放水试验 Z_7 观测孔水位历时变化曲线图

（3）宝塔山砂岩含水层与三叠系含水层之间的水力联系

图 6-27 和图 6-28 所示为单孔和多孔叠加放水试验时三叠系含水层 B_{36} 和 B_{39} 观测孔水位历时变化曲线图。由图 6-27 图形形态上推测 B_{36} 长观孔的长观仪器可能存在问题，故对 B_{36} 观测孔水位历时变化曲线图进行修正（图 6-29）。由图 6-29 可以看出，当 F_2 放水孔开始放水后，B_{36} 和 B_{39} 观测孔水位出现显著下降，F_2 放水孔停止放水后，其水位逐渐回升，当多孔叠加放水开始后，B_{36} 和 B_{39}

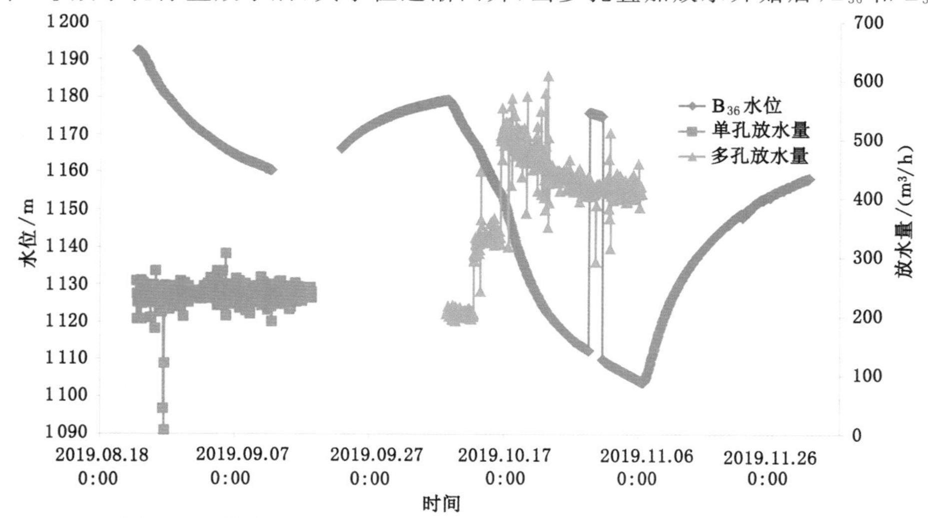

图 6-27 单孔和多孔叠加放水试验 B_{36} 观测孔水位历时变化曲线图

观测孔水位再次下降，多孔叠加放水停止后，B_{36} 和 B_{39} 观测孔水位再次回升，说明 B_{36} 和 B_{39} 观测孔水位与放水孔放水呈现出较好的相关性，宝塔山砂岩含水层与井田东部 F_2 断层及西部 DF_{20} 断层另一盘的三叠系含水层具有较好的水力联系，同时也说明边界 F_2 和 DF_{20} 断层在 B_{36} 和 B_{39} 观测孔附近导水性较好。

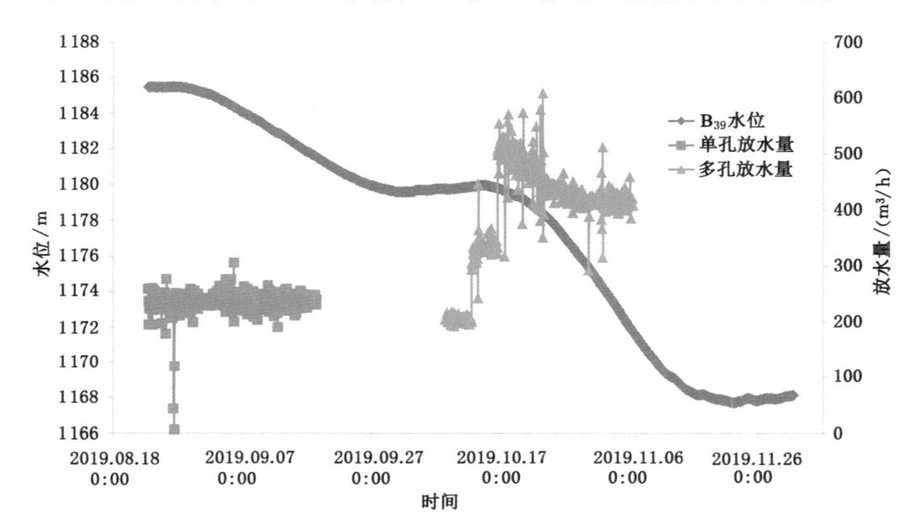

图 6-28　单孔和多孔叠加放水试验 B_{39} 观测孔水位历时变化曲线图

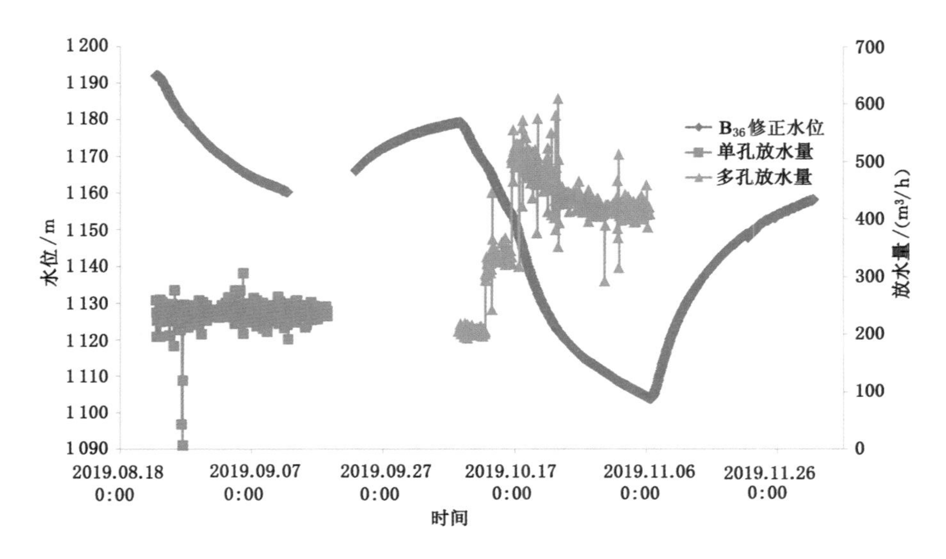

图 6-29　单孔和多孔叠加放水试验 B_{36} 观测孔修正水位历时变化曲线图

(4) 断层导水性

新上海一号井田东部和西部分别有 F_2 和 DF_{20} 逆断层，B_{36} 长观孔位于 F_2 逆断层上盘，B_{39} 长观孔位于 DF_{20} 逆断层的上盘，F_1～F_4 放水孔位于 F_2 和 DF_{20} 断层的下盘。根据单孔和多孔放水时 B_{36} 和 B_{39} 长观孔均出现了明显的响应，判断这两个断层虽为逆断层，但是由于落差较大，相应的断层破碎带较宽，断层的导水性较好。

虽然各含水层之间存在稳定隔水层，但是由于断层的存在，会对相对完整的地层进行不同程度的切割，造成含水层之间存在一定的水力联系。

6.5 宝塔山砂岩含水层水化学条件

6.5.1 水化学类型分析

地下水水化学成分的形成、演化是一个十分复杂的过程，它与岩性、构造条件、气候条件、水动力条件等因素密切相关，综合反映了地下水在溶滤过程中的物化结果及其平衡条件。矿区特定的地质和水文地质条件决定了地下水的水化学特征，因此，为了查明矿区各含水层的补给、径流、排泄条件，可应用水文地球化学方法研究各含水层地下水的成因和运移规律，即通过研究地下水水化学成分及其特征，掌握矿区各含水层地下水水质成分背景资料，研究和解释矿区地下水水文地质条件。

根据新上海一号煤矿水文地质补勘工程水样数据，将各水样主要阴阳离子的毫摩尔百分比投影到 Piper 图上，根据分布区域的不同，可以直观反映出各水样点水化学类型的差异(图 6-30～图 6-34)。

(1) 新生界砂岩含水层

新生界砂岩含水层地下水阴离子主要以 Cl^- 占优，局部地区以 SO_4^{2-} 和 HCO_3^- 为主，阳离子以 Na^+ 为主。新生界水化学类型有 $Cl \cdot SO_4$-Na 型(W_{32}、W_{25}、W_{22}、W_7、W_{13}、W_{28}、W_{21}、W_{11})、$SO_4 \cdot Cl$-Na 型(W_1)、Cl-Ca · Mg 型(W_{17})、$HCO_3 \cdot Cl$-Mg · Ca 型(W_3)；矿化度为 466～2 812 mg/L，差距较大；pH 值为 7.8～8.48，属于弱碱、偏碱性水。

(2) 白垩系、直罗组砂岩含水层

从 2006 年水文补勘资料来看，白垩系砂岩含水层地下水化学类型主要为 $Cl \cdot SO_4$-Na 和 $SO_4 \cdot Cl$-Na 型，与白垩系底部和直罗组含水层相接的地方出现水化学类型为 $HCO_3 \cdot Cl \cdot SO_4$-Na 型，阳离子以 Na^+ 为主；矿化度为 557.55～2 459.48 mg/L，差距较大；pH 值为 7.58～8.55，属于弱碱、偏碱性水。直罗组水化学类型主要为 $SO_4 \cdot Cl$-Na 型；矿化度为 2 913.81～3 500.00 mg/L；pH 值为

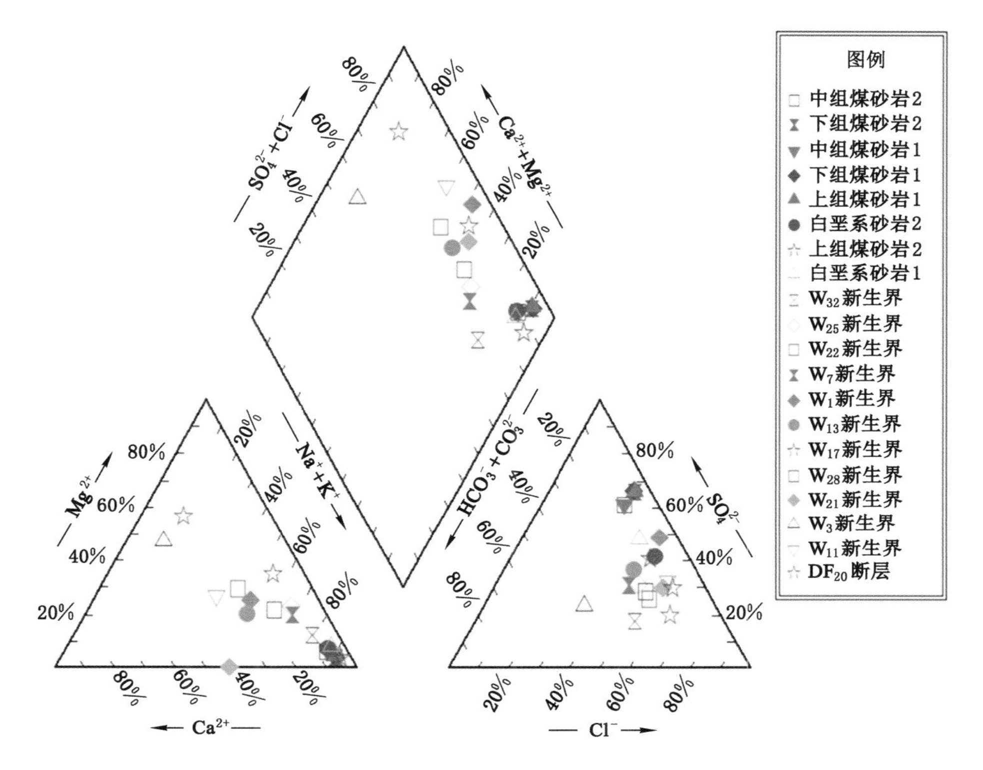

图 6-30　2006 年勘探各含水层地下水 Piper 图

7.58～8.38，属于弱碱、偏碱性水。8 煤层和 15 煤层顶底板水均为 SO_4 · Cl-Na 型。

从 2017 年水文补勘资料来看，白垩系水化学类型为 Cl · SO_4-Na 型和 HCO_3 · Cl · SO_4-Na 型；矿化度为 557.55～2 459.48 mg/L，差距较大；pH 值为 8.42～12.06，属于强碱性水。15 煤层顶底板砂岩水水化学类型为 SO_4 · Cl-Na 型和 Cl · SO_4-Na 型；矿化度为 557.55～2 459.48 mg/L，差距较大；pH 值为 8.07～8.88，属于偏碱性水。直罗组水水化学类型为 SO_4 · Cl-Na 型。

（3）宝塔山砂岩含水层

2017 年测得宝塔山砂岩含水层地下水水化学类型为 Cl · SO_4-Na 型（460～540 m、B_4、B_6、672～750 m、400～480.2 m）和 Cl · HCO_3-Na 型（771.5～852.0 m）。2019 年放水试验前水化学类型为 Cl · SO_4-Na 型（F_1-13-1、F_2-19-1、F_2-放 0905-1、F_2-放 0909-2、F_3-试 10-1、F_4-22-1、F_3-29-1）、Cl · HCO_3-Na 型（F_1-13-2）。2019 年放水试验期间水化学类型为 Cl · SO_4-Na 型。

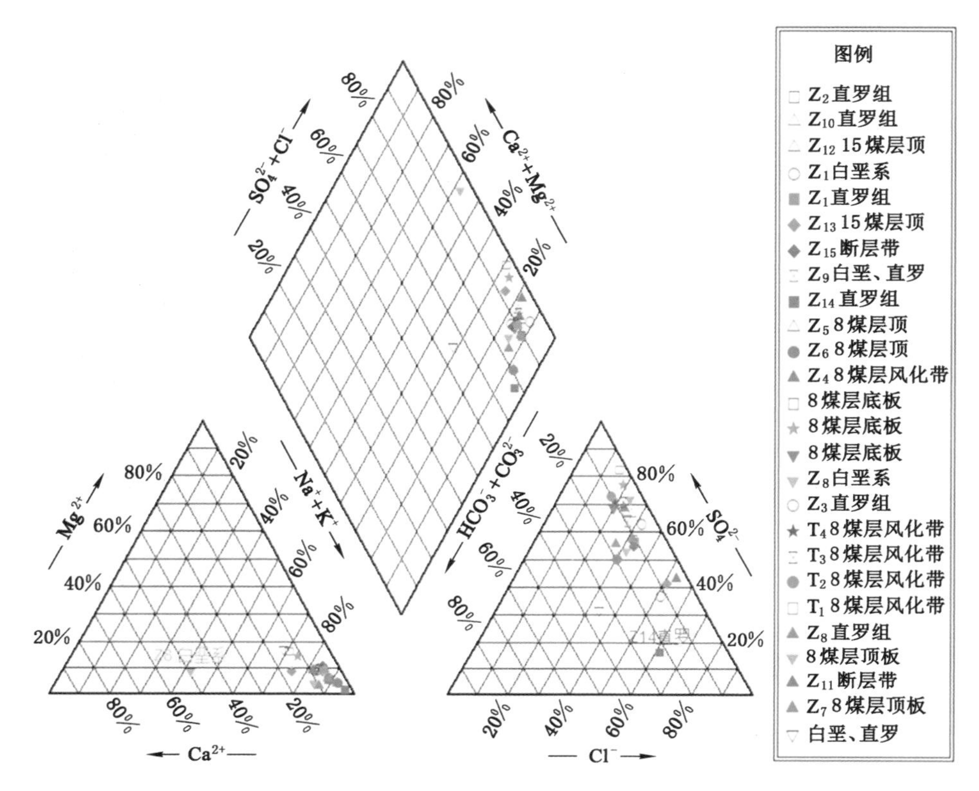

图 6-31　2012 年水文补勘各含水层地下水 Piper 图

通过分析资料可知，井田内宝塔山砂岩水水质类型有明显的分层，宝塔山砂岩水在 460～750 m 的钻孔所取得的水样阳离子主要为 Na^+，阴离子主要以 Cl^- 和 SO_4^{2-} 为主，水质类型为 Cl·SO_4-Na 型，表明井田此部分宝塔山砂岩水径流条件差，处于相对滞流状态。宝塔山砂岩水在 770～852.0 m 的钻孔所取得水样阳离子主要为 Na^+，阴离子主要为 Cl^- 和 HCO_3^-，水质类型为 Cl·HCO_3-Na 型，表明井田西部宝塔山砂岩水径流条件好，处于相对径流状态。另外，宝塔山砂岩水与煤系地层砂岩水水质有比较明显的区别，易于判别。

在地下水中 NO_3^- 含量一般为地表水或与地表水联系紧密的第四系水中的特征指示离子，本次补勘所取水样少数孔含有微量的 NO_3^-，大多数水样未检测到 NO_3^- 的存在，说明宝塔山砂岩含水层与浅层第四系联系程度很差。

6.5.2　饱和指数分析

依据水文地球化学模拟的理论和方法，并根据新上海一号矿井地质和水文地质条件，基于所取得的水化学数据，选取岩盐、CO_2、KX、NaX 和 CaX_2 为“可

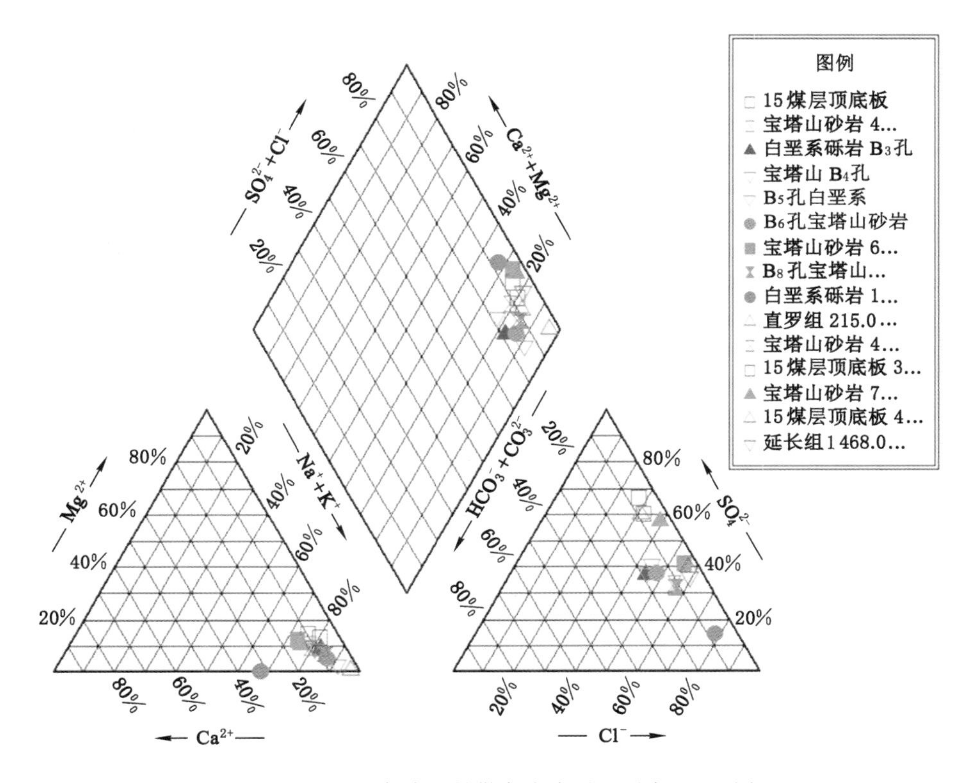

图 6-32　2017 年水文补勘各含水层地下水 Piper 图

能矿物相”，利用 PHREEQC 软件计算区域沿径流路径方解石、白云岩、石膏的饱和指数(SI)，如图 6-35 所示，计算方法如下：

$$SI = \lg \frac{IAP}{K_T} \tag{6-3}$$

式中　IAP——溶液中单一矿物的阴阳离子活度积；

K_T——矿物在测定温度条件下热力学平衡常数。

由 2006 年的数据可以看出方解石的饱和指数均大于零，表明方解石处于饱和状态，发生的反应为：

$$Ca^{2+} + 2HCO_3^- = CaCO_3(\text{方解石}) + H_2O + CO_2$$

石膏饱和指数小于零，表明区域石膏处于非饱和状态，存在石膏的溶解过程，发生的反应为：

$$CaSO_4 \cdot 2H_2O(\text{石膏}) = Ca^{2+} + SO_4^{2-} + 2H_2O$$

白云石多数位置点饱和指数大于零，但存在饱和指数小于零的位置点，表明

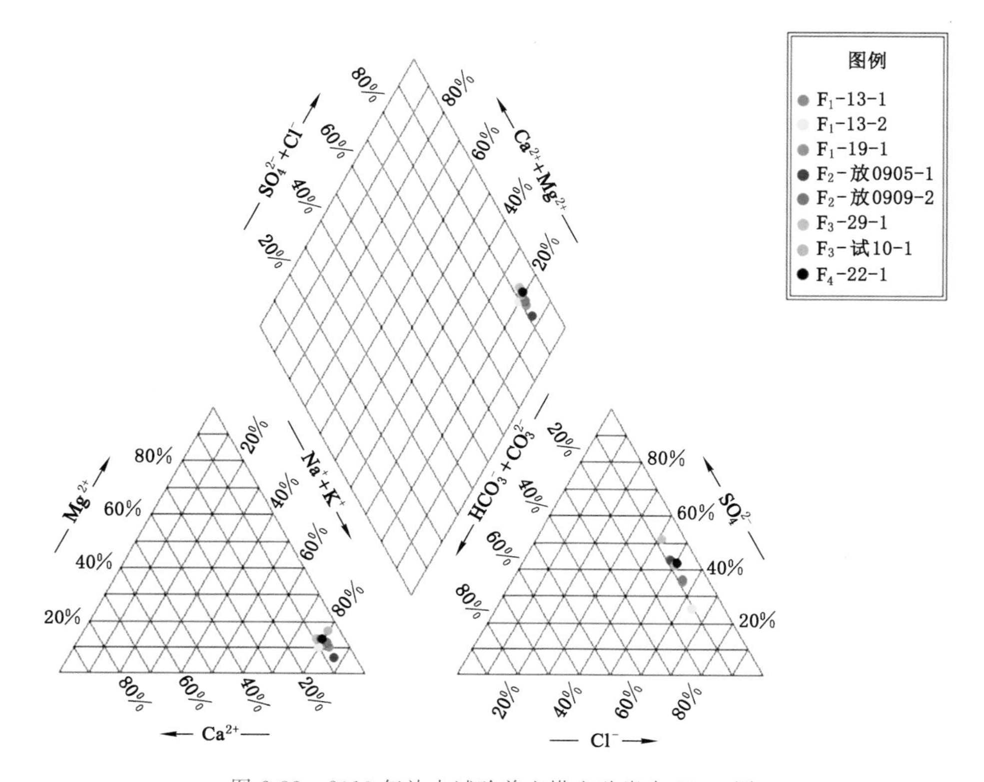

图 6-33　2019 年放水试验前宝塔山砂岩水 Piper 图

宝塔山砂岩中白云石大量生成，个别位置存在白云石溶解。

$$Mg^{2+}+2CaCO_3 \rightleftharpoons CaMg(CO_3)_2(\text{白云石})+Ca^{2+}(aq)$$

由 2012 年的数据可以看出，白云石的饱和指数均大于零，表明白云石处于饱和状态；方解石饱和指数大于零，表明区域方解石处于非饱和状态，存在方解石的生成沉淀过程；而石膏多数位置点饱和指数小于零，但存在饱和指数大于零的位置点，表明宝塔山砂岩中石膏大量溶解，存在石膏溶解点。

由 2017 年的数据计算出饱和指数，可以看出矿区多数位置点白云石、方解石的饱和指数基本大于零，个别位置点饱和指数小于零，表明方解石处于饱和状态；石膏饱和指数小于零，表明区域石膏处于非饱和状态，存在石膏的溶解过程；而白云石多数位置点饱和指数大于零，但存在饱和指数小于零的位置点，表明宝塔山砂岩中白云石大量生成，个别位置存在白云石溶解。

由 2019 年的抽水试验数据计算出饱和指数，可以看出矿区多数位置点白云石、方解石的饱和指数均大于零，表明方解石处于饱和状态。

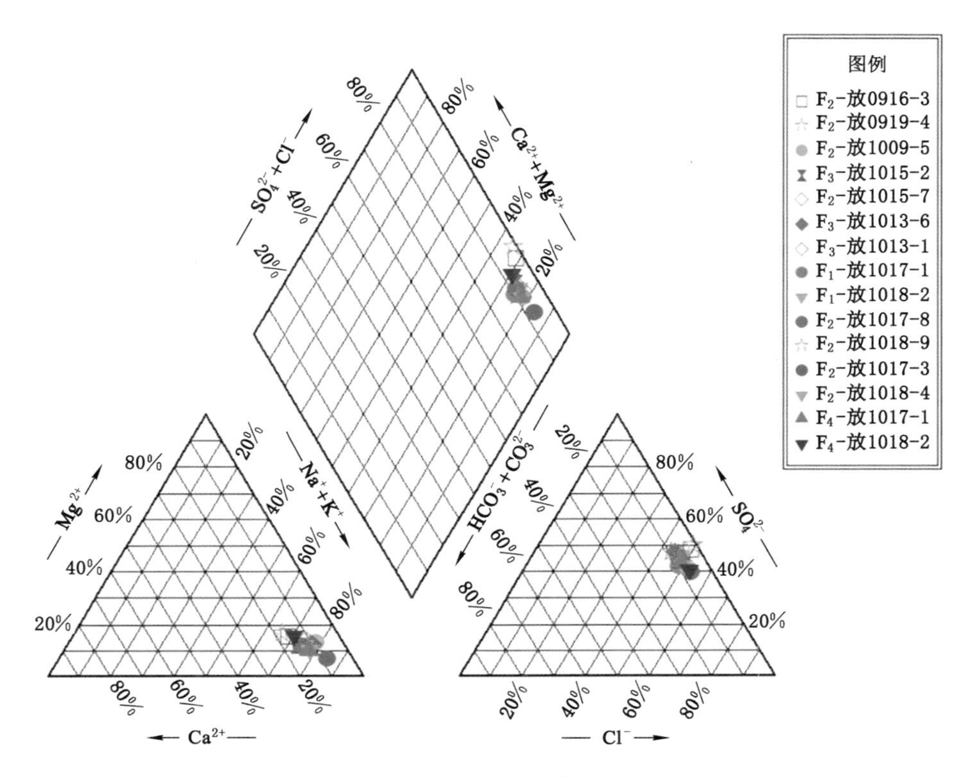

图 6-34　2019 年放水试验期间宝塔山砂岩水 Piper 图

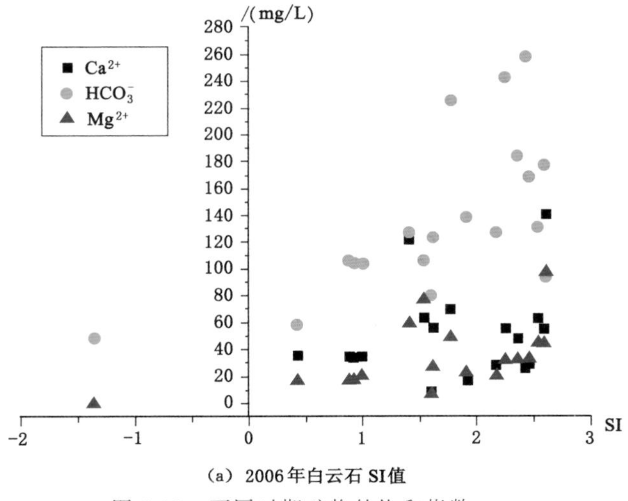

(a) 2006年白云石 SI值

图 6-35　不同时期矿物的饱和指数

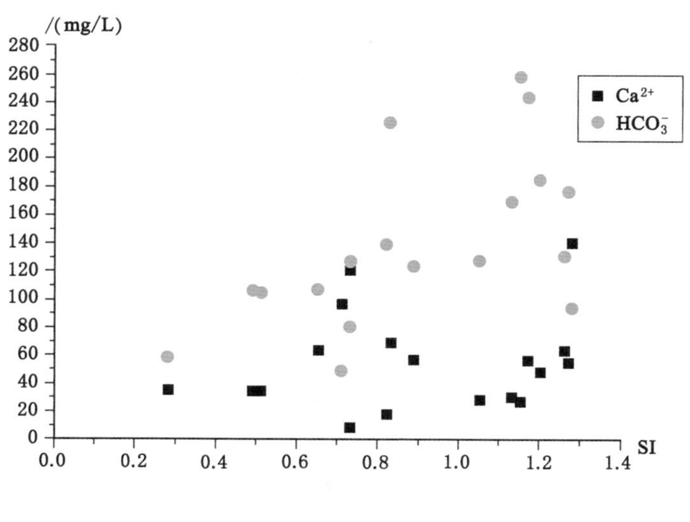

(b) 2006年方解石 SI值

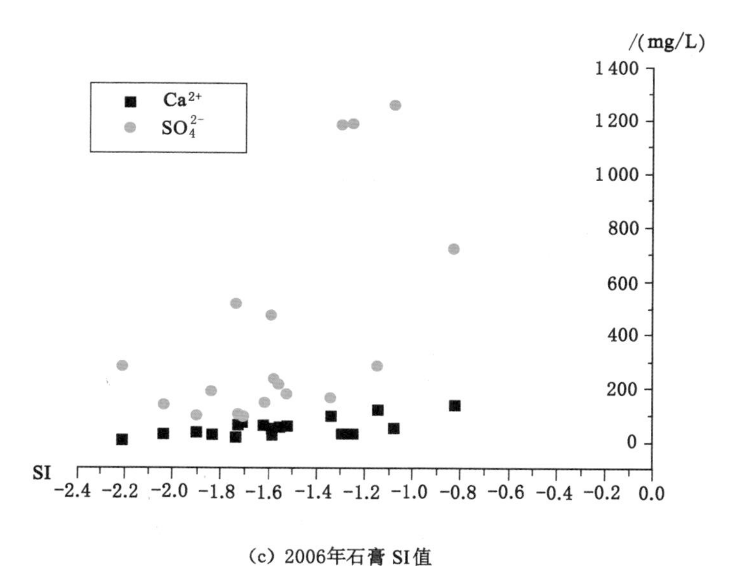

(c) 2006年石膏 SI值

图 6-35(续)

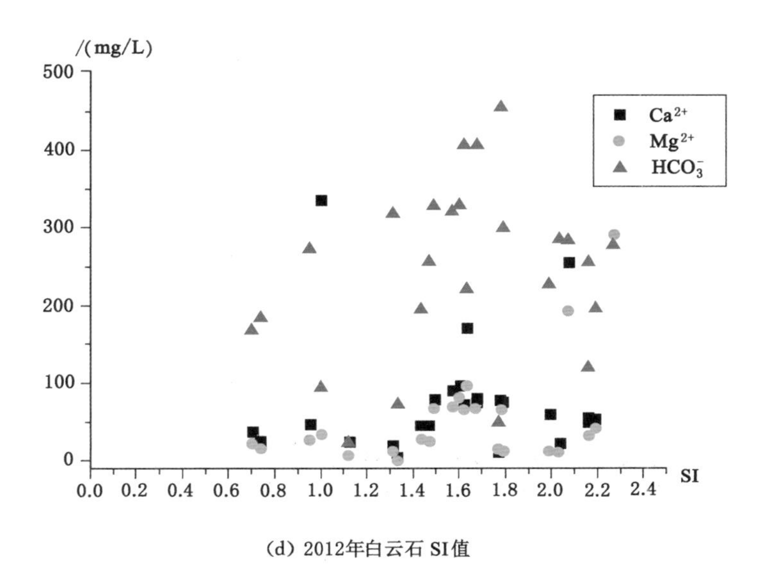

(d) 2012年白云石 SI值

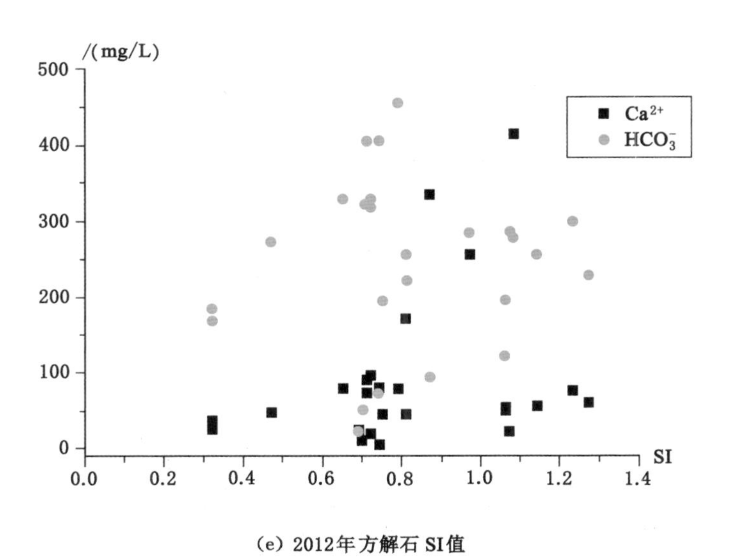

(e) 2012年方解石 SI值

图 6-35(续)

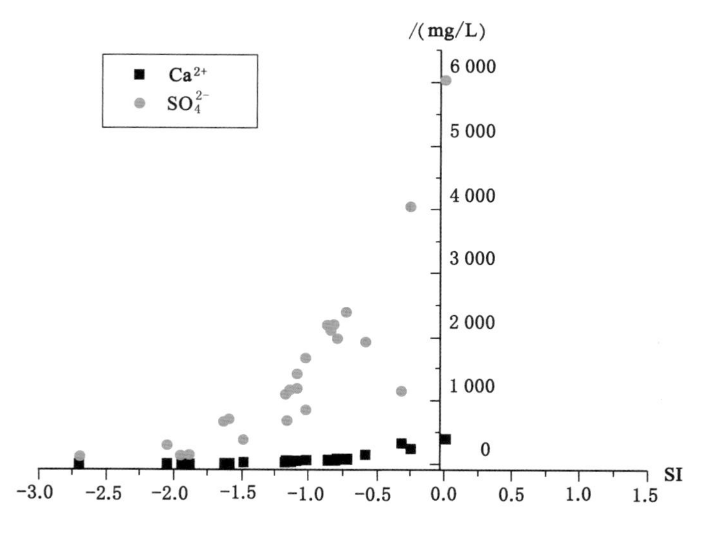

(f) 2012年石膏 SI值

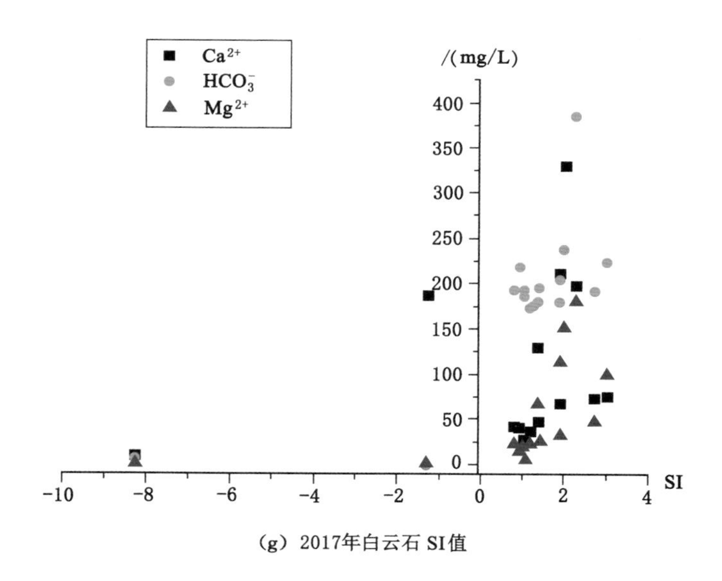

(g) 2017年白云石 SI值

图 6-35(续)

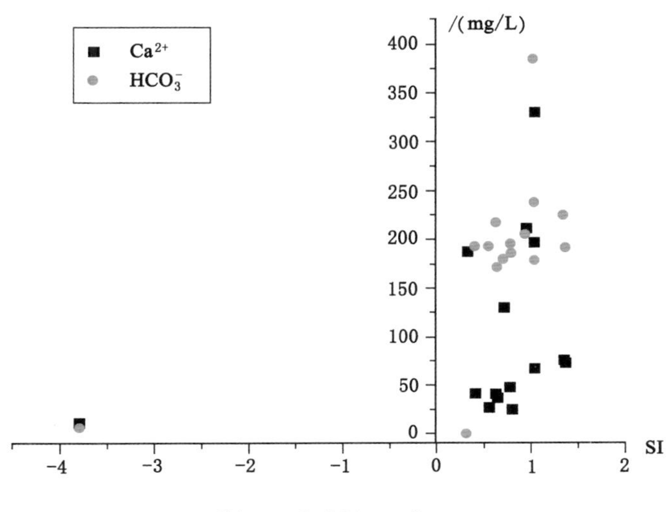

(h) 2017年方解石 SI值

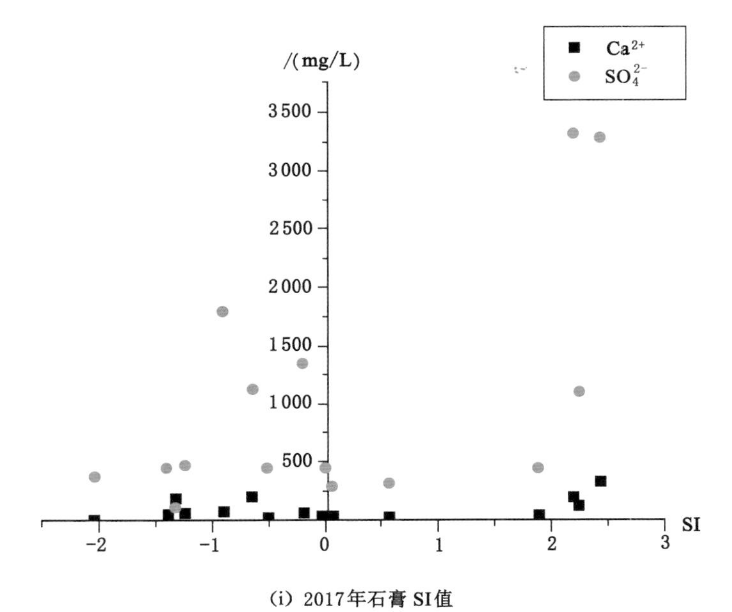

(i) 2017年石膏 SI值

图 6-35(续)

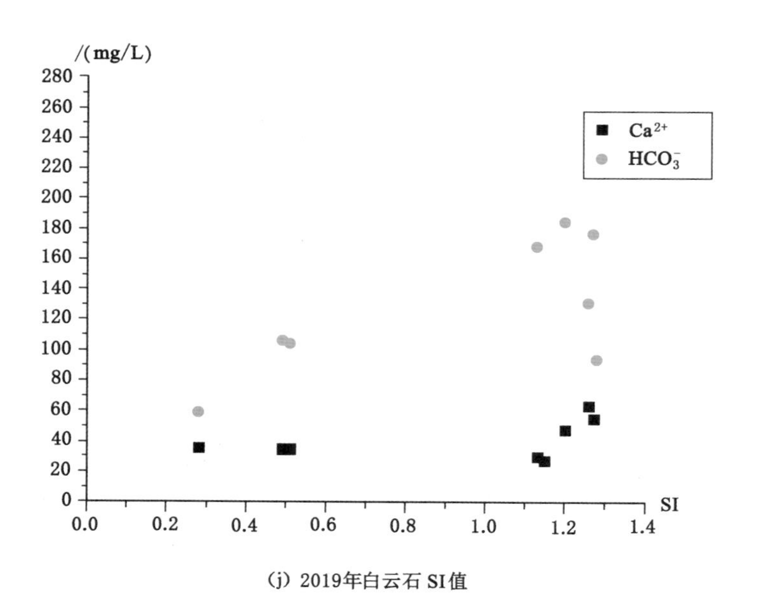

(j) 2019年白云石 SI值

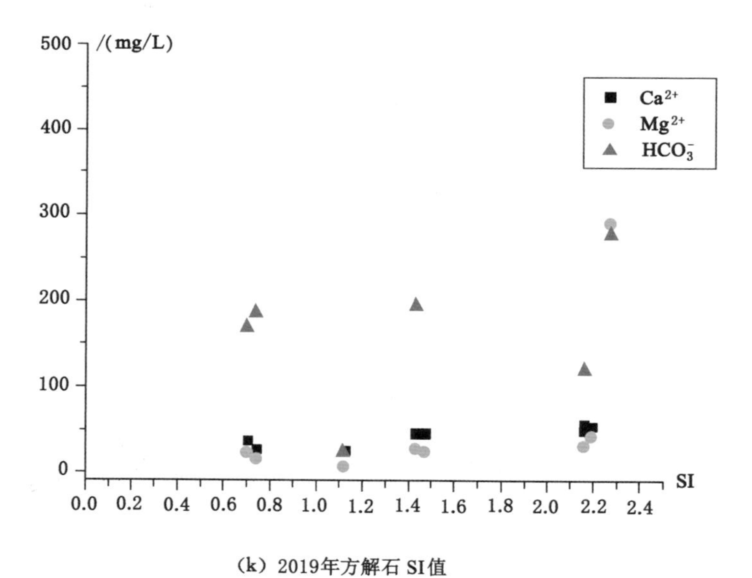

(k) 2019年方解石 SI值

图 6-35(续)

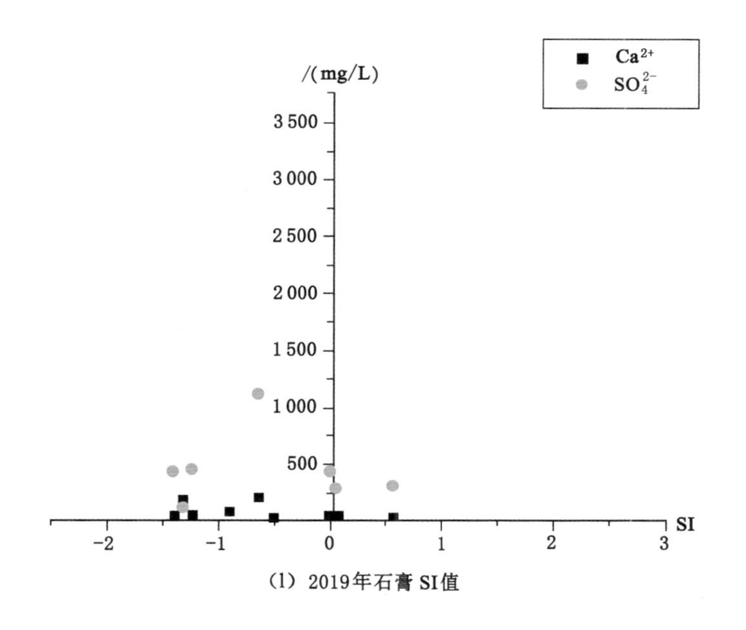

图 6-35(续)

6.5.3　3DEEM 分析

本次天然有机质分析的目标含水层主要有三个:宝塔山砂岩含水层、8 煤层顶板含水层、15 煤层顶板含水层。具体钻孔及对应的取样检测含水层位见表 6-9。

表 6-9　新上海一号煤矿水文补勘孔和取样检测层位关系

水文补勘孔	对应含水层
F_4 孔	宝塔山砂岩含水层
9-2 孔	8 煤层顶板含水层
14-2 孔	15 煤层顶板含水层

(1) 分析检测方法

总有机碳(TOC)的检测采用 Multi N/C 2100 专家型总有机碳/总氮分析仪(德国耶拿分析仪器股份公司生产),水样经 0.45 μm 滤膜过滤,取滤出液检测总有机碳含量。紫外吸光度(UV254)的检测采用 Evolution 60 型紫外可见分光光度计(德国 Thermo Fisher Scientific 公司生产),水样置于 1 cm 规格石英皿中检测 254 nm 处紫外吸收值,同时检测空白样。

三维荧光光谱(3DEEM)采用 HITACHI F-7000 型荧光分光光度计检测,仪器光源为 150 W 氙灯,光电倍增管(PMT)电压为 400 V,激发和发射单色器均为衍射光栅,激发和发射狭缝宽度均为 10 nm,扫描速度为 1 200 nm/min。激发光波长范围和发射光波长范围分别为 200～400 nm 和 240～550 nm,均以 5 nm步长递增,响应时间为自动。数据采用 Origin 软件进行处理,以等高线图表征,以超纯水作为空白校正水的拉曼散射。

(2) 三维荧光光谱分析

对于地下水中天然有机质的荧光特征,根据含水层分布特征和地质构造条件进行垂向和平面分区研究。根据岩层 DOM 组分的三维荧光图谱特征,将 3DEEM 区域分为五个部分:区域Ⅰ(Ex/Em:200～250 nm/230～330 nm),区域Ⅱ(Ex/Em:200～250 nm/330～380 nm),区域Ⅲ(Ex/Em:200～250 nm/380～600 nm),区域Ⅳ(Ex/Em:250～360 nm/230～380 nm),区域Ⅴ(Ex/Em:250～360 nm/380～600 nm)。用 Origin 软件计算出特定的荧光区域积分体积。

根据水中天然有机质的分类方法,新上海一号井地下水中天然有机质主要包括:Ⅰ区(芳香族蛋白质)——酪氨酸,Ⅱ区(芳香族蛋白质Ⅱ)——色氨酸,Ⅲ区(类富里酸)——疏水性有机酸,Ⅳ区(溶解性微生物代谢产物)——含色氨酸的类蛋白质,Ⅴ区(类腐植酸)——海洋性腐植酸。

各含水层 3DEEM 分析:

① 宝塔山砂岩含水层中,F_4 钻孔只出现了Ⅰ区、Ⅲ区和Ⅳ区的荧光峰(图 6-36),荧光峰强度分别为 106/110、476/453 和 273/267,其中Ⅲ区的荧光峰强度最高(3 394)。

② 8 煤层顶板含水层中,从北向南的 3 个钻孔水样中天然有机质荧光光谱特征差异较大,水样中主要荧光峰在Ⅰ区和Ⅳ区(Ⅰ区有两个主荧光峰),Ⅰ区荧光峰强度为 9 885/4 674(图 6-37)。

③ 15 煤层顶板含水层中,水样中各分区天然有机质荧光光谱特征差异也较大(图 6-38),水样中主要出现了Ⅰ区、Ⅱ区和Ⅳ区的荧光峰,荧光峰强度分别为 364、676 和 295/286(Ⅳ区有两个主荧光峰)。

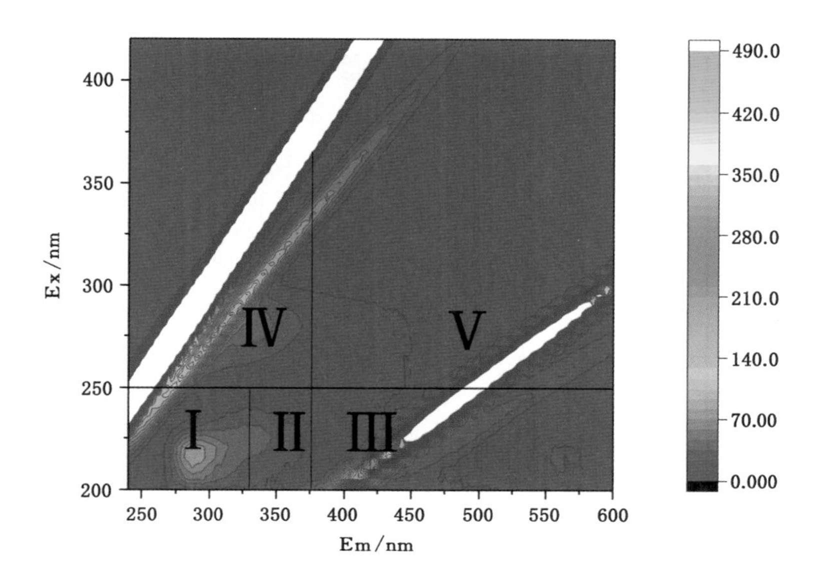

图 6-36　宝塔山砂岩含水层中天然有机质 3DEEM 特征

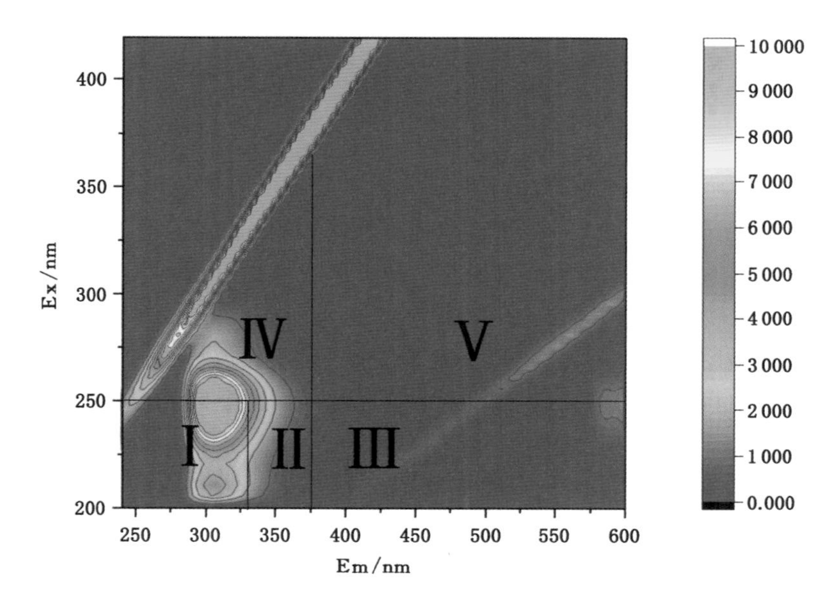

图 6-37　8 煤层顶板含水层中天然有机质 3DEEM 特征

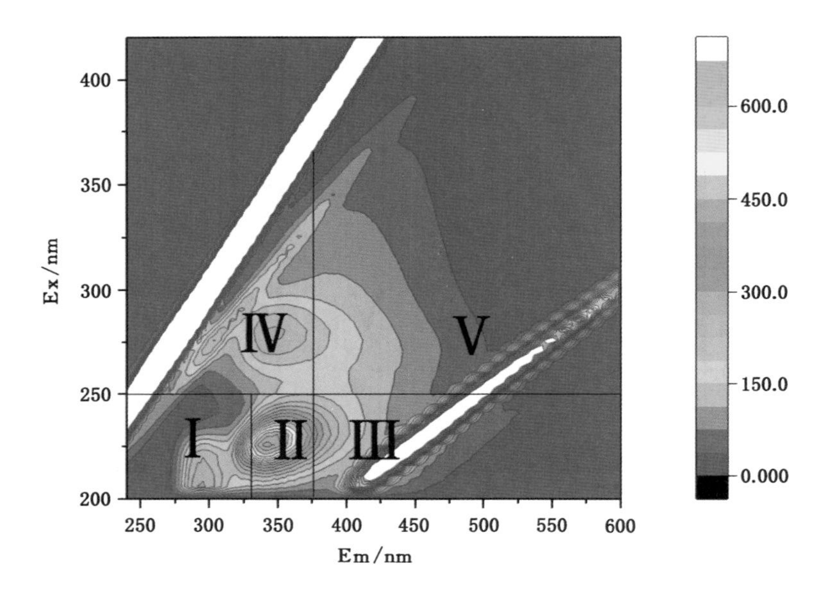

图 6-38　15 煤层顶板含水层中天然有机质 3DEEM 特征

6.6　宝塔山砂岩含水层补径排条件

根据新上海一号井田和榆树井井田宝塔山砂岩含水层各长观孔的水位观测数据，绘制各钻孔施工完成后的原始地下水流场、单孔放水前地下水流场、单孔放水停止后地下水流场、单孔放水恢复后地下水流场、多孔放水停止后地下水流场和多孔放水恢复后地下水流场图(图 6-39)。

从各流场图中可以看出，宝塔山砂岩含水层在没有放水扰动的情况下，在新上海一号井田西南边界处存在地下水位最低点，这个区域是宝塔山砂岩含水层的排泄边界，新上海一号井田北部和榆树井南部是含水层的补给边界，东部和西部大部分为隔水边界，部分为补给边界。在放水期间会在放水孔中心位置形成地下水降落漏斗，随着放水量的增大和放水孔的增加，新上海一号井田西南边界处的地下水也会向放水孔径流，形成一个以放水孔为中心的降落漏斗。

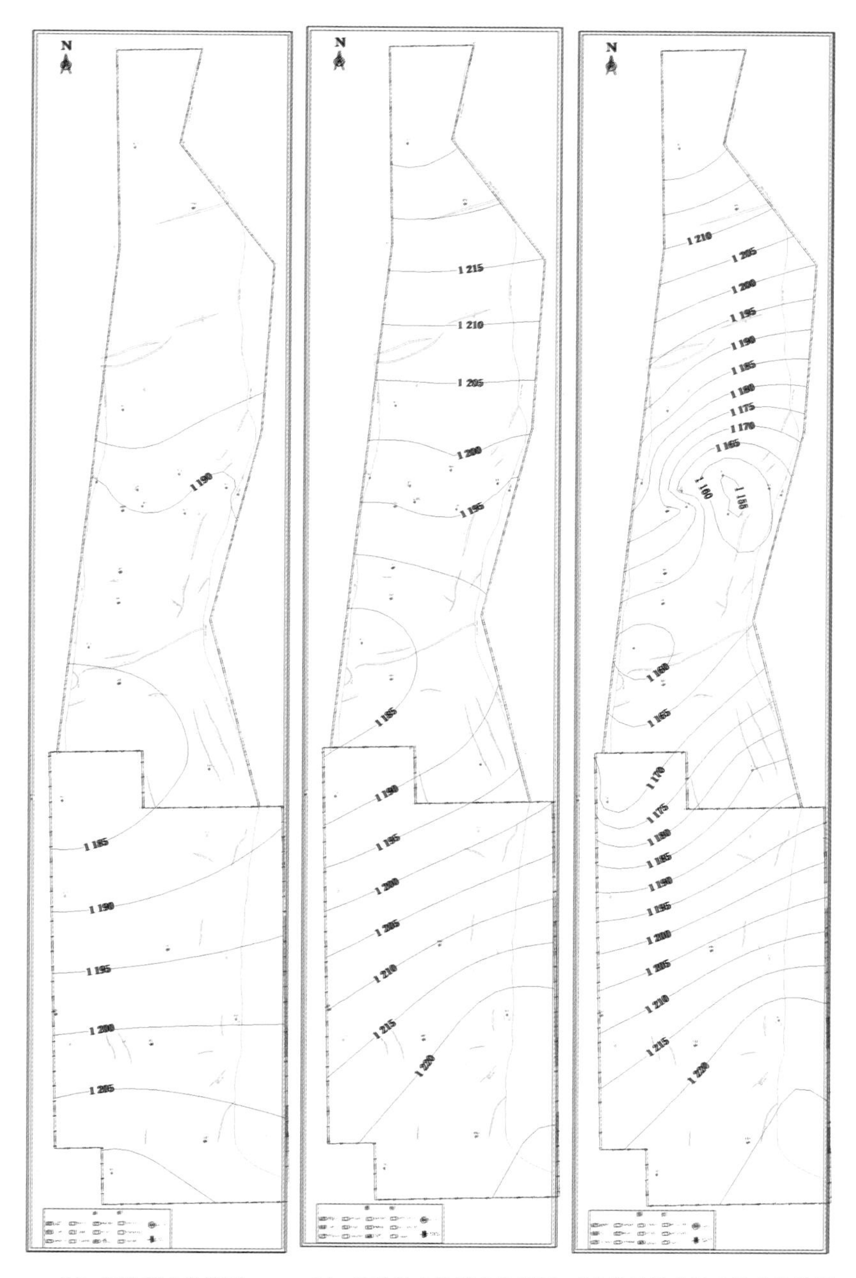

(a) 原始等水位线图　**(b) 单孔放水前等水位线图**　**(c) 单孔放水停止等水位线图**

图 6-39　不同时期地下水流场图

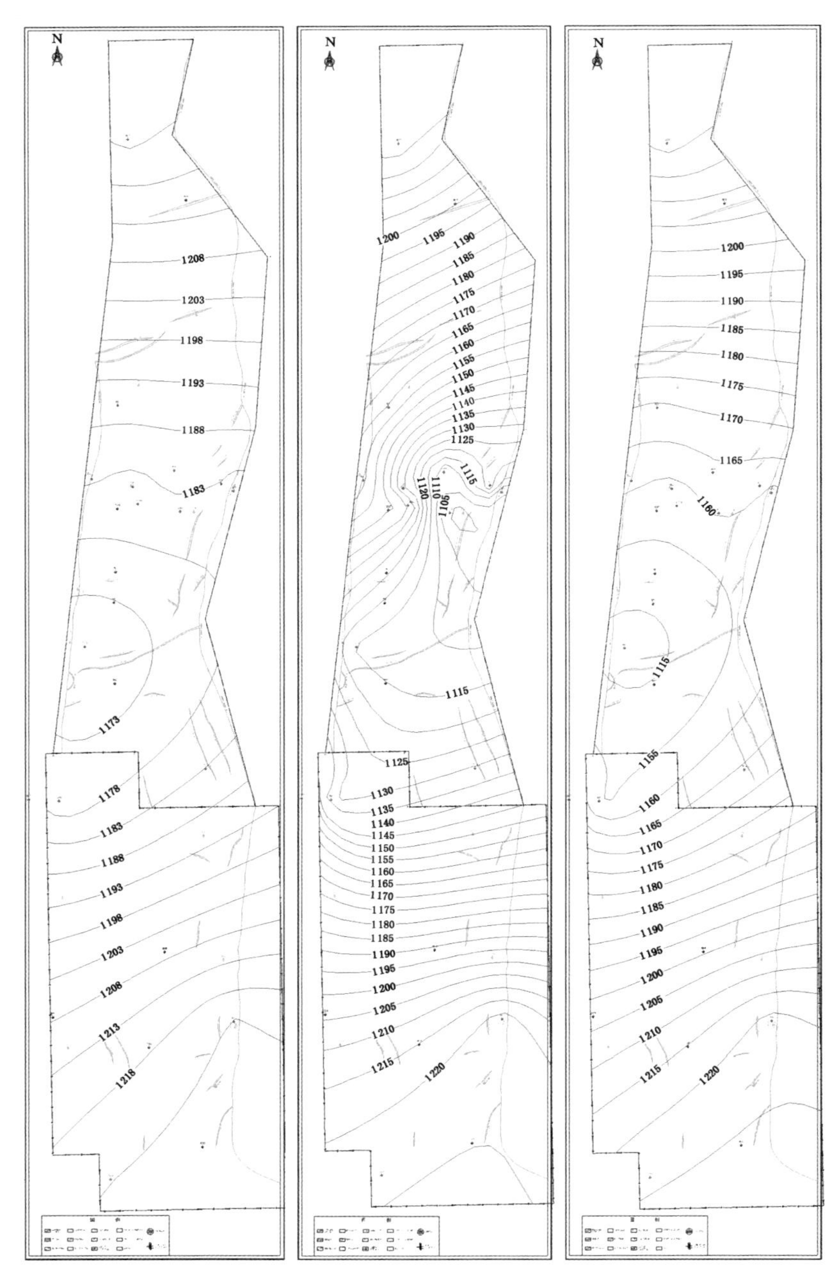

(d) 单孔放水恢复等水位线图　(e) 多孔放水停止等水位线图　(f) 多孔放水恢复等水位线图

图 6-39（续）

6.7　宝塔山砂岩含水层可疏性评价

6.7.1　抽水试验资料分析

疏水降压作为矿井水害防治的技术途径之一，有其特定或合理的应用条件，一般在下列矿井水文地质条件下，多采用疏水降压技术：

(1) 矿井主要充水含水层属于自身充水含水层。由于矿井的主要工程活动位于含水层之中，或者说矿井的采掘活动将直接揭露充水含水层，含水层中的水无法躲避，早晚都要被释放。为了减少或消除采掘过程中大量的水短时间涌入矿井，给矿井正常生产与建设带来影响或超过矿井设计的排水能力而造成淹井事故，需要在人工受控条件下预先对含水层水进行疏放。

(2) 矿井主要充水含水层属于直接充水含水层。当含水层作为煤层的直接顶板或底板时，一旦巷道进入煤层或工作面回采后，由于缺乏工程层位与含水层之间的隔水保护层，含水层中的水会直接进入巷道或工作面，给矿井生产造成影响或灾害。在这种水文地质条件下，往往需要采用预疏水技术防治矿井水害。

(3) 矿井主要充水含水层以静储水量为主，动态补给量有限。以静储水量为主的矿井充水含水层发生矿井充水时，往往是瞬间冲击水量大，后期水量迅速衰减甚至干枯，当矿井生产诱发该类含水层突(透)水时，往往在总出水量有限的条件下给矿井带来严重灾害，采用预先疏水技术可以有效地消减峰值水量而达到消除矿井水害的目的。

(4) 煤层顶板间接含水层与煤层之间隔水层的厚度小于工作面顶板冒落带与裂隙带高度。在这种条件下，尽管煤层顶板存在着隔水层，但隔水层的厚度小于工作面回采后冒裂带高度，一旦工作面回采后，含水层中的水必然通过冒裂带导入矿井。为了减少初次冒裂后来自顶板的峰值水量，通常在工作面回采之前，通过井上或井下专门的疏水工程进行预疏放。

(5) 煤层底板隔水层厚度不足以抵抗煤层底板含水层的水压。虽然煤层与底板含水层之间存在隔水层，但是隔水层厚度较薄或者底板含水层水压过大，承压水会突破隔水层进入矿井。

根据矿井充水条件分析，新上海一号煤矿中组煤和下组煤在不同程度上均受宝塔山砂岩含水层威胁。根据新上海一号煤矿钻孔抽水试验资料，结合类似条件矿区的经验，将抽水试验过程中降深与涌水量的比值关系作为疏降可行性的判别标准：

$$S'_0 = S/Q \tag{6-4}$$

式中　S——主要控放范围内的水位降深，m；

Q——主要控放范围内的涌水量，m^3/min。

式(6-4)中，根据 S'_0 值的范围来判断疏降可行性，具体为：

① $S'_0>10$，补给较弱，易疏降；

② $3\leqslant S'_0\leqslant 10$，补给较强，可以疏降；

③ $S'_0<3$，补给很强，不宜直接疏降。

通过计算，宝塔山砂岩含水层各水文地质钻孔降深与涌水量的比值均大于10(表 6-10)，说明宝塔砂岩含水层易疏降。

表 6-10　宝塔山砂岩含水层可疏降性分析一览表

阶段	孔号	抽水试验成果			S'_0	可疏降性
		水位降深/m	涌水量/(L/s)	涌水量/(m^3/min)		
地质勘探	1202	8.81	0.080	0.005	1 835.417	易疏降
	1602	38.79	0.249	0.015	2 596.386	易疏降
	2403	42.58	0.123	0.007	5 769.648	易疏降
直排孔		31.75	5.71	0.343	92.674	易疏降
		21.58	4.17	0.250	86.251	易疏降
		9.62	2.20	0.132	72.879	易疏降
2017 年水文补勘	B_2	33.76	5.748	0.345	97.889	易疏降
		17.92	3.840	0.230	77.778	易疏降
		8.86	2.157	0.129	68.459	易疏降
	B_4	23.38	3.216	0.193	121.165	易疏降
		16.53	2.412	0.145	114.221	易疏降
		8.65	1.451	0.087	99.357	易疏降
	B_6	13.12	6.696	0.402	32.656	易疏降
		8.05	4.539	0.272	29.559	易疏降
		4.02	2.534	0.152	26.440	易疏降
	B_7	9.86	10.637	0.638	15.449	易疏降
		6.52	7.279	0.437	14.929	易疏降
		3.08	3.594	0.216	14.283	易疏降
	B_8	10.40	7.890	0.473	21.969	易疏降
		6.80	6.278	0.377	18.052	易疏降
		3.58	4.239	0.254	14.076	易疏降

表 6-10(续)

阶段	孔号	抽水试验成果			S'_0	可疏降性
		水位降深/m	涌水量/(L/s)	涌水量/(m^3/min)		
2017 年水文补勘	B_{12}	9.20	10.637	0.638	14.415	易疏降
		6.10	7.579	0.455	13.414	易疏降
		3.05	4.210	0.253	12.074	易疏降
	B_{14}	38.50	1.451	0.087	442.224	易疏降
		23.60	0.949	0.057	414.471	易疏降
		11.68	0.508	0.030	383.202	易疏降
2019 年水文补勘	B_{37}	51.86	5.619	0.337	153.823	易疏降
		25.22	3.620	0.217	116.114	易疏降
		12.45	2.172	0.130	95.534	易疏降
	B_{44}	8.17	9.726	0.584	14.000	易疏降
		5.41	6.839	0.410	13.184	易疏降
		2.69	3.922	0.235	11.431	易疏降
	B_{45}	11.58	11.209	0.673	17.218	易疏降
		6.30	7.735	0.464	13.575	易疏降
		2.95	4.485	0.269	10.962	易疏降
	B_{47}	18.10	7.735	0.464	39.000	易疏降
		11.62	5.366	0.322	36.091	易疏降
		5.98	2.979	0.179	33.456	易疏降

6.7.2　放水试验资料分析

本次放水试验包括试放水、单孔放水和多孔叠加放水，统计宝塔山砂岩含水层各观测孔与放水孔的距离、降深，可以大致绘制出放水时的降落漏斗形态和范围，通过降落漏斗的特征分析宝塔山砂岩含水层的可疏降性。

(1) 试放水

地面观测孔在对宝塔山砂岩含水层水位进行观测时，对试放水前水位、最大降深水位、恢复后水位均进行了分析，并且对各观测孔与放水孔的距离进行了统计(表 6-11 和图 6-40)，其中 B_{44}、B_{45}、B_6 观测孔水位降深最大，这 3 个观测孔距离放水孔最近(均小于 600 m)。

表 6-11　试放水试验各观测孔水位观测一览表

钻孔	试放水前水位/m	最大降深水位/m	恢复后水位/m	最大降深/m	恢复剩余降深/m	距离/m
B_2	1 203.34	1 202.66	1 202.76	0.68	0.58	1 411.96
B_4	1 197.96	1 197.36	1 197.36	0.6	0.6	1 111.04
B_6	1 196.17	1 187.91	1 195.31	8.26	0.86	475.13
B_7	1 198.32	1 192.68	1 192.68	5.64	0.95	925.35
B_{14}	1 191.92	1 191.77	1 191.78	0.15	0.14	4 760.64
B_{15}	1 188.56	1 187.66	1 187.99	0.9	0.57	5 485.72
B_{37}	1 228.00	1 227.30	1 227.30	0.7	0.7	5 568.86
B_{44}	1 199.95	1 182.32	1 199.29	17.63	0.66	249.31
B_{45}	1 196.50	1 186.24	1 194.06	10.26	2.44	564.41
直排孔	1 199.95	1 195.13	1 195.13	4.82	4.82	537.44
F_1	1 190	1 100	1 190	90	0	45
F_4	1 190	1 118	1 190	72	0	45

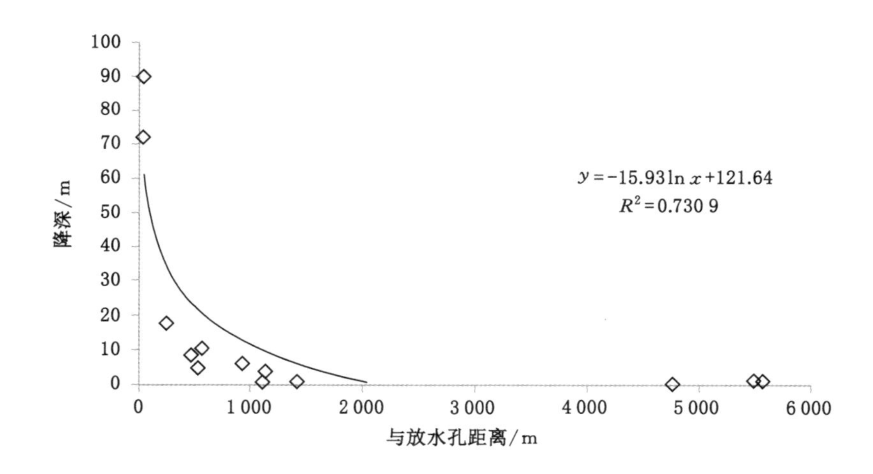

图 6-40　地面观测孔水位降深及与放水孔距离相关关系图

（2）单孔放水试验

地面观测孔在对宝塔山砂岩含水层水位进行观测时，对 F_2 放水孔单孔放水前水位、最大降深水位、恢复后水位均进行了分析，并且对各观测孔与放水孔的距离进行了统计（表 6-12 和图 6-41），其中 B_6、B_7、B_{44}、B_{45} 观测孔水位降深最大，这 4 个观测孔距离放水孔最近（均小于 1 000 m）。

表 6-12　单孔放水试验各观测孔水位观测一览表

钻孔	放水前水位/m	最大降深水位/m	恢复后水位/m	最大降深/m	恢复剩余降深/m	距离/m
B_2	1 202.76	1 186.63	1 189.78	16.13	12.98	1 411.96
B_4	1 197.36	1 182.04	1 183.65	15.32	13.71	1 111.04
B_6	1 195.31	1 161.60	1 180.67	33.71	14.64	475.13
B_7	1 197.37	1 159.83	1 183.01	37.54	14.36	925.35
B_{12}	1 181.76	1 155.91	1 168.31	25.85	13.45	2 980.53
B_{14}	1 191.78	1 182.96	1 183.14	8.82	8.64	4 760.64
B_{15}	1 187.99	1 165.42	1 174.69	22.57	13.3	5 485.72
B_{37}	1 227.30	1 223.70	1 224.26	3.6	3.04	5 568.86
B_{39}	1 185.46	1 179.55	1 179.74	5.91	5.72	5 616.82
B_{44}	1 199.29	1 153.91	1 185.10	45.38	14.19	249.31
B_{45}	1 195.86	1 153.59	1 182.07	42.27	13.79	564.41
直排孔	1 196.08	1 176.66	1 181.11	19.42	14.97	537.44
F_1	1 190	940	1 180	110	10	15
F_2	1 190	1 080	1 180	250	10	0.1
F_3	1 190	1 118	1 178	72	12	15
F_4	1 190	1 121	1 176	69	14	30

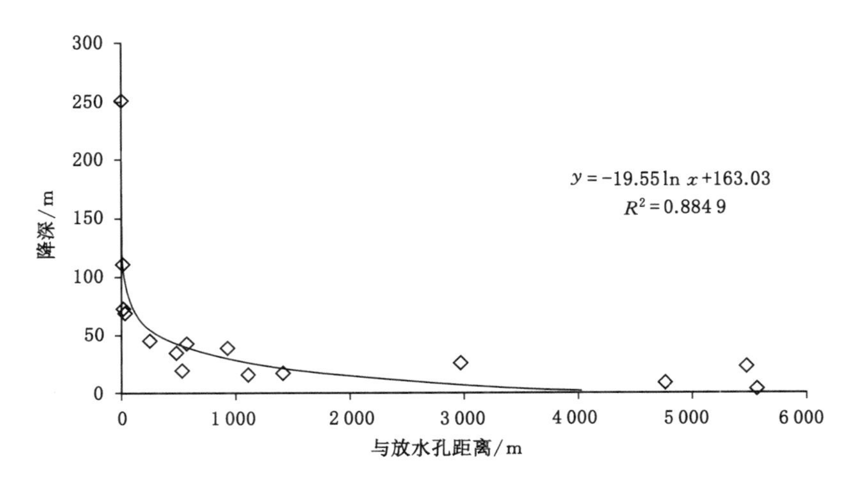

图 6-41　地面观测孔水位降深及与放水孔距离相关关系图（F_2 单孔放水）

(3) 多孔放水试验

地面观测孔在对宝塔山砂岩含水层水位进行观测时，对多孔放水前水位、最大降深水位、恢复后水位均进行了分析，并且对各观测孔与放水孔的距离进行了统计（表 6-13 和图 6-42），其中 B_6、B_7、B_{12}、B_{44}、B_{45} 观测孔水位降深最大，这 5 个观测孔距离放水孔较近（均小于 3 000 m）。

表 6-13　多孔放水试验各观测孔水位观测一览表

钻孔	放水前水位/m	最大降深水位/m	恢复后水位/m	最大降深/m	恢复剩余降深/m	距离/m
B_2	1 189.78	1 158.28	1 168.95	31.5	20.83	1 411.96
B_4	1 183.65	1 154.6	1 161.37	29.05	22.28	1 111.04
B_6	1 180.67	1 127.07	1 158.07	53.6	22.6	475.13
B_7	1 183.01	1 122.69	1 122.69	60.32	60.32	925.35
B_{12}	1 168.31	1 114.13	1 147.07	54.18	21.24	2 980.53
B_{14}	1 183.14	1 164.84	1 165.95	18.3	17.19	4 760.64
B_{15}	1 174.69	1 127.94	1 153.79	46.75	20.9	5 485.72
B_{37}	1 224.26	1 221.81	1 221.99	2.45	2.27	/
B_{39}	1 179.74	1 167.63	1 168.06	12.11	11.68	5 616.82
B_{44}	1 185.10	1 099.89	1 164.09	85.21	21.01	249.31
B_{45}	1 182.07	1 092.18	1 160.72	89.89	21.35	564.41
直排孔	1 181.11	1 144.87	1 157.03	36.24	24.08	537.44
F_1	1 180	950	/	230	/	30
F_2	1 180	930	/	250	/	15
F_3	1 178	880	/	298	/	0.1
F_4	1 176	880	/	296	/	15

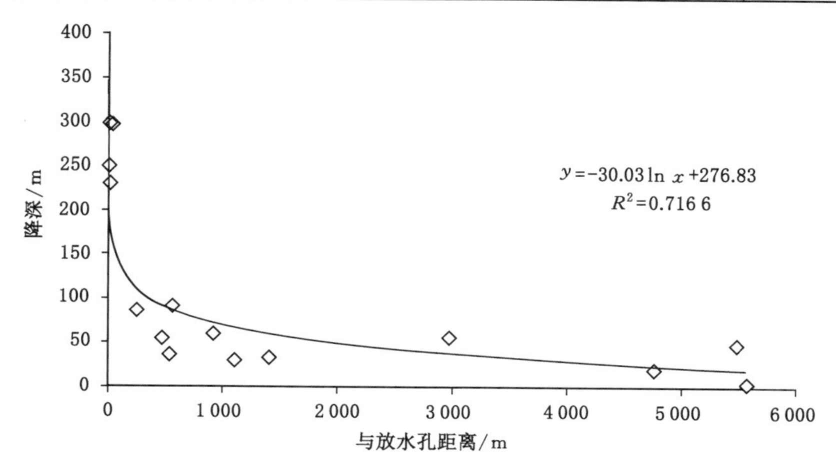

图 6-42　地面观测孔水位降深及与放水孔距离相关关系图（多孔放水）

从以上分析可以看出，随着放水量的增加，宝塔山砂岩含水层地下水降落漏斗中心降深、观测孔降深和扩散范围均有所增加，说明在加大放水量和增加放水孔的条件下，宝塔山砂岩含水层具有可疏降性。

第7章 18煤层一分区底板宝塔山砂岩含水层水文地质条件

7.1 18煤层一分区概况

新上海一号煤矿18煤层一分区是井田内18煤层的首采区，位于井田南翼，北部以工业广场保护煤柱为界，南部以FD_5断层为界，西部以DF_{20}断层为界，东部以FD_8和FD_{10}断层为界，开采标高+540～+980 m，包括5个设计工作面，分别为122185、122183、122181、121181和121183工作面，各工作面平面位置如图7-1所示。

7.2 18煤层一分区地质条件

井田内的18煤层位于延安组下部，属下含煤组上部煤层，上部与16煤层间距为10.09～45.60 m，平均33.66 m。煤层厚度0.50～5.29 m，平均3.42 m。煤层分布于全井田，43个见煤点，41个可采，可采率95%。煤层分布稳定，层状，倾向东，倾角4°～13°，仅1901钻孔附近为24°，为缓倾斜中厚煤层。煤层厚度总体上呈南厚北薄趋势，煤层结构较简单，局部含1层夹矸，厚度0.20～0.57 m，岩性为砂质泥岩或泥岩，为稳定煤层。煤层顶底板岩性主要为粉砂岩、细砂岩或粗砂岩，局部为泥岩或砂、碳质泥岩。

18煤层一分区的煤层顶板标高+679.56～+949.66 m，平均+816.09 m，埋深356.03～641.35 m，平均497.97 m，整体西高东低，埋深最小处位于一分区西南角，埋深最大处位于东北角(图7-2)。

7.3 18煤层一分区构造条件

18煤层一分区内及周边有DF_{20}、F_2、FD_5、FD_6、FD_7、FD_8、FD_9、FD_{10}、FD_{12}等9条断层，各断层性质、产状等见表7-1。

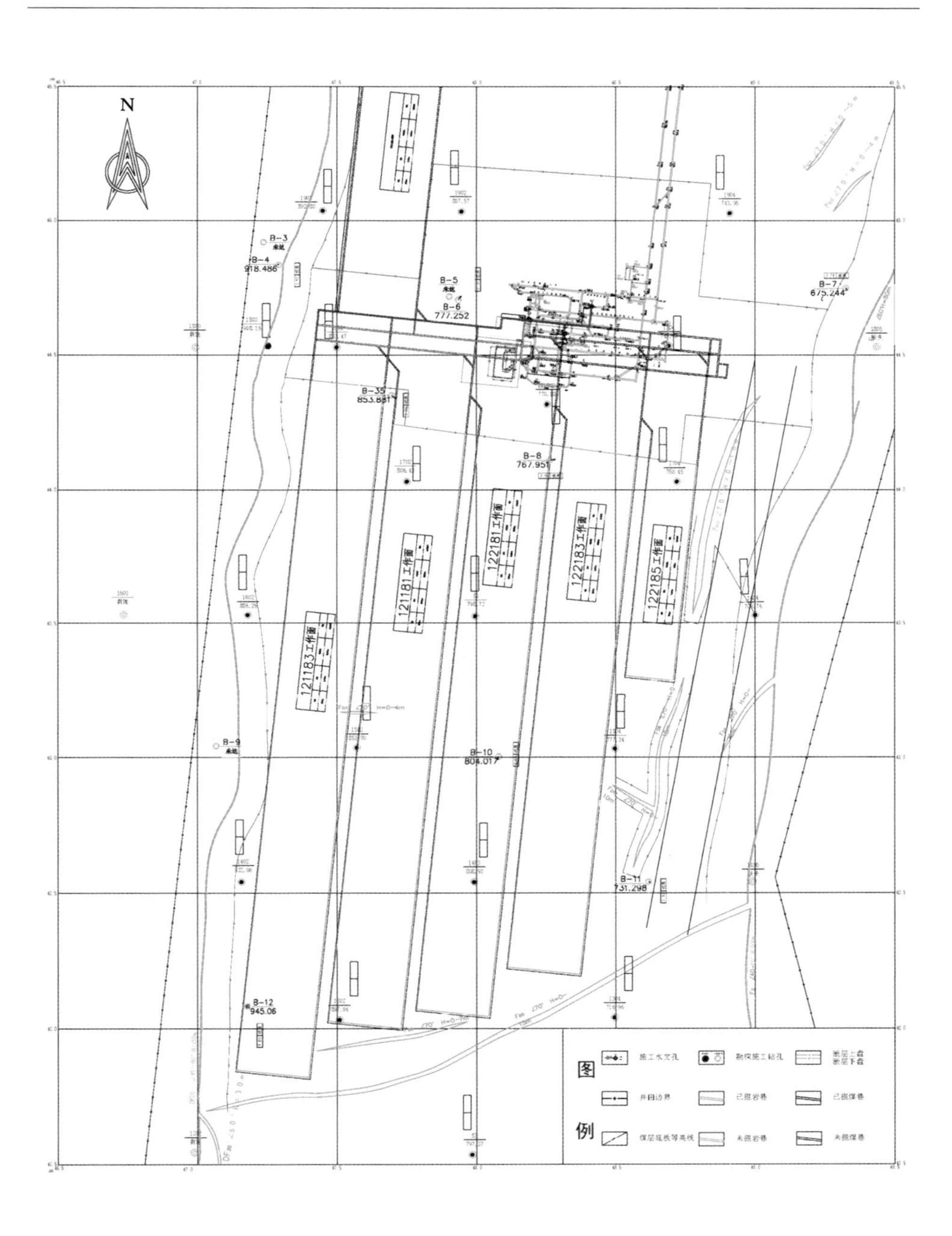

图 7-1　18 煤层一分区各工作面平面位置图

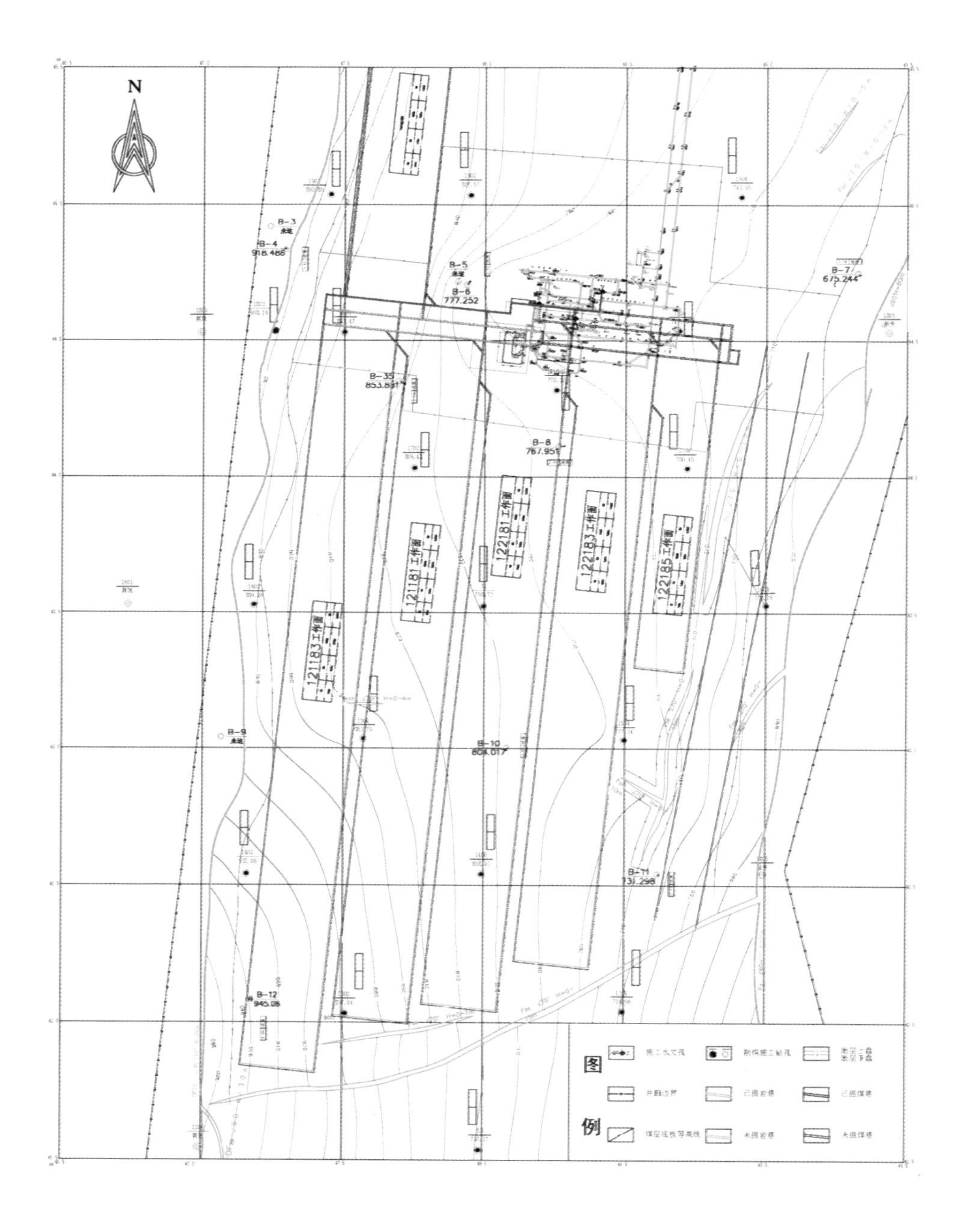

图 7-2　18 煤层一分区煤层底板等高线图

表 7-1　18 煤层一分区断层统计表

编号	性质	产状			延伸长度/m	落差/m	控制程度	错断煤层	查明程度
		走向	倾向	倾角/(°)					
F_2	逆断层	近南北	近正东	66	9 027	＞500	可靠	所有煤层	详细查明
DF_{20}	逆断层	近南北	近正西	60	5 790	＞150	可靠	所有煤层	详细查明
FD_5	正断层	南西西	南南东	70	2 100	0～25	可靠	所有煤层	查明
FD_6	正断层	北东东	南南东	70	560	0～7	可靠	所有煤层	查明
FD_7	正断层	近东西	近北	70	130	0～4	较可靠	18～21 煤层	基本查明
FD_8	正断层	北北东	南东东	75	740	0～18	可靠	所有煤层	查明
FD_9	正断层	南西	南东	70	330	0～12	可靠	所有煤层	查明
FD_{10}	正断层	北北东	南东东	70	860	0～16	可靠	所有煤层	查明
FD_{12}	正断层	北西	南西	70	170	0～10	可靠	所有煤层	查明

根据表 7-1，落差较大的断层包括 F_2 和 DF_{20} 断层，下面对这两条断层进行详细介绍：

（1）F_2 断层

井田东部边界大型逆断层，由榆树井井田北延伸进入本区，南北贯穿全井田，14 勘探线以南断层走向北北北，以北为北北东向，22～26 勘探线间近南北向，向北转为北西向，至 30 勘探线转为北北东向，北延至井田边界。断层倾向总体向东，局部随断层走向转为北东东、南东东、北东向，倾角 40°～70°，大多为 66°左右，上三叠统延长组地层逆掩于煤系地层之上，落差大于 500 m。F_2 断层为区域大断层，井田范围内有 S_4、1405、S_2、X_{10}、2405、X_1、X_{11} 等钻孔位于逆冲构造的"逆地垒"内，证实为三叠系地层，断层存在无疑。三维地震勘探解释断点 260 个，其中 A 级 111 个、B 级 84 个、C 级 65 个，断层在时间剖面上显示清楚，控制程度可靠，断层切穿所有煤层延至白垩系，属详细查明断层（图 7-3）。

（2）DF_{20} 断层

井田西部边界逆断层，由榆树井井田北延伸进入本井田，断层走向近南北，在 22 勘探线北侧转为北东向延伸出本井田，井田内延展长度近 7 000 m，断层倾向西，倾角 45°～60°，切穿所有煤层至白垩系，断层落差大于 150 m，严重破坏中煤组及下煤组。根据地震资料专门补充 1803 钻孔为构造孔，孔深343.00 m，穿过上三叠统延长组后见到中侏罗统延安组地层，16 煤层及其以下的煤系地层保存完整，无明显断层带，仅上盘见 0.70 m 破碎带，断层位置可靠，如图 7-4 所示。1901 钻孔因靠近该断层，岩层倾角大于 20°。在 16、18、20 勘探线上均有钻孔间接控制，断层在平面上摆动不大。三维地震勘探解释断点 171 个，其中 A

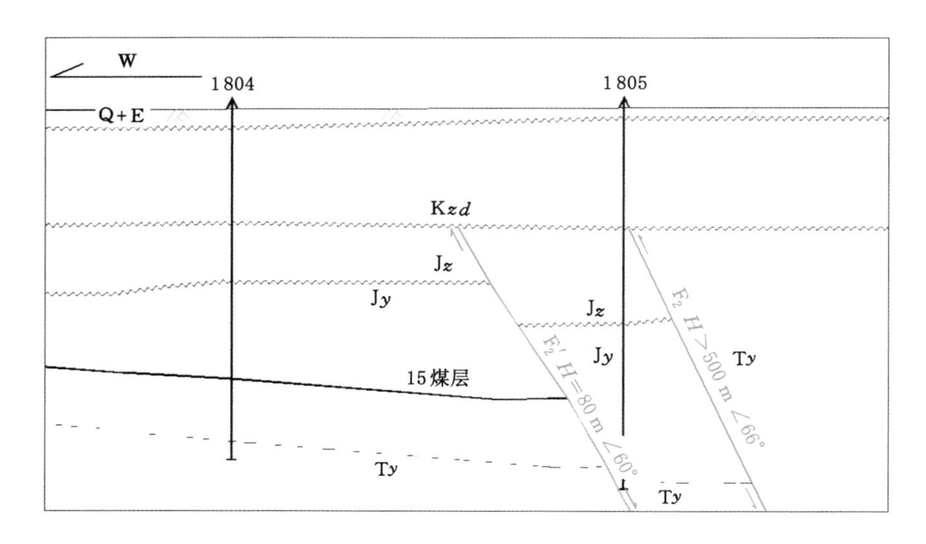

图 7-3　F_2 断层示意图

级 85 个、B 级 41 个、C 级 45 个，断层在时间剖面上显示清晰，控制程度可靠，属详细查明断层。断层附近岩体松软，井巷工程不易穿过及维护。

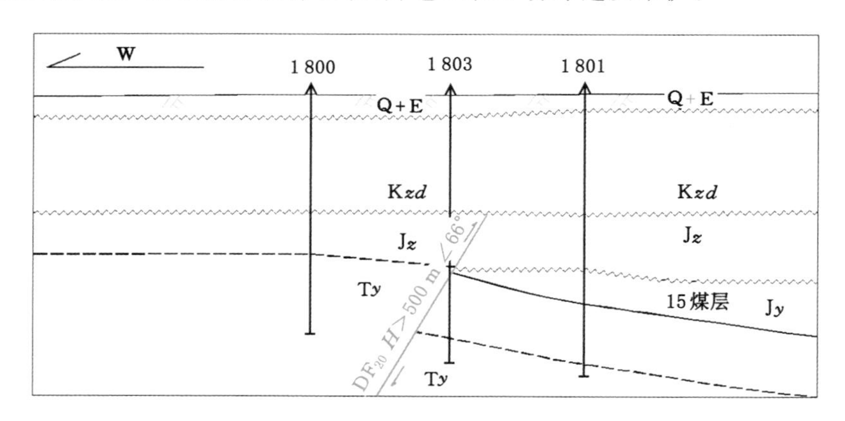

图 7-4　DF_{20} 断层示意图

7.4　18 煤层一分区底板宝塔山砂岩含水层概况

18 煤层一分区底板宝塔山砂岩含水层整体由西向东倾斜，为一单斜构造，含水层顶板标高＋649.26～＋904.94 m，平均＋758.59 m。其中，西部含水层顶板最

高点为 B_{12} 钻孔附近，东部含水层顶板最低点为 B_7 钻孔附近(图 7-5)。

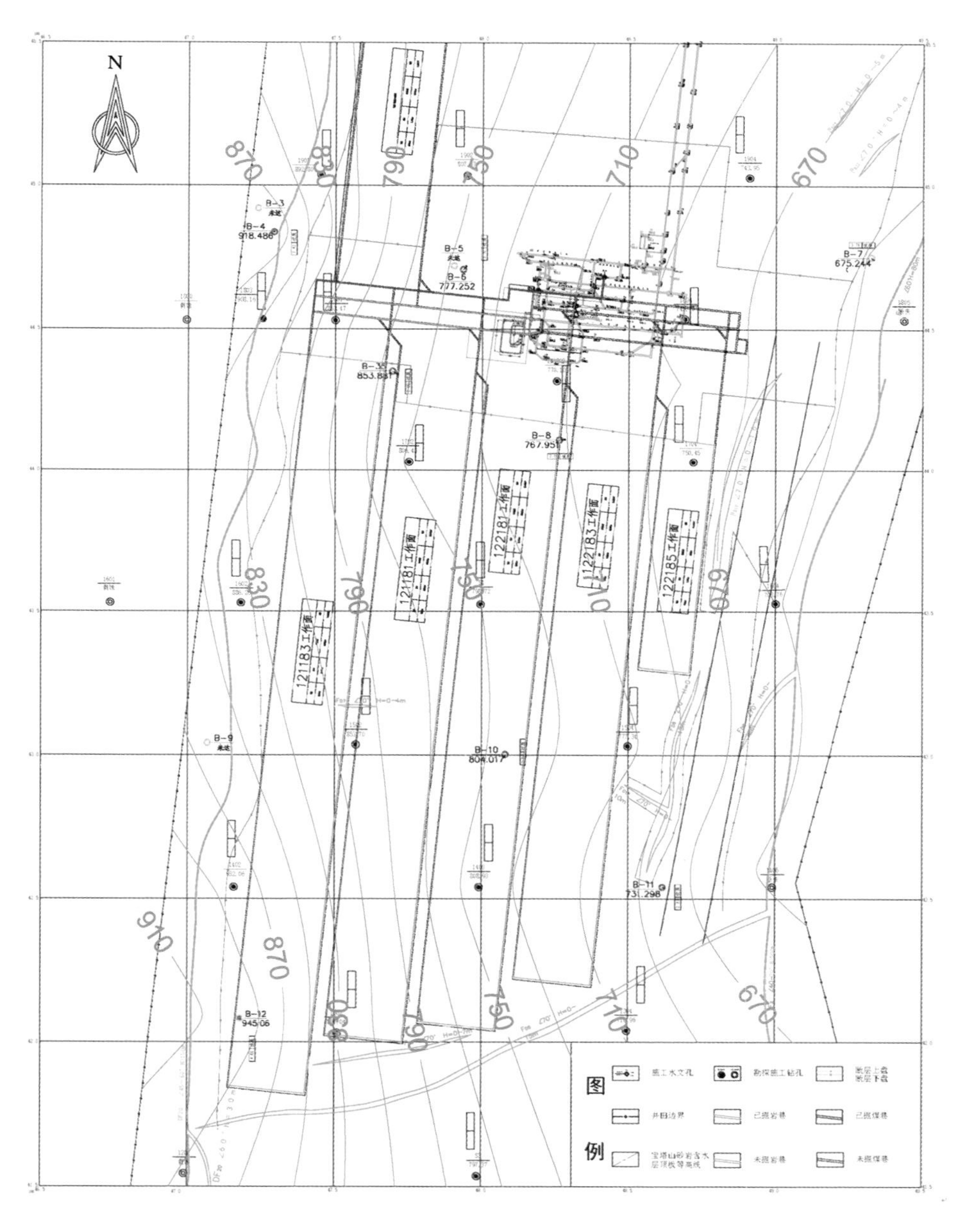

图 7-5　宝塔山砂岩含水层顶板等高线图

18 煤层一分区底板宝塔山砂岩含水层厚度整体由西北向东南逐渐变薄，厚度 42.18～81.00 m，平均 63.14 m。其中，含水层厚度最大处为 B_{44} 钻孔附近，含水层厚度最小处为 B_{47} 钻孔附近（图 7-6）。

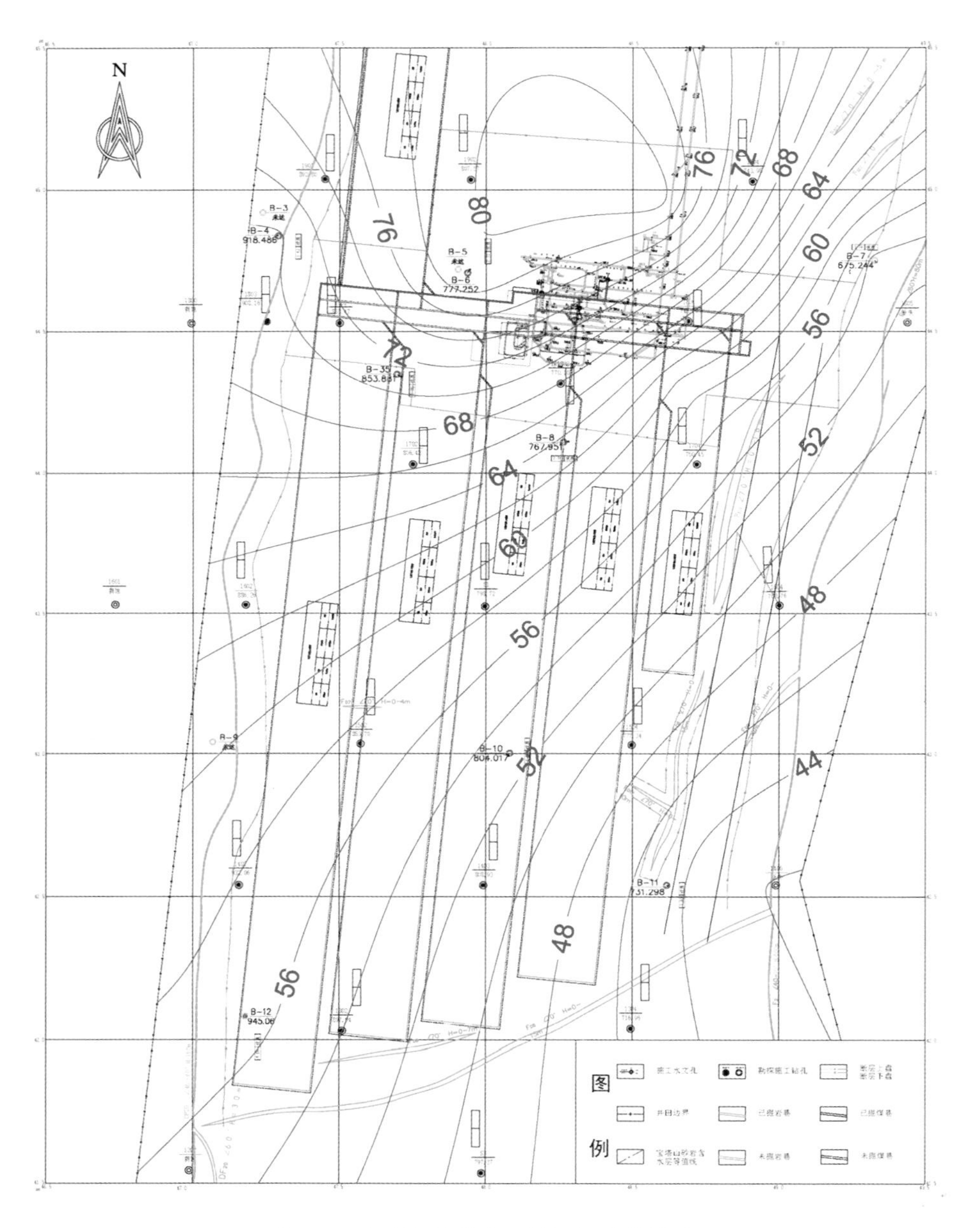

图 7-6　宝塔山砂岩含水层厚度等值线图

7.5　18 煤层一分区底板宝塔山砂岩含水层富水性分区

根据水文地质补充勘探资料，18 煤层一分区内部及周边水文地质钻孔单位涌水量为 0.037 7～1.070 9 L/(s·m)，平均单位涌水量为 0.599 2 L/(s·m)。其中，单位涌水量最大处为 B_{44} 钻孔，单位涌水量最小处为 B_{12} 钻孔（图 7-7）。

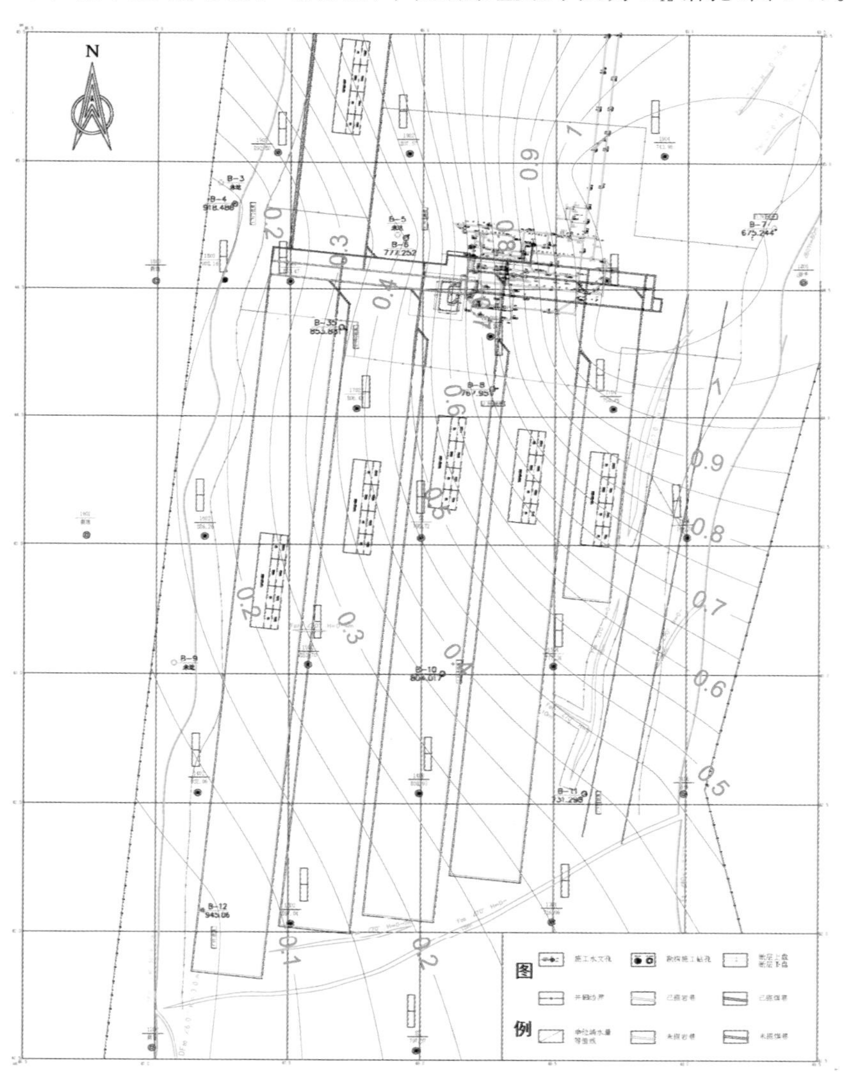

图 7-7　宝塔山砂岩含水层单位涌水量等值线图

18 煤层一分区整体东北部富水性强，西南部富水性弱，其余区域富水性均为中等。一分区各工作面底板宝塔山砂岩含水层富水性以中等为主，只有121183 工作面切眼附近底板宝塔山砂岩含水层富水性为弱(图 7-8)。

图 7-8　宝塔山砂岩含水层富水性分区图

7.6　18 煤层一分区底板宝塔山砂岩含水层地下水补径排条件

利用 18 煤层一分区内部及周边长观孔水位绘制宝塔山砂岩含水层地下水水位等值线图。从图中可以看出，宝塔山砂岩含水层水位最高处位于 B_{44} 钻孔附近（+1 198.32 m），水位最低处位于 B_{47} 钻孔（+1 171.62 m），整体地下水由北向南径流（图 7-9）。

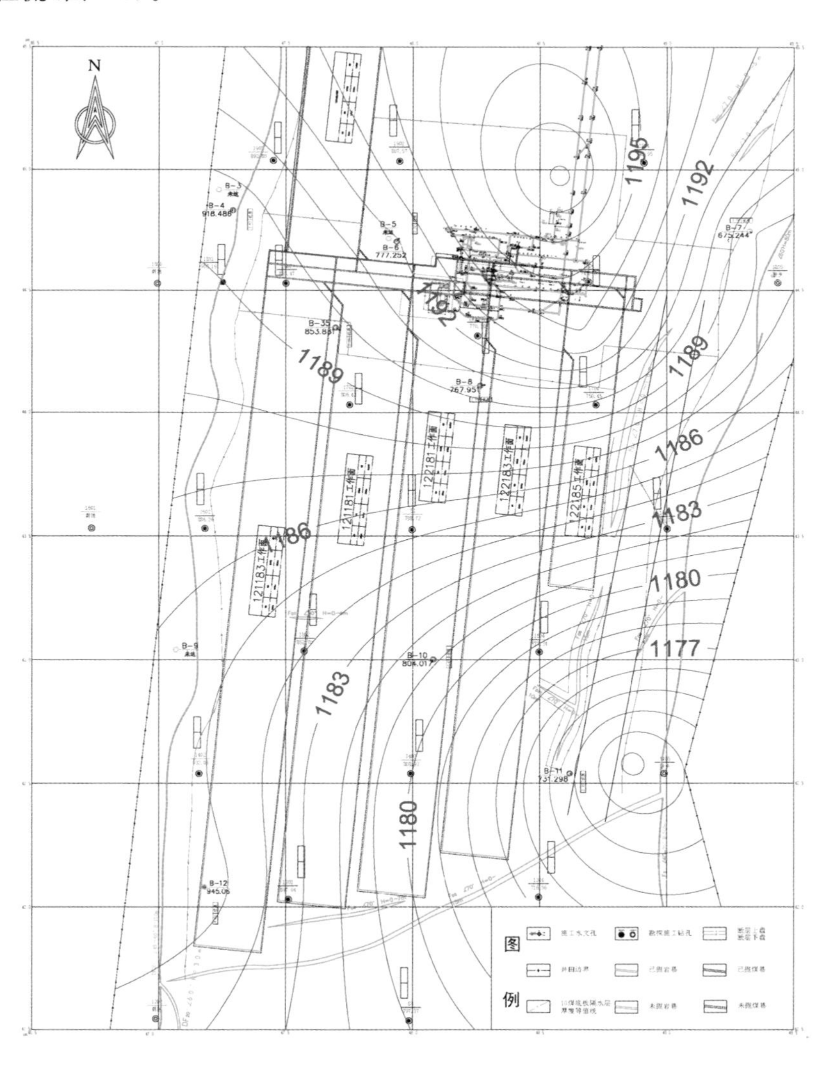

图 7-9　宝塔山砂岩含水层地下水水位等值线图

7.7 18 煤层一分区断层含(导)水性分析

7.7.1 基于抽水试验的断层含(导)水性分析

本井田构造简单,断层稀少,落差大于 20 m 的断层井田内仅发现 9 条,除 3 条(F_2、DF_{20}、DF'_{20})为逆断层外,其余均为正断层。1803 孔对 DF_{20} 断层进行抽水试验,钻孔穿见的断层带不明显,仅有 0.70 m 岩心较破碎,上三叠统延长组地层逆冲于中侏罗统延安组地层之上,钻孔单位涌水量为 0.009 08 L/(s·m),渗透系数为 0.011 4 m/d,表明富水性弱。2013 年,水文地质补勘 Z_{15} 孔位于 F'_2 断层上,钻孔岩心破碎,倾角急陡。对 F'_2 断层带进行抽水试验,单位涌水量为 0.003 4 L/(s·m),渗透系数为0.133 5 m/d,富水性弱。Z_{11} 孔位于 F_2 与 F'_2 断层带内,对断层带抽水单位涌水量为 0.367 9 L/(s·m),渗透系数为 0.313 3 m/d,富水性中等。Z_9 孔位于 FD_5 断层上,断层发育于直罗组,对白垩系和直罗组混合抽水,单位涌水量为 0.198 9 L/(s·m),渗透系数为 0.109 6 m/d,富水性中等。

综上所述,断层的富水性虽然弱至中等,但由于断层带破碎,是煤层开采的主要充水通道,因此在煤层开采时要注意留设防隔水煤柱,保证生产的安全。

7.7.2 基于放水试验的断层含(导)水性分析

新上海一号井田东部和西部分别有 F_2 和 DF_{20} 逆断层,B_{36} 长观孔位于 F_2 逆断层的上盘,B_{39} 长观孔位于 DF_{20} 逆断层的上盘,F_1～F_4 放水孔位于 F_2 和 DF_{20} 断层的下盘。根据单孔和多孔放水时,B_{36} 和 B_{39} 长观孔均出现了明显的响应(图 7-10

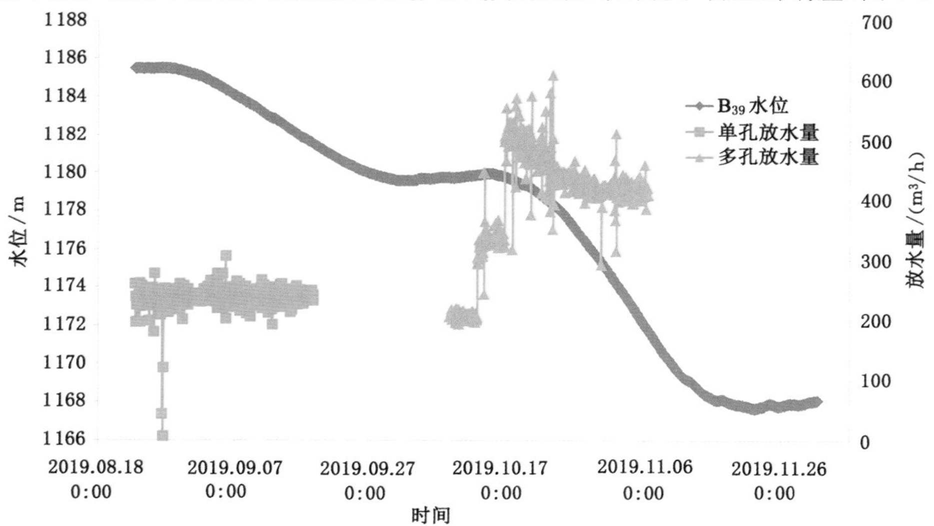

图 7-10 单孔和多孔叠加放水试验 B_{39} 观测孔水位历时变化曲线图

和图 7-11)，判断这两个断层虽为逆断层，但是由于落差较大，相应的断层破碎带较宽，断层的导水性较好。虽然各含水层之间存在稳定隔水层，但是由于断层的存在，对相对完整的地层进行不同程度的切割，造成含水层之间存在一定的水力联系。

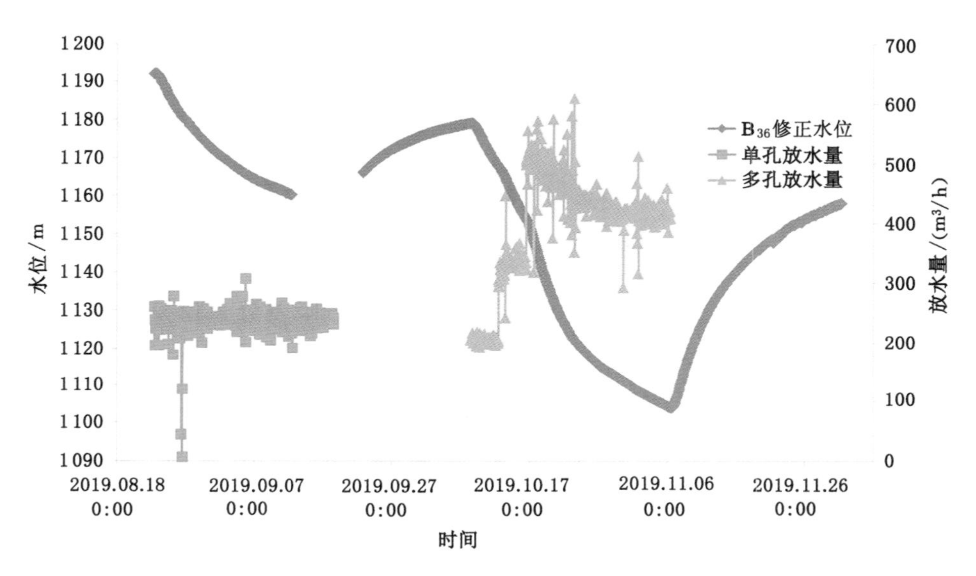

图 7-11　单孔和多孔叠加放水试验 B_{36} 观测孔修正水位历时变化曲线图

第 8 章　18 煤层一分区底板砂岩水害条件

8.1　18 煤层一分区工作面开采底板破坏深度数值模拟预测

8.1.1　数值模拟软件简介

FLAC 3D 是由美国 ITASCA 公司开发的三维有限差分数值模拟软件，全称为 Fast Lagrangian Analysis of Continua。FLAC 3D 应用有限差分方法建立了单元应力应变和节点位移等计算方程，能够在使用较小内存、保证较高精度和保持较快运算速度的条件下建立大规模的复杂数值模拟。因此，FLAC 3D 在包括采矿工程在内的大型岩土工程中获得了较为广泛的应用。FLAC 3D 采用拉格朗日算法，而拉格朗日算法是研究每个流体质点随时间而变化的情况，即着眼于某一流体质点，研究它在任意一段时间内走出的轨迹、所具有的速度及压力等。FLAC 3D 考虑变形对节点坐标的影响，因此适用于建立大变形非线性模型，这也是其能在采矿工程中得到广泛应用的一大优势。FLAC 3D 在采矿工程中更具有优势的一个特点是它以运动方程为基本差分方程，这样 FLAC 3D 能够模拟材料和结构逐渐稳定、进而发生塑性破坏、最后又逐渐稳定的动态过程，这基本接近了采矿工程中岩体受采动影响发生的破坏稳定情况。

FLAC 3D 作为数值模拟软件的一种，同样具有以下特点：

(1) 具有良好的操作界面。可以通过操作菜单进行模拟文件的输入以及模拟结果的显示、修改和输出。

(2) 内含多种本构模型。其中，弹性本构模型有 3 种：各向同性弹性模型、横向同性弹性模型和正交异性弹性模型；塑性本构模型有 7 种：德鲁克-普拉格模型、摩尔-库仑模型、多节理模型、应变硬化/软化模型、双线性应变硬化/软化多节理模型、双屈服模型和修正的剑桥模型。

FLAC 3D 作为一种广泛应用的岩土软件，更主要的是拥有以下几个独特优点：

(1) 内含 NULL 单元，这种单元可以用来模拟岩土工程包括采矿工程中的开挖作业，而且还可以通过重新赋予本构模型模拟回填作业。

（2）拥有多种支护结构的模拟单元。其中的 BEAM 单元可以用于模拟单体支柱、液压支柱、架棚和架梁等，CABLE 单元可以模拟锚杆和锚索等，PILE 单元可以模拟地桩，SHELL 单元可以模拟支架的顶梁等，LINER 单元可以模拟喷浆。FLAC 3D 所拥有的结构单元，基本可以模拟任何一种支护结构。

（3）拥有 INTERFACE 单元，此种单元可以较好地模拟采矿工程中需要处理的层理、节理和断层等弱面结构，而且 INTERFACE 单元还可以模拟顶底板的接触问题。

（4）具有良好的与用户交互的结构。用户可以通过编写自己的本构模型，应用到 FLAC 3D 建立的模型中。这样使得 FLAC 3D 功能能够得到不断的扩展，可以模拟的材料及其行为更加广泛。用户通过使用 C＋＋语言建立用户自己的本构模型之后，则可以通过 FLAC 3D 本身所带的一种语言将用户本构模型嵌入 FLAC 3D 程序中。这一语言就是 FISH 语言。

FISH 语言为用户提供了极大的灵活性，是 FLAC 3D 所有功能中的一大亮点。FISH 语言本身包含许多系统变量，可以直接让用户使用，极为方便地获取关于系统、模型、单元和网格的诸多信息；同时用户可以根据自己的需要建立自己的变量和函数，在划分网格、分配属性、建立单元、模拟作业等方面提供了最大方便。FLAC 3D 具有强大的前后处理功能，在计算过程中的任何时刻用户都可以用分辨率的彩色或灰度图或数据文件输出结果，以对结果进行实时分析，可以表示网格、结构以及有关变量的等值线图、矢量图和曲线图等，可以给出计算域的任意截面上的变量图或等值线图，计算域可以旋转以从不同的角度观测结果。使用者还可根据需要，将若干个变量合并在同一幅图形中进行研究分析。FLAC 3D 的一般求解流程如图 8-1 所示。

FLAC 3D 中材料破坏的基本准则是 Mohr-Coulomb 准则，此准则假定破坏面是直线型的，其公式为：

$$f^s=\sigma_1-\sigma_3 N_\varphi+2c\sqrt{N_\varphi} \tag{8-1}$$

$$N_\varphi=(1+\sin\varphi)/(1-\sin\varphi) \tag{8-2}$$

Hoek-Brown 强度准则表达式为：

$$\sigma_1=\sigma_3+\sqrt{m\sigma_c\sigma_3+s\sigma_c^2} \tag{8-3}$$

式中　σ_1、σ_3——岩体破坏时的最大、最小主应力；

φ——摩擦角；

c——黏聚力；

σ_c——岩块单轴抗压强度；

m、s——经验参数，m 反映岩石的坚硬程度，取值范围在 0.000 000 1～25 之间，s 反映岩体的破坏程度，取值范围在 0～1 之间。

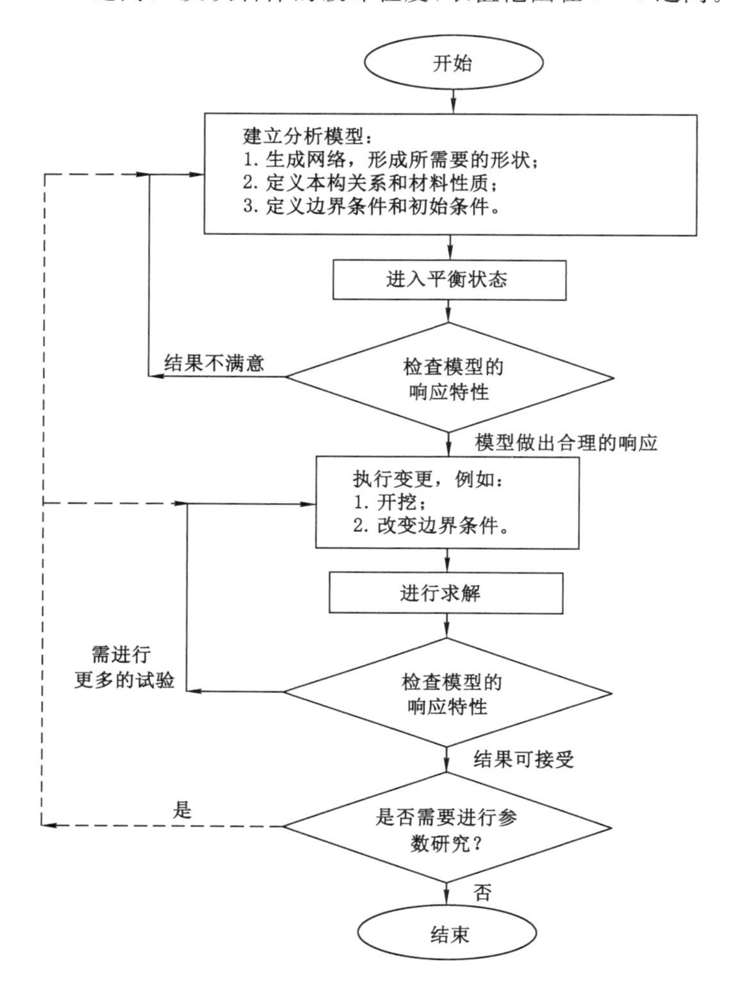

图 8-1　FLAC 3D 的一般求解流程

8.1.2　模拟试验方案的确定

以煤矿 1704 号钻孔柱状图建立数值试验模型的地层结构，根据煤矿工作面布置图，122185 工作面宽 170 m，推进长度为 818 m。

模型边界约束条件设定如下：

(1) 模型左、右边界定为单约束边界，取 $u=0, v\neq0, w\neq0$。其中，u 为 x 方向位移，v 为 y 方向位移，w 为 z 方向位移。

（2）模型前、后边界定为单约束边界，取 $u \neq 0, v=0, w \neq 0$。

（3）模型底边界定为全约束边界，取 $u=0, v=0, w=0$。

（4）模型上边界定为自由边界，不予约束。

模拟计算采用的煤和岩体的物理力学参数见表 8-1。

表 8-1　数值试验模型煤岩层物理力学参数

岩性	厚度 /m	体积模量 /(10^5 MPa)	剪切强度 /(10^5 MPa)	抗拉强度 /MPa	内聚力 /MPa	内摩擦角 /(°)	重力密度 /(10^4 N/m^3)
风积砂	6.45	0.001 3	0.004 2	0.20	0.69	30.9	1.72
细砂	32.5	0.003 2	0.002 5	0.72	3.27	42	2.5
粉砂	6.3	0.002 7	0.002 1	0.50	0.29	41	2.47
中砂	2.35	0.018 2	0.014 8	0.20	0.29	40	2.54
粉砂岩	5.9	0.05	0.05	0.20	2.10	30.45	2.53
细粒砂岩	6.3	0.05	0.05	0.30	1.80	28.28	2.57
粉砂岩	19.65	0.07	0.06	0.30	1.80	28.45	2.56
砂质泥岩	2.55	0.06	0.08	0.20	2.40	29.75	2.58
中粒砂岩	3.2	0.10	0.10	0.30	2.10	28.35	2.6
粉砂岩	12.55	0.05	0.05	0.20	2.10	30.45	2.53
砾岩	12.3	0.21	0.22	2.50	4.50	40.35	2.64
细粒砂岩	4.7	0.05	0.05	0.20	1.00	27.03	2.54
粗砾岩	12.64	0.21	0.22	2.50	4.50	40.35	2.64
细砾岩	30.11	0.07	0.08	0.40	1.70	29.7	2.56
含砾泥质砂岩	19.76	0.06	0.06	0.20	1.50	27.48	2.44
细砾岩	1.74	0.07	0.08	0.40	1.70	29.7	2.56
含砾泥质砂岩	2.96	0.06	0.06	0.20	1.50	27.48	2.44
粗砾岩	53.02	0.21	0.22	2.50	4.50	40.35	2.64
粗粒砂岩	5.2	0.21	0.22	2.50	4.50	40.35	2.64
砂质泥岩	109.72	0.06	0.08	0.20	2.40	29.75	2.58
细粒砂岩	0.86	0.05	0.05	0.30	1.80	28.28	2.57
砂质泥岩	1.25	0.06	0.08	0.20	2.40	29.75	2.58
粉砂岩	0.99	0.07	0.06	0.30	1.80	28.45	2.56
泥岩	1	0.05	0.05	0.20	1.60	27.45	2.55
泥质细砂岩	3.35	0.05	0.05	0.30	1.80	28.28	2.57
砂质泥岩	3.55	0.06	0.08	0.20	2.40	29.75	2.58
泥质细砂岩	14.21	0.05	0.05	0.30	1.80	28.28	2.57
粗粒砂岩	20.59	0.21	0.22	2.50	4.50	40.35	2.64

表 8-1(续)

岩性	厚度 /m	体积模量 /(10^5 MPa)	剪切强度 /(10^5 MPa)	抗拉强度 /MPa	内聚力 /MPa	内摩擦角 /(°)	重力密度 /(10^4 N/m^3)
泥岩	1.8	0.05	0.05	0.20	1.60	27.45	2.55
中粒砂岩	1.6	0.11	0.12	0.50	3.40	31.13	2.59
砂质泥岩	3.8	0.06	0.08	0.20	2.40	29.75	2.58
中粒砂岩	1.1	0.10	0.10	0.30	2.10	28.35	2.6
泥质砂岩	5.56	0.06	0.06	0.20	1.50	27.48	2.44
泥岩	1.14	0.05	0.05	0.20	1.60	27.45	2.55
7 煤层	0.65	0.04	0.02	0.27	2.13	38	1.35
泥岩	0.8	0.05	0.05	0.20	1.60	27.45	2.55
中粒砂岩	1.15	0.04	0.04	0.30	2.50	31.3	2.55
泥岩	0.61	0.05	0.05	0.20	1.60	27.45	2.55
粉砂岩	6.84	0.06	0.05	0.20	1.60	27.45	2.51
细粒砂岩	4.15	0.05	0.05	0.30	1.80	28.28	2.57
粗粒砂岩	6.45	0.21	0.22	2.50	4.50	40.35	2.64
砂质泥岩	4.31	0.06	0.08	0.20	2.40	29.75	2.58
中粒砂岩	1.1	0.11	0.13	1.60	4.30	36.33	2.67
泥岩	1.58	0.05	0.05	0.20	1.60	27.45	2.55
细粒砂岩	0.5	0.05	0.05	0.30	1.80	28.28	2.57
泥岩	6.6	0.05	0.05	0.20	1.60	27.45	2.55
8 煤层	1.58	0.04	0.02	0.27	2.13	38	1.35
泥岩	2.72	0.05	0.04	0.30	2.00	30.45	2.25
9 煤层	0.83	0.04	0.02	0.27	2.13	38	1.35
粉砂岩	1.05	0.05	0.05	0.20	1.90	28.85	2.51
砂质泥岩	3.98	0.05	0.04	0.30	2.00	30.45	2.25
煤	0.45	0.04	0.02	0.27	2.13	38	1.35
粗粒砂岩	1.35	0.07	0.08	0.40	1.70	29.7	2.56
10 煤层	0.45	0.04	0.02	0.27	2.13	38	1.35
粉砂岩	7.9	0.05	0.05	0.30	1.80	28.28	2.57
煤	0.4	0.04	0.02	0.27	2.13	38	1.35
粉砂岩	4.28	0.05	0.04	0.20	1.60	28.68	2.57
粗粒砂岩	4.58	0.21	0.22	2.50	4.50	40.35	2.64
泥岩	5	0.05	0.05	0.30	2.00	29.35	2.51
中粒砂岩	1.79	0.04	0.04	0.30	2.50	31.3	2.55
煤	0.5	0.04	0.02	0.27	2.13	38	1.35

表 8-1(续)

岩性	厚度 /m	体积模量 /(10^5 MPa)	剪切强度 /(10^5 MPa)	抗拉强度 /MPa	内聚力 /MPa	内摩擦角 /(°)	重力密度 /(10^4 N/m^3)
泥岩	1.65	0.05	0.05	0.30	2.00	29.35	2.51
13 煤层	0.65	0.04	0.02	0.27	2.13	38	1.35
粉砂岩	5.4	0.05	0.05	0.20	1.90	28.85	2.51
煤	0.2	0.04	0.02	0.27	2.13	38	1.35
泥岩	4.14	0.05	0.04	0.30	2.00	30.45	2.25
煤	0.3	0.04	0.02	0.27	2.13	38	1.35
中粒砂岩	4.36	0.11	0.12	0.50	3.40	31.13	2.59
细粒砂岩	5.84	0.05	0.05	0.30	1.80	28.28	2.57
14 煤层	0.3	0.04	0.02	0.27	2.13	38	1.35
粉砂岩	4.5	0.05	0.04	0.20	1.60	28.68	2.57
粗粒砂岩	3.09	0.21	0.22	2.50	4.50	40.35	2.64
泥岩	11.21	0.06	0.06	0.20	1.50	27.48	2.44
15 煤层	3.73	0.04	0.02	0.27	2.13	38	1.35
中粒砂岩	2.25	0.07	0.09	0.20	1.10	27.83	2.53
粉砂质泥岩	5	0.05	0.05	0.30	2.00	29.35	2.51
16 煤层	1.28	0.04	0.02	0.27	2.13	38	1.35
泥岩	0.83	0.05	0.05	0.30	2.00	29.35	2.51
煤	0.73	0.04	0.02	0.27	2.13	38	1.35
泥岩	10.54	0.05	0.04	0.20	1.60	27.03	2.57
煤	0.5	0.04	0.02	0.27	2.13	38	1.35
粗粒砂岩	2.65	0.07	0.08	0.40	1.70	29.7	2.56
17 煤层	0.3	0.04	0.02	0.27	2.13	38	1.35
粗粒砂岩	16.89	0.07	0.08	0.40	1.70	29.7	2.56
18 煤层	1.15	0.04	0.02	0.27	2.13	38	1.35
中粒砂岩	6.06	0.05	0.06	0.30	1.40	28.4	2.6
$18_下$ 煤层	0.4	0.04	0.02	0.27	2.13	38	1.35
粉砂岩	7.37	0.05	0.04	0.20	1.70	28	2.47
细粒砂岩	2.98	0.05	0.05	0.20	1.00	27.03	2.54
含砾粗砂岩	11.84	0.21	0.22	2.50	4.50	40.35	2.64
19 煤层	1.62	0.04	0.02	0.27	2.13	38	1.35
细粒砂岩	3.25	0.05	0.05	0.20	1.00	27.03	2.54
粗粒砂岩	1.69	0.07	0.08	0.40	1.70	29.7	2.56
煤	0.5	0.04	0.02	0.27	2.13	38	1.35

表 8-1(续)

岩性	厚度/m	体积模量/(10^5 MPa)	剪切强度/(10^5 MPa)	抗拉强度/MPa	内聚力/MPa	内摩擦角/(°)	重力密度/(10^4 N/m^3)
粉砂岩	8.85	0.05	0.04	0.20	1.70	28	2.47
煤	0.4	0.04	0.02	0.27	2.13	38	1.35
泥岩	1.05	0.05	0.04	0.20	1.60	27.03	2.57
$20_{上}$ 煤层	0.3	0.04	0.02	0.27	2.13	38	1.35
细粒砂岩	0.8	0.05	0.05	0.20	1.00	27.03	2.54
粉砂岩	1.25	0.05	0.04	0.20	1.70	28	2.47
中粒砂岩	1.94	0.05	0.06	0.30	1.40	28.4	2.6
粉砂岩	1.85	0.05	0.04	0.20	1.70	28	2.47
20 煤层	1.75	0.04	0.02	0.27	2.13	38	1.35
碳质泥岩	0.5	0.05	0.04	0.20	1.60	27.03	2.57
泥岩	4.09	0.05	0.05	0.30	2.00	29.35	2.51
21 煤层	1.85	0.04	0.02	0.27	2.13	38	1.35
泥岩	1.36	0.05	0.05	0.30	2.00	29.35	2.51
煤	0.5	0.04	0.02	0.27	2.13	38	1.35
泥岩	0.8	0.05	0.04	0.20	1.60	27.03	2.57
泥质砂岩	9.21	0.06	0.06	0.20	1.50	27.48	2.44
细粒砂岩	7.24	0.05	0.05	0.20	1.00	27.03	2.54
中粒砂岩	5.9	0.05	0.06	0.30	1.40	28.4	2.6
砂质泥岩	3.86	0.06	0.06	0.20	1.50	27.48	2.44
粗粒砂岩	8.94	0.07	0.08	0.40	1.70	29.7	2.56

数值试验模型(图 8-2)由 114 层煤岩层组成,其中 18 煤层钻孔揭露厚度 1.15 m,上覆岩土层厚约 569 m。模型沿走向长度为 1 500 m,沿倾向长度为 1 m。为了消除边界效应,模型沿走向开挖长度为 800 m,每次开挖 100 m,两侧分别留有 300 m、400 m 的煤柱。

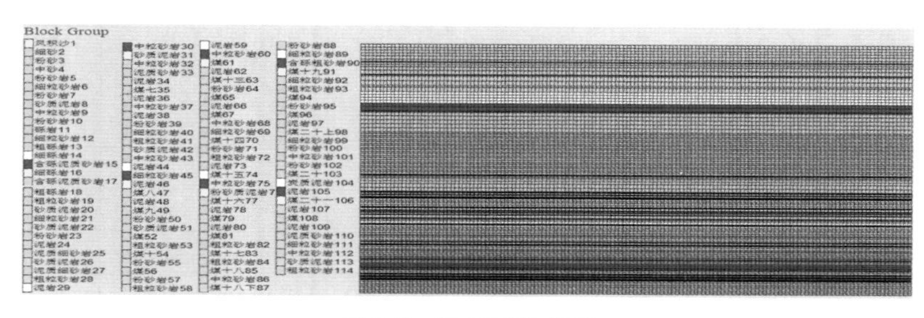

图 8-2　数值试验模型

8.1.3　模拟计算结果分析

（1）下伏岩层破裂过程分析

当工作面推进 200 m 时[图 8-3(a)]，工作面底板在采空区范围内主要表现为拉张破坏，而工作面采空区两侧煤壁的基岩层中则主要表现为剪切破坏，破坏形式整体表现为“马鞍”状，两端破坏深度大，中部破坏深度略小，此时底板最大破坏深度约 13 m。

当工作面推进 400 m 时[图 8-3(b)]，工作面底板在采空区范围内仍主要表现为拉张破坏，而工作面采空区两侧煤壁的基岩层中则主要表现为剪切破坏，与推进 200 m 时相比，采空区局部地段内出现了拉张-剪切破坏类型，且在开切眼附近的底板岩层破坏范围大于其他区域，但此处的破坏区相对较独立，无明显连通，此时底板最大破坏深度约 17 m。

当工作面推进 600 m 时[图 8-3(c)]，工作面底板破坏范围在工作面推进方向上进一步扩大，在纵向范围内则无明显增加，不同范围内的破坏类型基本没有发生变化，在采空区范围内仍主要表现为拉张破坏，而采空区两侧煤壁的基岩层中则主要表现为剪切破坏，在采空区局部地段内出现了拉张-剪切破坏类型，开切眼附近的底板岩层破坏深度进一步增加。除此之外，在工作面推进方向上也存在较深处且相对独立的破坏区，其破坏类型主要为剪切破坏，此时底板最大破坏深度约 28 m。

当工作面推进 800 m 时[图 8-3(d)]，在开切眼一侧的基岩层中破坏类型主要为剪切破坏，破坏范围则无明显变化。在工作面推进方向上存在深处相对独立的破坏区，其破坏范围相对推进 600 m 时有所扩大，其破坏类型主要为剪切破坏，此时底板最大破坏深度约 28 m。

（2）底板破坏深度变化过程

提取工作面推进过程中底板破坏深度数据，见表 8-2，其变化过程如图 8-4 所示。

表 8-2　底板破坏深度量化表

推进距离/m	底板破坏深度/m	推进距离/m	底板破坏深度/m
100	5.8	500	22.4
200	13.4	600	28.3
300	16.6	700	28.3
400	16.6	800	28.3

随着工作面的推进，底板破坏深度表现为“快速增加→平缓增加→快速增

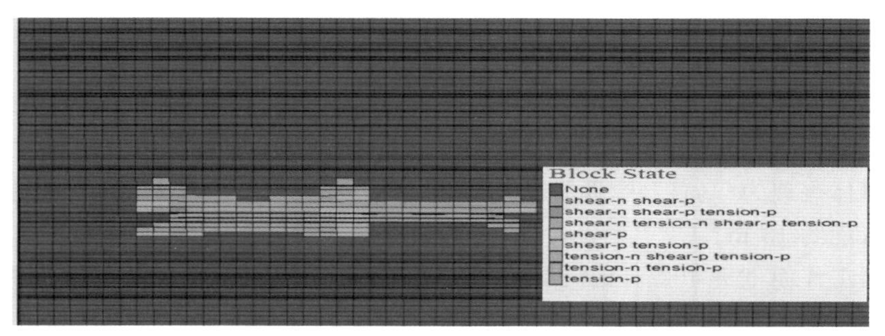

(a) 工作面推进 200 m

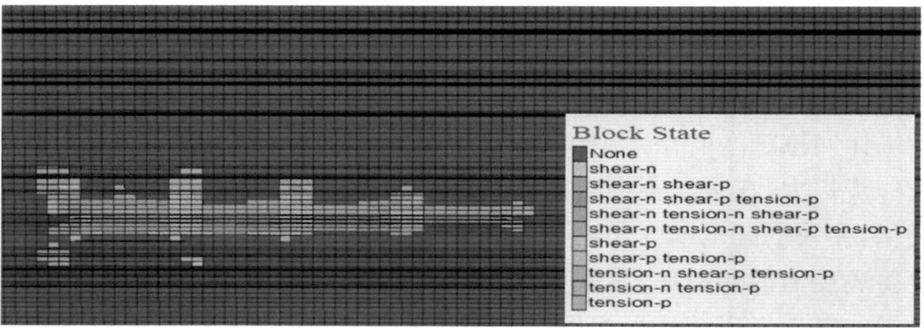

(b) 工作面推进 400 m

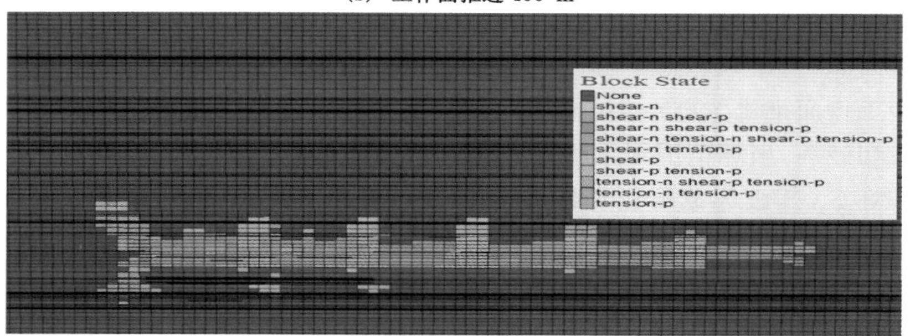

(c) 工作面推进 600 m

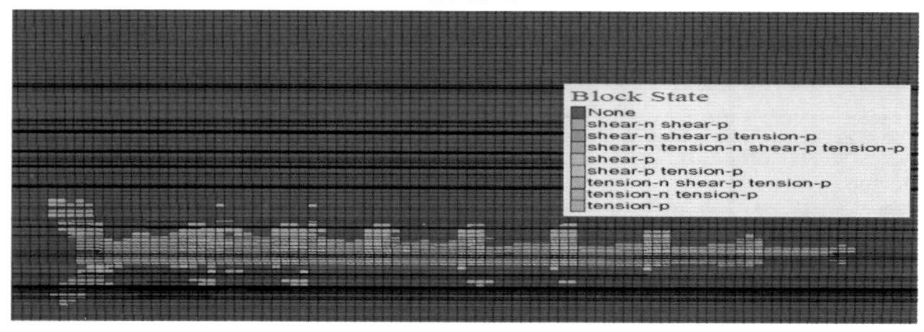

(d) 工作面推进 800 m

图 8-3 工作面底板破坏过程图

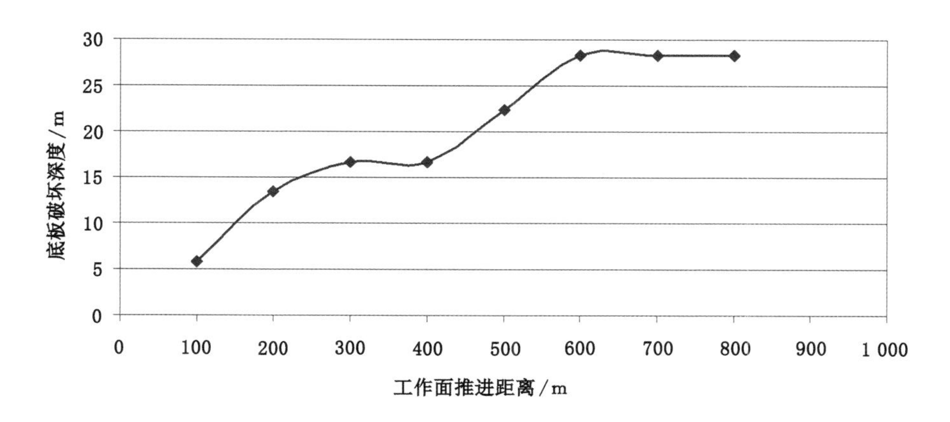

图 8-4　底板破坏深度发育过程图

加→趋于平缓"的变化特点。当工作面推进距离为 100～300 m 时，底板破坏深度快速增加至 16.6 m；当工作面推进距离为 300～400 m 时，底板破坏深度稳定在 16.6 m；当工作面推进距离为 400～600 m 时，底板破坏深度快速增加，由 16.6 m增加到 28.3 m；当工作面推进距离为 600～800 m 时，底板破坏深度稳定在 28.3 m，不再随工作面的推进而发生明显变化。

8.1.4　18 煤层一分区工作面底板破坏深度分析

通过数值模拟结果的分析，关于 18 煤层一分区工作面底板破坏深度得到以下主要结论：

(1) 在工作面推进过程中，底板破坏伴随工作面的推进逐步发展，破坏范围表现为"马鞍"状，即采空区两端的破坏深度大、中部深度小，且开切眼的破坏情况强于其他区域。

(2) 在工作面推进过程中，底板破坏类型在采空区中部一般主要为拉张破坏，而在采空区两端则主要为剪切破坏。

(3) 在工作面推进过程中，底板破坏深度表现为"快速增加→平缓增加→快速增加→趋于平缓"的变化特点。当工作面推进距离为 100～300 m、400～600 m 时，底板破坏深度快速增加；当推进距离大于 600 m 时，底板破坏深度基本稳定在 28.3 m，不再随工作面的推进而发生明显变化。

8.2　18 煤层一分区工作面底板有效隔水层厚度

18 煤层一分区工作面底板隔水层厚度为 27.36～72.21 m，平均值为 54.88 m，工作面底板最大破坏深度为 28.3 m,故工作面底板有效隔水层厚度为 0～43.91 m,平均值为 26.58 m(图 8-5)。

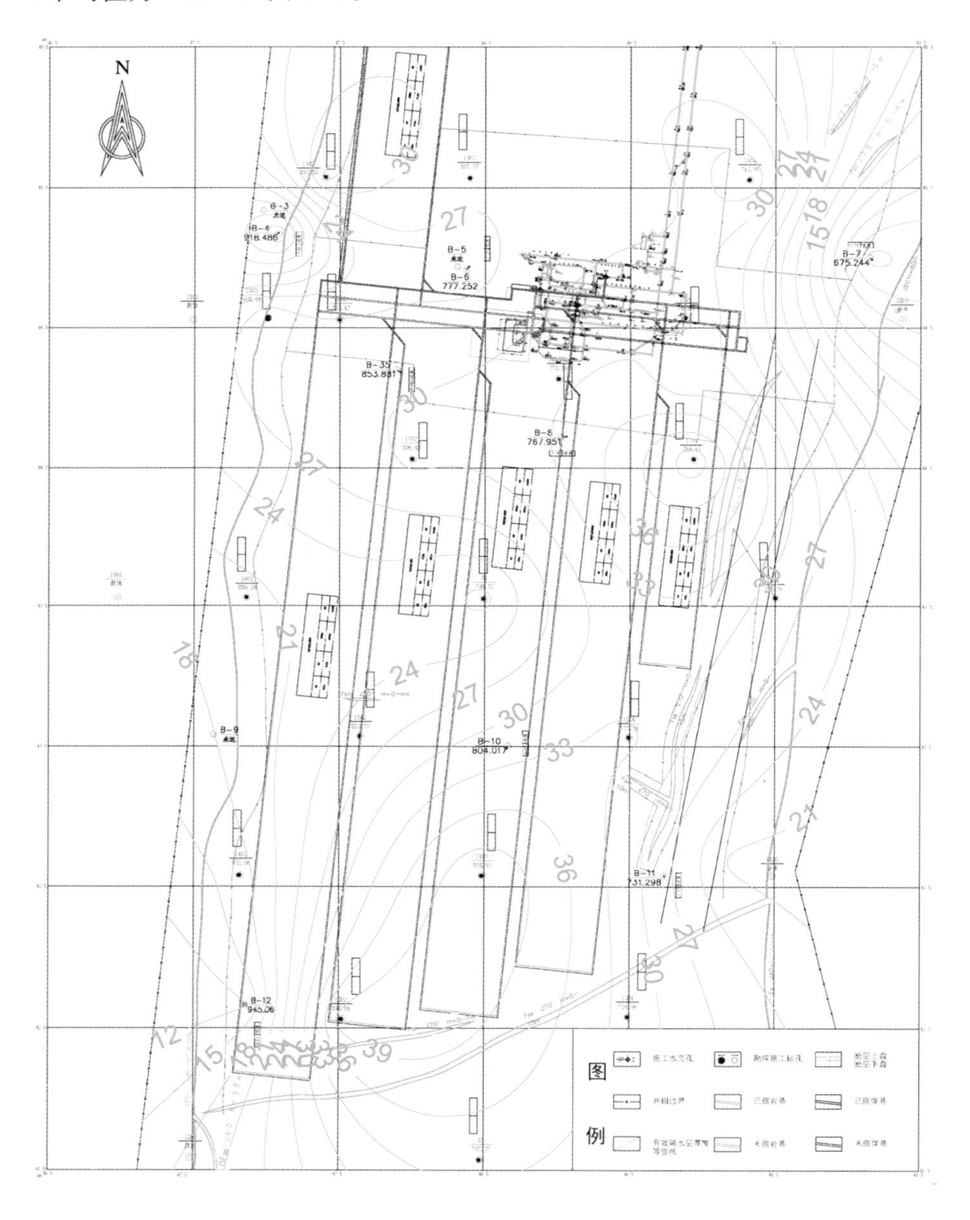

图 8-5　18 煤层一分区底板有效隔水层厚度等值线图

8.3　18 煤层一分区工作面突水危险性分析

8.3.1　18 煤层工作面底板隔水层带压程度

18 煤层一分区整体由西向东倾斜，地势西高东低，结合宝塔山砂岩含水层地下水水位分析，一分区工作面底板隔水层带压程度呈西低东高，隔水层带压 2.81～5.39 MPa，平均带压 4.29 MPa，整体带压程度较高(图 8-6)。

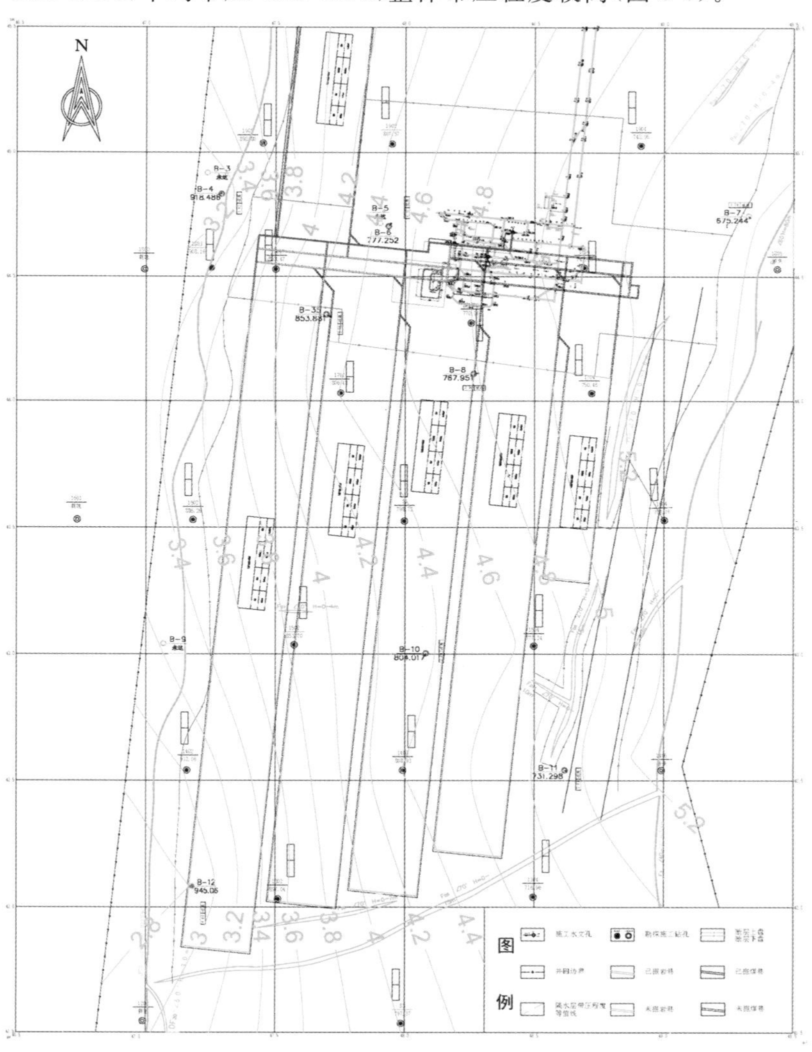

图 8-6　18 煤层一分区底板隔水层带压程度等值线图

8.3.2 18 煤层工作面突水系数

图 8-7 所示为 18 煤层一分区工作面突水系数等值线图。由图中可以看出，除了 121181 工作面切眼附近小范围区域突水系数小于 0.1 MPa/m，其余所有区域突水系数均大于 0.1 MPa/m，说明 18 煤层一分区所有工作面均存在底板突水的危险。

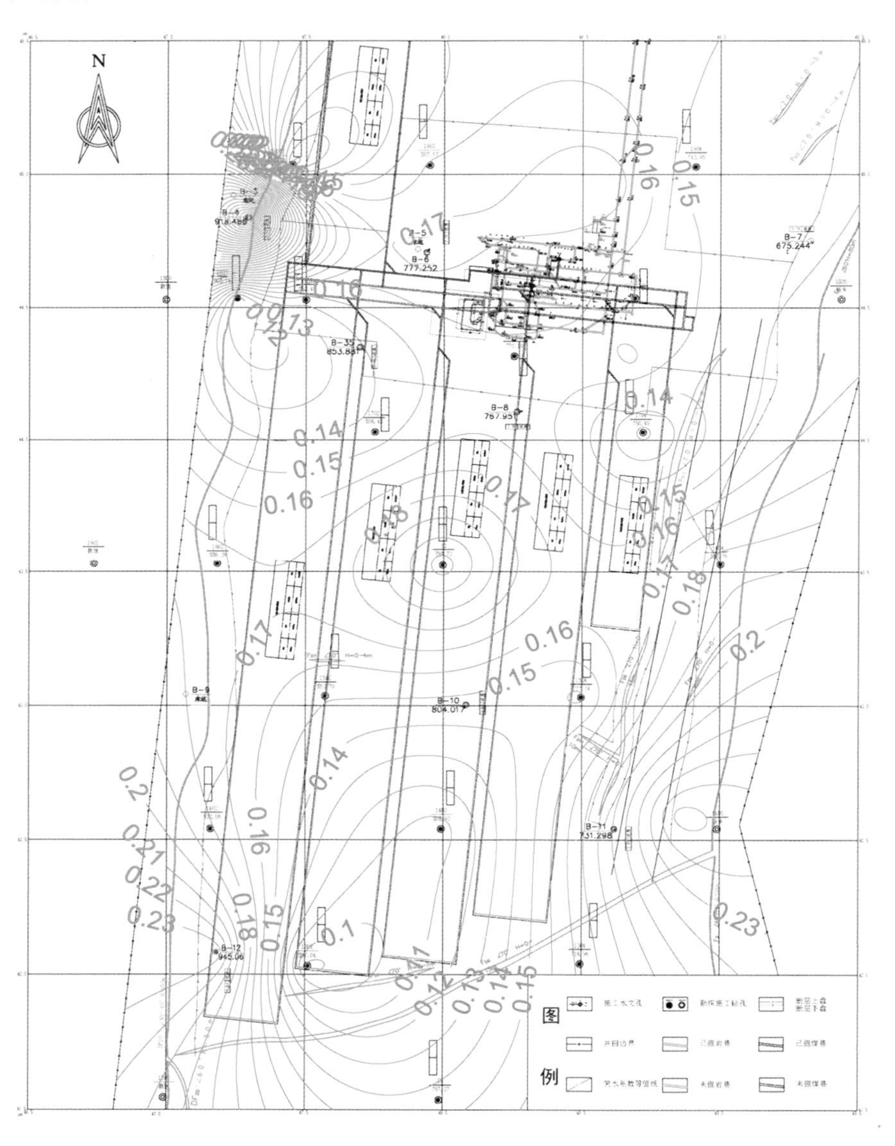

图 8-7 18 煤层一分区工作面突水系数等值线图

8.4　18 煤层一分区底板砂岩含水层安全水位

根据上一节内容，18 煤层一分区底板宝塔山砂岩含水层具有可疏降性，按照 18 煤层一分区底板至宝塔山砂岩含水层之间隔水层的厚度及突水系数计算要求，计算出 18 煤层一分区底板宝塔山砂岩含水层安全水位，如图 8-8 所示。

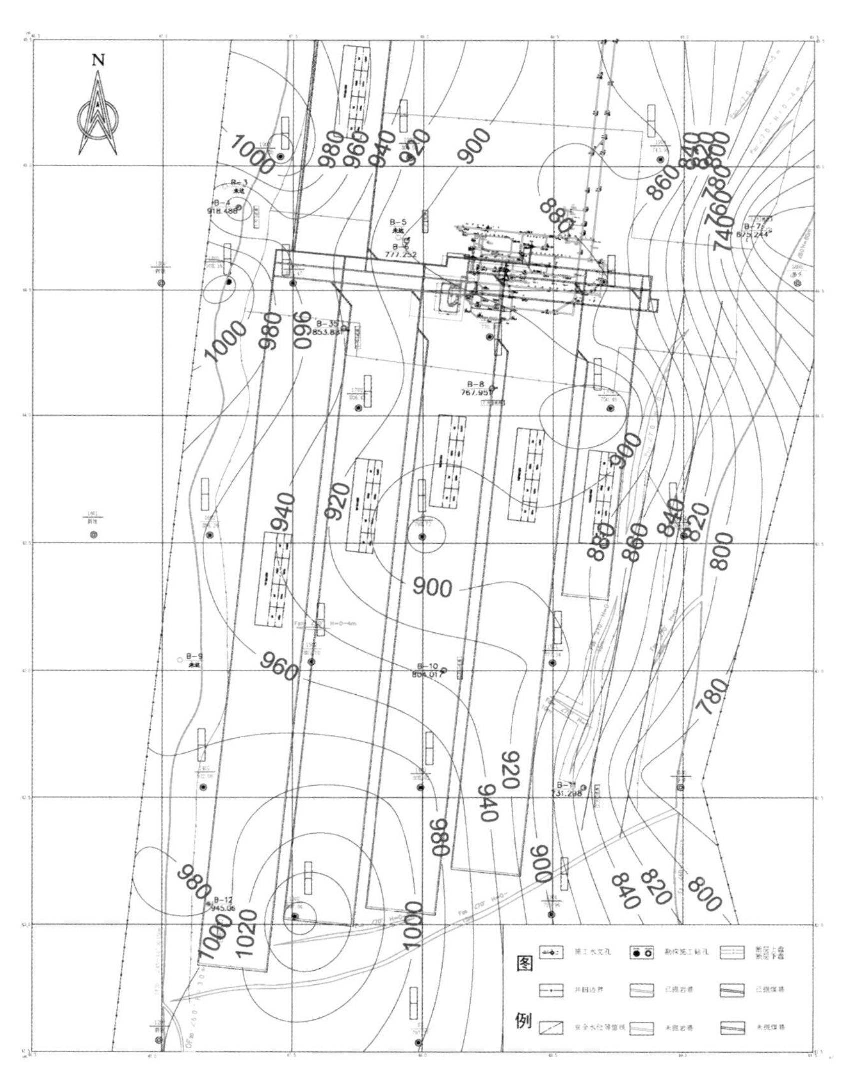

图 8-8　18 煤层一分区宝塔山砂岩含水层安全水位等值线图

第9章　18煤层一分区底板砂岩含水层疏放水设计

9.1　18煤层一分区底板砂岩含水层疏放水设计原则和依据

9.1.1　设计原则

（1）疏放水工程应该与井下巷道工程围岩环境、构造条件、采掘现状相适应。

（2）疏放水工程以尽可能降低18煤层一分区底板宝塔山砂岩含水层水位为目的。

（3）实际实施过程中应根据前期疏放水钻孔水量与疏水降压效果动态调整钻场与钻孔参数。

（4）钻探工程量方面满足上述原则的基础上兼顾经济有效的原则。

9.1.2　设计依据

根据前期针对18煤层一分区底板宝塔山砂岩含水层开展的水文地质补充勘探与井下放水试验成果，在井下选取合适的区域开展疏放水工程。

（1）每个钻场的钻孔个数：初步设计每个钻场两个底板宝塔山砂岩含水层疏放水钻孔，后期可根据疏放水效果适当增加。

（2）钻孔倾角：由于宝塔山砂岩含水层位于18煤层下部，所以疏放水钻孔倾角为－90°。

（3）钻孔垂距：为了使18煤层底板宝塔山砂岩含水层静储量得到有效疏放，降低含水层水位，疏放水的目的层位为宝塔山砂岩含水层。根据井下放水试验钻孔施工的实际情况，钻孔的终孔位置位于进入宝塔山砂岩含水层底板以下5 m。

（4）止水套管：为了保证钻孔的安全施工及后期疏放水过程中的安全，钻孔采用三级套管。

9.2 18煤层一分区底板砂岩含水层疏放水钻场

根据地质勘探及水文地质补充勘探资料，结合井下实际情况，初步设计了4个宝塔山砂岩含水层疏放水钻场，1# 钻场位于111082机巷2# 联络巷放水试验处；2# 钻场位于114胶带上山与114轨道上山联络巷；3# 钻场位于分区轨道暗斜井迎头位置；4# 钻场位于114辅助胶带下山与三分区胶带大巷交汇处。除了1# 钻场及其疏放水钻孔已经施工完毕，2#、3#、4# 钻场及其钻孔均未施工。

9.3 18煤层一分区底板砂岩含水层疏放水钻孔

9.3.1 疏放水钻孔参数

(1) 钻孔位置

18煤层一分区底板砂岩含水层疏放水钻场各设计两个疏放水钻孔，各疏放水钻孔坐标见表9-1。

表9-1 18煤层一分区宝塔山砂岩含水层疏放水钻孔位置

钻场	钻孔	x 坐标	y 坐标	高程
2#	2-1	4 244 645	18 647 486	+913 m
	2-2	4 244 609	18 647 476	+918 m
3#	3-1	4 244 448	18 648 179	+771 m
	3-2	4 244 445	18 648 201	+776 m
4#	4-1	4 244 399	18 649 080	+750 m
	4-2	4 244 379	18 649 076	+750 m

(2) 钻孔参数

18煤层一分区底板宝塔山砂岩含水层疏放水钻孔垂距参考周边地质钻孔资料确定，各钻孔终孔层位为宝塔山砂岩含水层底板5 m处，宝塔山砂岩含水层疏放水钻孔揭露地层预想位置见表9-2。

表9-2 18煤层一分区宝塔山砂岩含水层疏放水钻孔揭露地层预想位置

钻场(钻孔)	2# (2-1、2-2)	3# (3-1、3-2)	4# (4-1、4-2)
15煤层底板标高/m	913.32	/	792.60
18煤层底板标高/m	856.47	763.29	745.80

表 9-2(续)

钻场(钻孔)	2#(2-1、2-2)	3#(3-1、3-2)	4#(4-1、4-2)
21 煤层底板标高/m	808.17	717.79	690.30
宝塔山砂岩含水层顶板标高/m	798.07	715.39	665.87
宝塔山砂岩含水层底板标高/m	728.07	659.39	611.87
宝塔山砂岩含水层厚度/m	70	56	54
参考钻孔	1801、B_4	1802、直排孔	1804、B_7
一级套管/m	21	10	21
二级套管/m	76.85	20	66.8
三级套管/m	90.15	30.5	87.3
裸孔长度/m	100.1	78.4	98.43
孔深/m	190.25	108.9	185.73

(3) 钻孔仰角

本次放水试验目的层位位于 18 煤层底板宝塔山砂岩含水层,疏放水钻孔的倾角均为−90°。

9.3.2 疏放水钻孔结构

18 煤层一分区井下疏放水钻孔开孔位置应尽量选择在顶板岩体相对完整区段开孔,尽量钻孔垂直穿透宝塔山砂岩含水层。

2#、4#钻场疏放水钻孔开孔 ϕ219 mm,下 ϕ194 mm 壁厚 6 mm 的止水套管 21 m;二开 ϕ168 mm 钻进至 18 煤层底板以下 20 m,下 ϕ159 mm 壁厚 6 mm 的止水套管;三开 ϕ133 mm 钻进至 21 煤层底板以上 15 m,下 ϕ108 mm 壁厚 6 mm的止水套管。此后以 ϕ91 mm 裸孔钻进(塌孔严重时需下设滤管),终孔于宝塔山砂岩含水层底板以下 5 m。

3#钻场疏放水钻孔开孔 ϕ219 mm,下 ϕ194 mm 壁厚 6 mm 的止水套管 10 m;二开 ϕ168 mm 钻进至 20 m,下 ϕ159 mm 壁厚 6 mm 的止水套管 20 m;三开 ϕ133 mm 钻进 30.5 m,下 ϕ108 mm 壁厚 6 mm 的止水套管 30.5 m。此后以 ϕ91 mm 裸孔钻进(塌孔严重时需下设滤管),终孔于宝塔山砂岩含水层底板以下 5 m。

2#、3#、4#钻场各疏放水钻孔结构以及钻孔预想剖面图如图 9-1 所示,钻孔止水套管长度均大于 20 m,符合表 9-3 中对止水套管长度的规定。

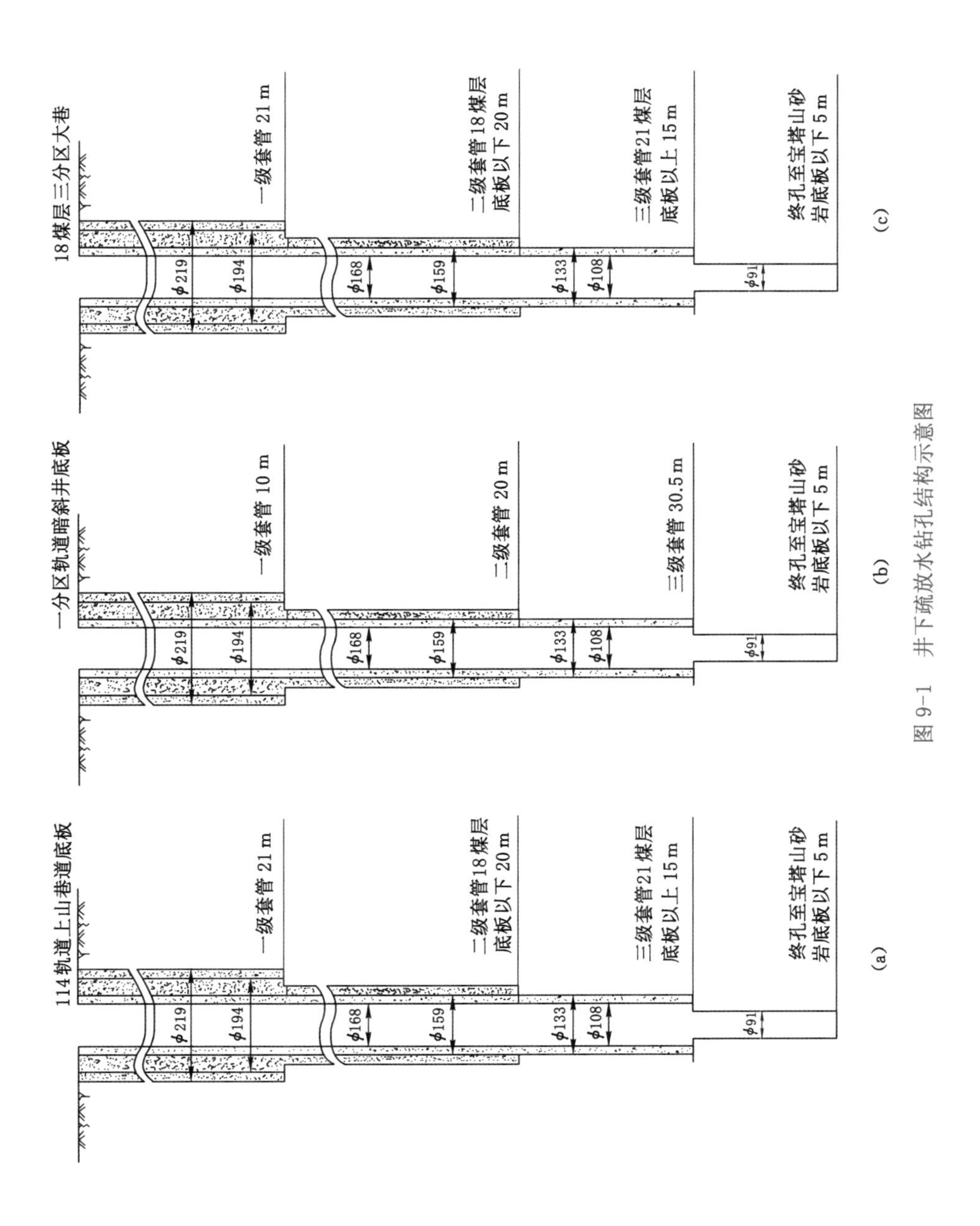

图 9-1　井下疏放水钻孔结构示意图

表 9-3　岩层中探水钻孔止水套管长度(一级止水)

水压/MPa	<1.0	1.0～2.0	2.0～3.0	>3.0
止水套管长度/m	>5	>10	>15	>20

9.3.3　疏放水钻孔技术要求

(1) 止水套管的安装与固定

止水套管除起到导向作用外,还是防止煤岩壁渗水及含水层涌水带压溃破的最后屏障,因此必须牢固可靠。对本区而言,疏放水试验孔止水套管的作用还包括以下四个方面:

① 管理孔内流水,实现可控疏放。

② 支护直接底板软岩,防止直接底板泥岩、粉砂岩段塌孔、堵孔、缩径,保证钻孔长期留存和连续疏水。

③ 防止直接底板层因渗水软化造成安全事故。

④ 保障施工、观测安全,通过孔口装置约束孔内流水、流渣,防止伤及施工、观测人员。

因此,施工过程中应选择底板岩层坚硬完整地段开孔,尽量避免在煤层之中开孔,套管外缠绕 6# 铅丝并对局部进行点焊。止水套管长度以隔离巷道围岩扰动段为目标,其长度根据各钻孔预计水压确定,对局部顶板破碎区段还应增加止水套管长度以达到上述目标。止水套管以丝扣连接,外露部分长度不得大于 0.5 m。钻至预定深度后,将孔内冲洗干净。注浆使止水套管与孔壁间充满水泥浆。

浆液成分:水灰比 0.75∶1,掺入 5%水玻璃,常温条件下凝固 24 h。待孔口管周围水泥浆凝固后扫孔,扫孔深度应超过孔口管长度 0.5 m,进行耐压试验。止水套管结构及固管方法如图 9-2、图 9-3 所示。

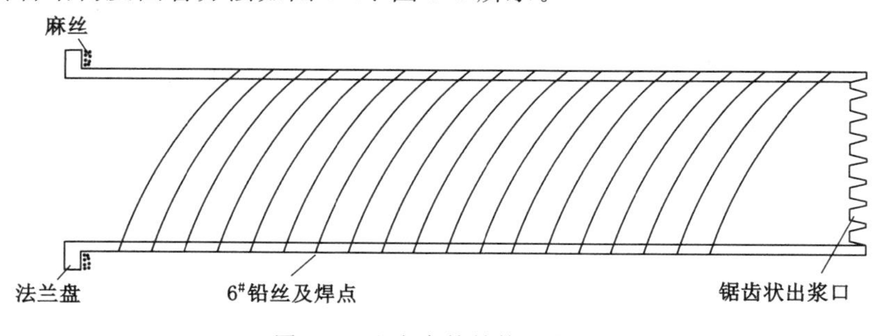

图 9-2　止水套管结构示意图

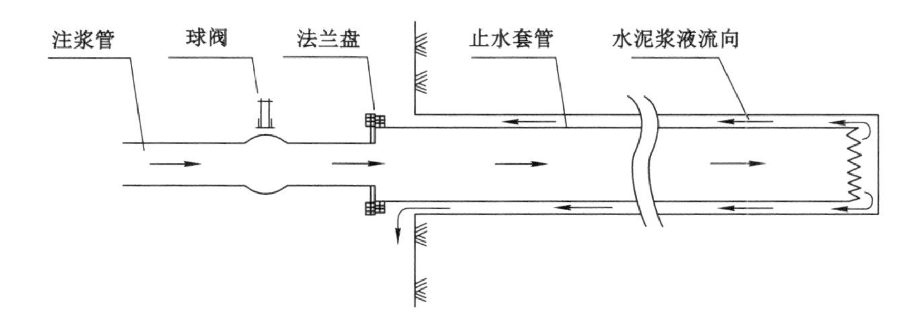

图 9-3　止水套管固结注浆接头结构示意图

(2) 耐压试验

扫孔后对止水套管必须进行耐压试验。试验压力不小于设计水头压力的 1.5 倍(设计水头压力根据现场实际情况确定),并且稳定时间必须至少保持半小时,孔口周围不漏水,止水套管牢固不活动,方可钻进。

(3) 孔口装置

① 防喷装置

根据《煤矿防治水细则》,钻孔内水压大于 1.5 MPa 时,采用反压和有防喷装置的方法钻进,并制定防止孔口管和煤(岩)壁突然鼓出的措施。

结合现场实际孔内水压力,必要时钻孔应使用孔口安全装置,孔口安全装置设计为盘根密封防喷器,其安装使用如图 9-4 所示。

② 观测设备

由于疏放水钻孔需要收集放水时的水量、水压等资料,因此孔口除了安装质量合格、耐压大于 6 MPa 的控水阀门(ϕ219 mm 球阀)外,还需安装压力表和流量计等孔口装置(图 9-5)。孔口装置要同钻孔套管的法兰盘连接在一起,并且易于拆开,在测量过程中要求密封不漏水。为了不影响钻探施工进度,建议将孔口阀门安排在钻进至宝塔山砂岩含水层前 5 m 时安装。钻至含水层初次出水后,应进行水量与水压观测。在钻进过程中,一旦发现钻孔中水压、水量突然增大或溃砂时,停止钻进,固定钻杆,向矿调度室汇报,采取措施进行处理。

(4) 钻场

宝塔山砂岩含水层疏放水钻孔可以使用立式回转钻机施工,如果使用其他规格的钻机,钻窝、硐室的设计可相应调整。

以 ZDY4000S 型矿用坑道钻机为例。钻机尺寸:主机卧式,长×宽×高=2.4 m×1.3 m×1.6 m,泵站:长×宽×高=1.7 m×0.8 m×1.1 m,操作台:长×宽×高=0.8 m×0.5 m×0.8 m;钻场尺寸:硐室可选用已有巷道或新掘;支护形

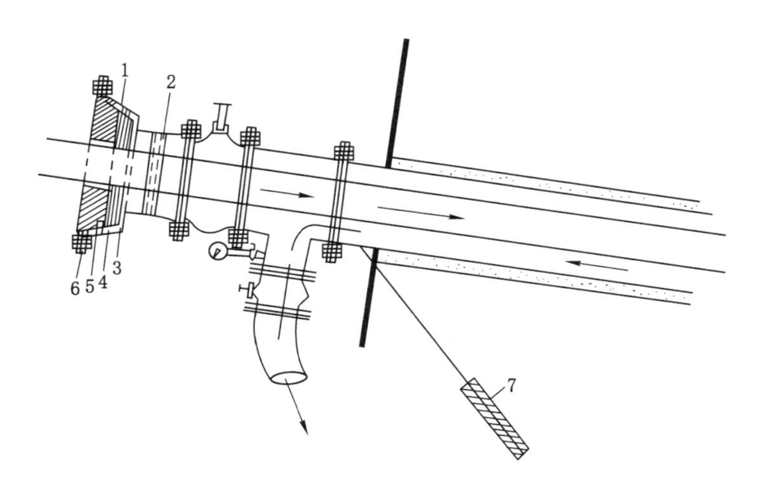

1—盘根密封防喷器；2—快速接入(与水门外短管连接)；3—盘根槽；
4—盘根(压紧后钻杆可转动，水不外喷)；5—加压盖；6—加压螺钉；7—锚杆。

图 9-4　孔口安全装置示意图

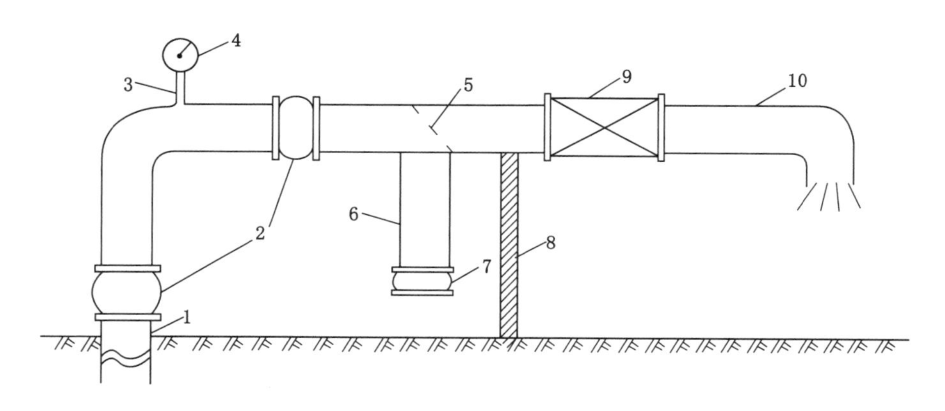

1—钻孔；2—阀门；3—测压管；4—压力表；5—蝶形阀；6—挡矸箱；7—放矸筒；
8—支撑架；9—流量表；10—排水管。

图 9-5　放水孔流量测定装置示意图

式可根据围岩稳定状况采用锚杆、喷浆锚杆、金属棚、锚索等，两级沉淀池放置在硐室内外均可。

顶窝必须新掘，要求顶高 6.0 m。钻机外侧顶窝壁坡不大于 45°，以便单根钻杆和单根套管(1.5 m)安装拆卸，钻场施工可参考图 9-6。

顶窝锚喷、锚杆可选用 $\phi16\times2\ 000$ 规格，加锚索，要求灌浆。吊挂滑轮选用

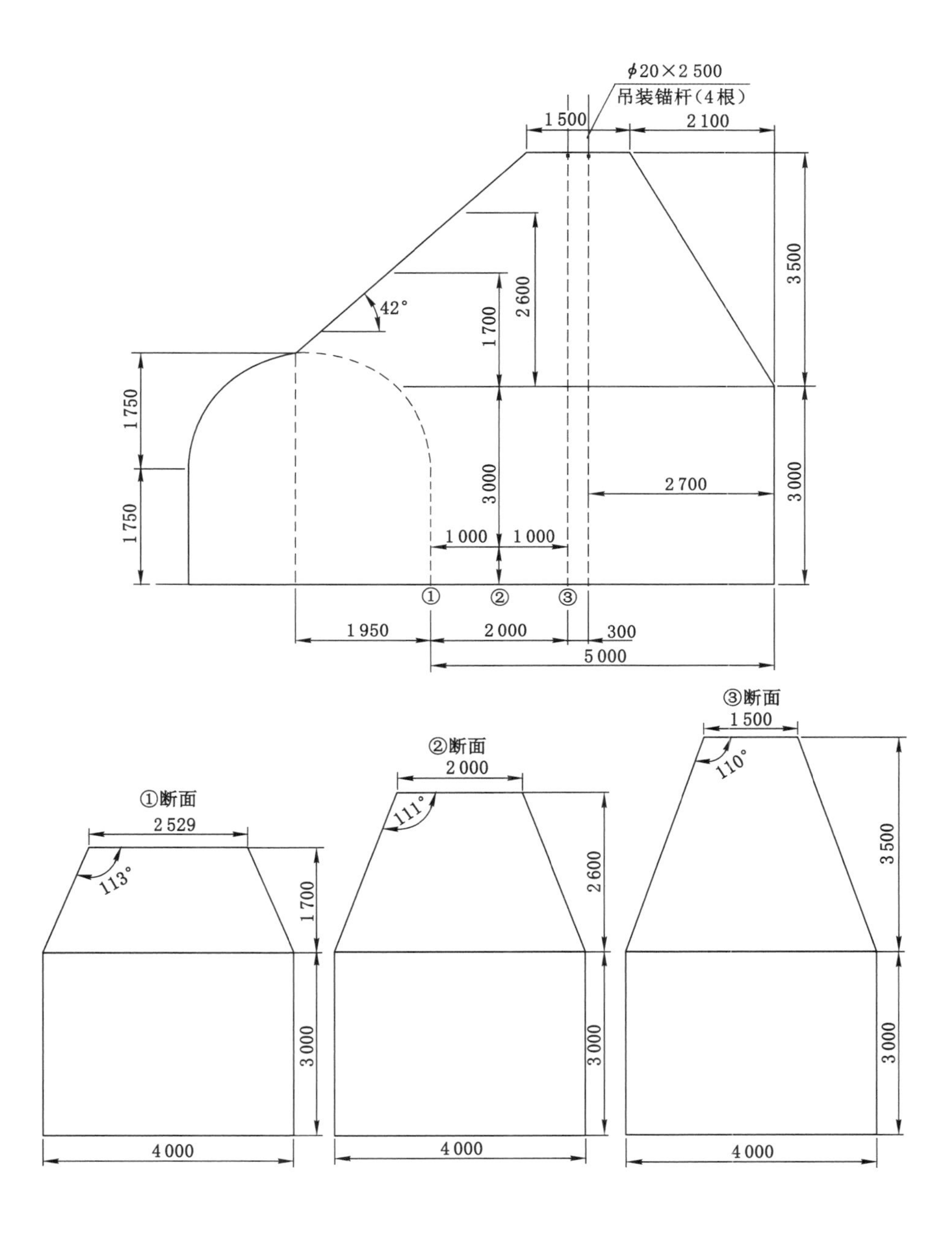

图 9-6　疏放水钻场剖面图

窝顶两根锚杆，单根锚固力试验必须达到 5 t，以满足滑轮起吊钻具和套管负重，富余拉力以备钻孔处理事故。

同时，由钻孔施工技术人员配合掘进区队打好固定钻机锚杆，并配掘一个临时水窝，长×宽×高＝1.5 m×1 m×1 m，配备相应的水泵和管路。

（5）冲洗液

本次施工钻孔为垂直孔，为了便于孔内岩屑排出，以防夹钻、抱钻，需要配备一定浓度的泥浆，泥浆配比为 1 000 kg 水加入 20%膨润土和 5%烧碱，施工单位也可根据实际情况调配合适浓度的冲洗液。在施工过程中，如果清水钻进具有可行性，建议尽可能利用清水或稀泥浆。

（6）钻探技术要求

① 钻孔仰角应严格测量，角度误差控制在 5%以内，并且对所有钻孔进行轨迹测量。

② 钻进时应准确判别煤、岩层厚度并记录换层深度。一般每钻进 10 m 或更换钻具时，测量一次钻杆并核实孔深。终孔前再复核一次，并进行孔斜测量。

③ 钻进时，发现顶板煤岩松软、片帮、来压或孔中的水压、水量突然增大以及有顶钻等现象时，必须立即停钻，记录其孔深并同时将钻杆固定。要立即向矿调度室汇报，及时采取措施并进行处理。

④ 钻进中发现有害气体喷出时，应立即停止钻进、切断电源，将人员撤到有新鲜风流的地点，立即报告矿调度室并采取措施。

⑤ 钻孔内水压过大时，应采用反压和防喷装置的方法钻进，应有防止止水套管和煤（岩）壁突然鼓出的措施。

9.3.4 疏放水顺序

由于 18 煤层一分区底板宝塔山砂岩含水层疏放水钻场位置与高程均不同，故疏放水的顺序需要根据各钻场的位置与带压程度不同而确定。表 9-4 中列出了各钻场高程、宝塔山砂岩含水层水位及带压程度。

表 9-4 各钻场高程、宝塔山砂岩含水层水位及带压程度一览表

钻场	1#	2#	3#	4#
高程/m	+880	+913～+918	+771～+776	+750
宝塔山砂岩水位/m	+1 196	+1 190	+1 193	+1 190
带压程度/MPa	3.16	2.72～2.77	4.17～4.22	4.40

1# 钻场带压 3.16 MPa，由于前期已经开展了放水试验，具备了疏放水的条

件，因此可以作为第一顺序疏放水钻场；2# 钻场标高较高，在施工完毕疏放水钻孔后即可配合 1# 钻场进行疏放水，作为第二顺序疏放水钻场；3# 钻场位于轨道暗斜井掘进迎头，其标高较低，距离底板宝塔山砂岩含水层较近，建议在 1# 和 2# 钻场将地下水位疏降至一定程度（3# 钻场带压约 1 MPa 左右）后开展疏放水，作为第三顺序疏放水钻场；4# 钻场位于 15 煤层三分区大巷内，是目前巷道未掘进到位的钻场，当巷道掘进到位且具备疏放水条件时，作为第四顺序疏放水钻场。

9.4　各钻场排水系统

为了保障钻场疏放水工作能够顺利开展，每个钻场需要配置不小于 600 m^3/h 的排水系统。

第10章　基于数值模拟的底板砂岩含水层疏放水方案

10.1　数值模型的原理

利用数值模型对地下水运动问题进行模拟的方法，以其众多优点逐渐成为地下水研究领域中一种不可或缺的重要方法，并越来越受到重视和广泛的应用。由于采用了与空间有关的分布式参数数学模型，它不仅能较真实地描述含水层模型的各种特征，并且能够解决各种复杂水文地质条件下煤矿含水层疏放水问题。

本次模拟计算采用加拿大 Waterloo 水文地质公司在 MODFLOW 模型的基础上开发研制的基于集成环境、以软件无缝整合为主要特点的三维地下水流和溶质运移模拟的标准可视化专业软件系统 Visual MODFLOW，利用放水试验过程资料，模拟新上海一号煤矿宝塔山砂岩含水层放水试验地下水流场变化特征，反演各水文地质参数，对各疏放水方案的效果进行分析。大量实践表明：只要建立符合客观实际的水文地质条件的物理和数学模型，且进行合理的运用，是解决地下水流在裂隙介质中流动问题最有效的途径之一。因此，应用该软件求解煤矿地下水水文地质参数，模拟井下放水过程中水位及水量变化关系，预测和分析各疏放水方案下含水层水位响应情况，从而为煤矿安全生产提供技术保障。

10.1.1　模型的地下水流动原理

MODFLOW 是一个三维有限差分地下水流动模型，它是基于由达西定律和连续型方程推导的偏微分方程：

$$\frac{\partial}{\partial x}\left(K_{xx}\frac{\partial h}{\partial x}\right)+\frac{\partial}{\partial y}\left(K_{yy}\frac{\partial h}{\partial y}\right)+\frac{\partial}{\partial z}\left(K_{zz}\frac{\partial h}{\partial z}\right)-W=S_s\frac{\partial h}{\partial t} \tag{10-1}$$

式中　K_{xx}、K_{yy}、K_{zz}——渗透系数在 x、y、z 方向上的分量；

h——含水层水头；

W——单位体积流量；

S_s——空隙介质的储水率；

t——时间。

此公式加上相应的初始条件和边界条件，就构成了一个 MODFLOW 所描述的地下水三维数值模拟的数学模型。

10.1.2　模型的求解

对一个计算单元(i,j,k)而言，其 x、y、z 方向上相邻的 6 个计算单元可以分别用图 10-1 所示的标号来表示。根据达西定律，相邻两计算单元的流量可用下式计算：

$$q_{i,j-\frac{1}{2},k}=KR_{i,j-\frac{1}{2},k}\Delta c_i\Delta v_k\frac{(h_{i,j-1,k}-h_{i,j,k})}{\Delta r_{j-\frac{1}{2}}} \tag{10-2}$$

式中　$h_{i,j,k}$——水头在计算单元(i,j,k)的值，m；

$h_{i,j-1,k}$——水头在计算单元$(i,j-1,k)$的值，m；

$q_{i,j-\frac{1}{2},k}$——通过计算单元(i,j,k)和单元$(i,j-1,k)$之间界面的流量，m^3/d；

$KR_{i,j-\frac{1}{2},k}$——计算单元(i,j,k)和单元$(i,j-1,k)$之间的渗透系数，m/d；

$\Delta c_i\Delta v_k$——横断面的面积，m^2；

$\Delta r_{j-\frac{1}{2}}$——计算单元(i,j,k)和单元$(i,j-1,k)$之间的距离，m。

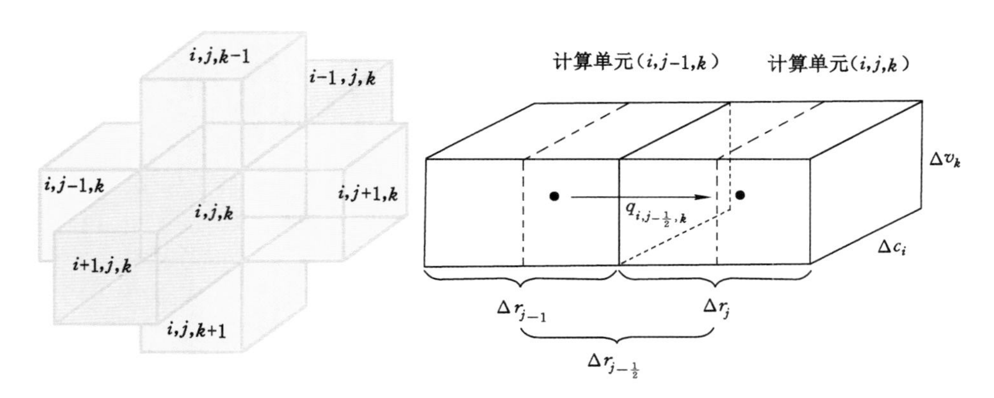

图 10-1　计算单元之间的流量

MODFLOW 对上述有限差分方程的求解是采用迭代的方法来进行的，即通过一系列的迭代运算使每次迭代得到的近似解逐渐趋于真实解。当解的变化量（有时为残差的变化量）小于一个事先设定的收敛指标时，则认为迭代已经收敛，得到的结果就为原方程的解。

10.1.3　Visual MODFLOW 软件介绍

Visual MODFLOW 系统在集成 MODFLOW、WINPEST、MT3D99、MODP-

ATH、RT3D 等软件的基础上，建立了系统合理的 Windows 菜单界面与可视化功能。其最大特点是功能强大的同时易学易用，合理的菜单结构、友好的可视化交互界面和强大的模型输入输出支持使之成为许多地下水模拟专业人员的首选对象。

Visual MODFLOW 界面设计包括前处理、运行和后处理三个模块。三大模块彼此联系而又相对独立，从而实现从建模、剖分网格、输入或修改各类水文地质参数和边界条件、运行模型、模型参数校正，一直到显示输出计算结果整个过程的计算机化和可视化(图 10-2)。

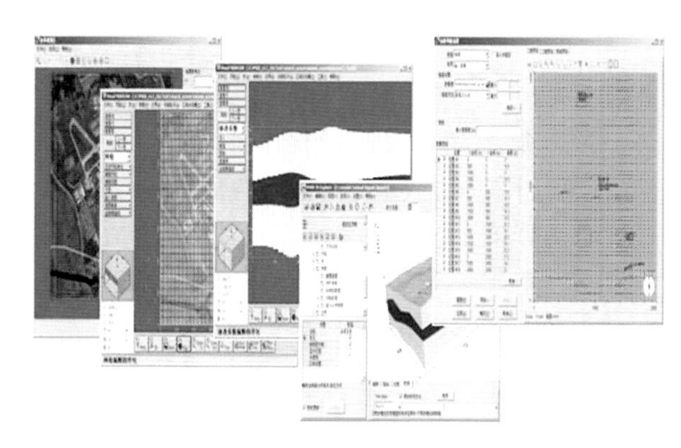

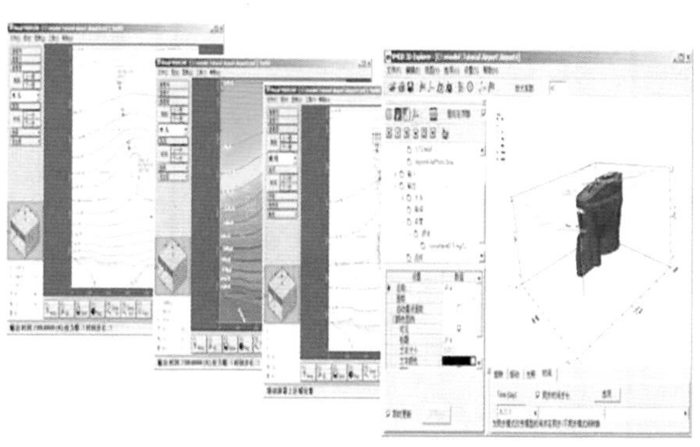

图 10-2　Visual MODFLOW 软件界面

10.2　水文地质概念模型

水文地质概念模型是地下水系统(地质实体)的综合反映，是建立一定条件下地下水数学模型的依据，因此必须在大量细致的勘探工作基础上，对水文地质条件进行深入的分析与研究，确保对条件的正确认识。本次新上海一号煤矿宝塔山砂岩含水层水文地质概念模型主要是在分析井田水文地质条件基础上，概化了模拟试验区地下水流系统特征，其内容包括：模拟区范围、含水层结构、边界条件及源汇项、地下水流场和水文地质参数等，为建立地下水数值模型奠定了基础。

10.2.1　模拟区范围

模拟区范围北以 32 勘探线为界，南以榆树井井田分界线为界，西以 DF_{20} 逆断层为界，东以 F_2 逆断层为界，整个模拟区呈南北向条带状展布，南北长约 12.5 km，东西宽 2.0～3.5 km，井田面积 26.604 3 km^2(图 10-3)。

10.2.2　水文地质结构模型

水文地质结构模型是指含水介质空间分布特征的定量描述，是建立地下水数值模型的基础。

本次数值模拟的目的层主要为侏罗系延安组底部的宝塔山砂岩含水层、延安组内煤系含水层、侏罗系直罗组含水层和白垩系砾岩含水层。

(1) 白垩系砾岩含水层：该含水层下伏于古近系含水层下，层位较为稳定、连续，其底板埋深 189.17～287.70 m(图 10-4、图 10-5、图 10-6)。岩性以中粗砂岩及砾岩为主。含水层厚度 19.7～112.65 m，平均 66.17 m。含水层上部为古近系的砂质黏土和白垩系上部的泥岩及砂质黏土组成隔水层。白垩系底部没有隔水层，直罗组上部发育的泥岩、砂质泥岩及粉砂岩构成两含水层之间相对隔水层。因此，概化为承压含水层。

(2) 侏罗系直罗组含水层：该含水层位于白垩系砾岩含水层之下，含水层厚度 6.97～130.51 m，平均 43.49 m(图 10-7、图 10-8)。岩性主要为浅灰、灰绿、青灰色厚层粗砂岩、中砂岩、细砂岩。直罗组上部发育的泥岩、砂质泥岩及粉砂岩构成隔水层；下部发育有七里镇砂岩，不存在隔水层。延安组上部发育数层泥岩、砂质泥岩及粉砂岩形成隔水层。同样，概化为承压含水层。

(3) 延安组内煤系含水层：延安组内煤系是井田主要采煤地段，存在多个主采煤层。延安组内发育多层泥岩、砂质泥岩及粉砂岩与延安组内砂岩含水层，形成含、隔水层相间的组合。为了便于计算，在模型中概化为一层含水层，命名为煤系含水层。含水层厚度为 0.8～207.11 m，平均 104.46 m(图 10-9、图 10-10)。该层含水层上部是数层泥岩、砂质泥岩及粉砂岩形成的隔水层；下部是与宝塔山砂岩含水层之间的隔水层。因此，该含水层为承压含水层。

(4) 宝塔山砂岩含水层：该层位于侏罗系延安组底部与三叠系延长组之

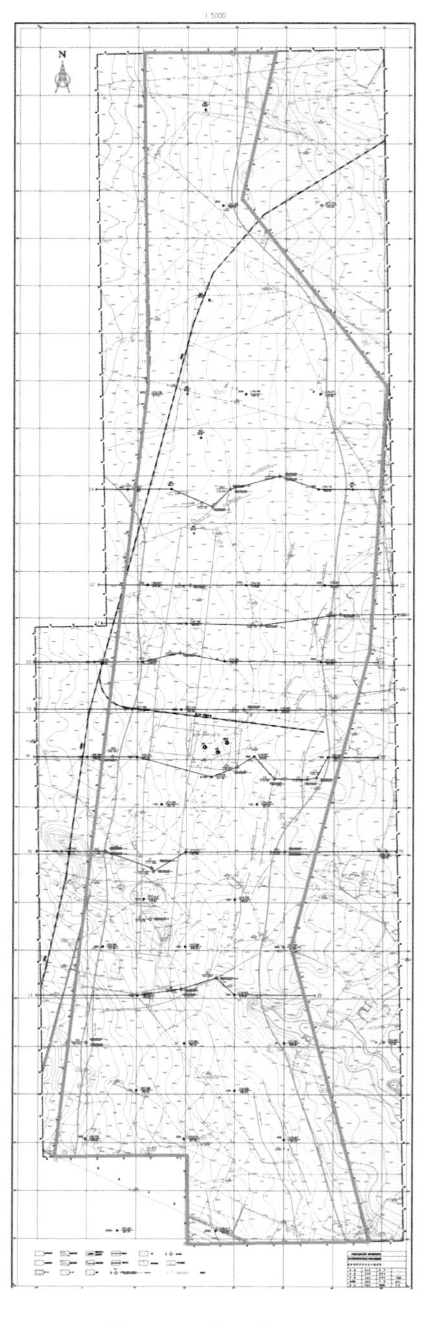

图 10-3　模型范围图

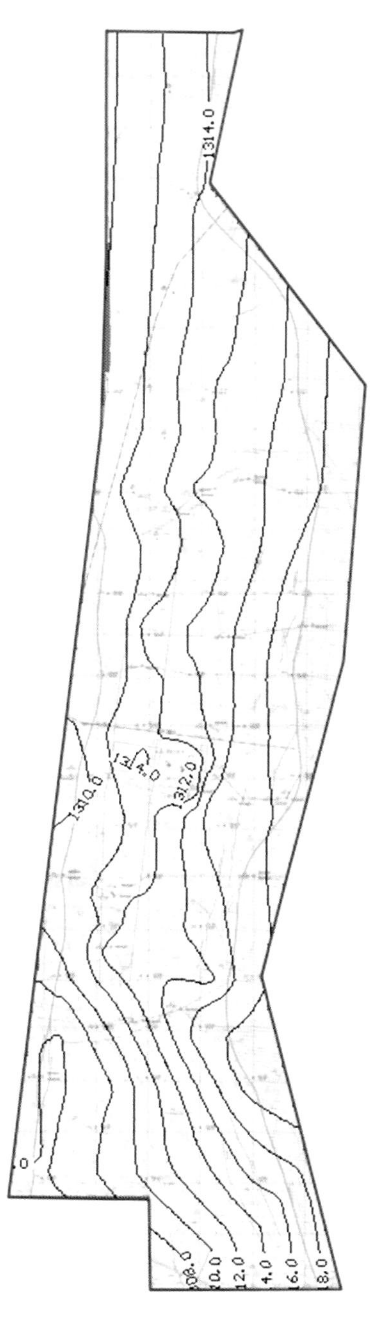

图 10-4　模拟区地面标高

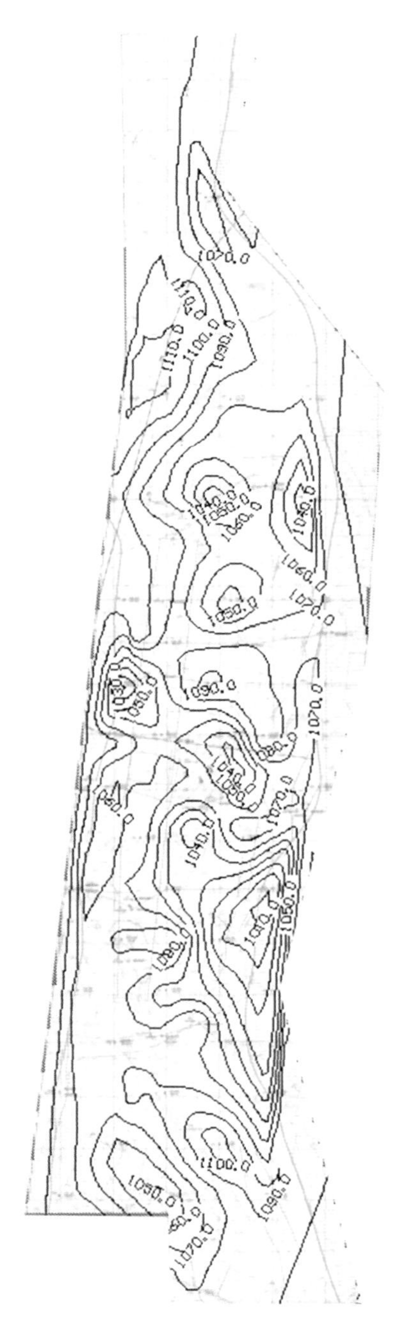

图 10-5　白垩系含水层底板等值线图

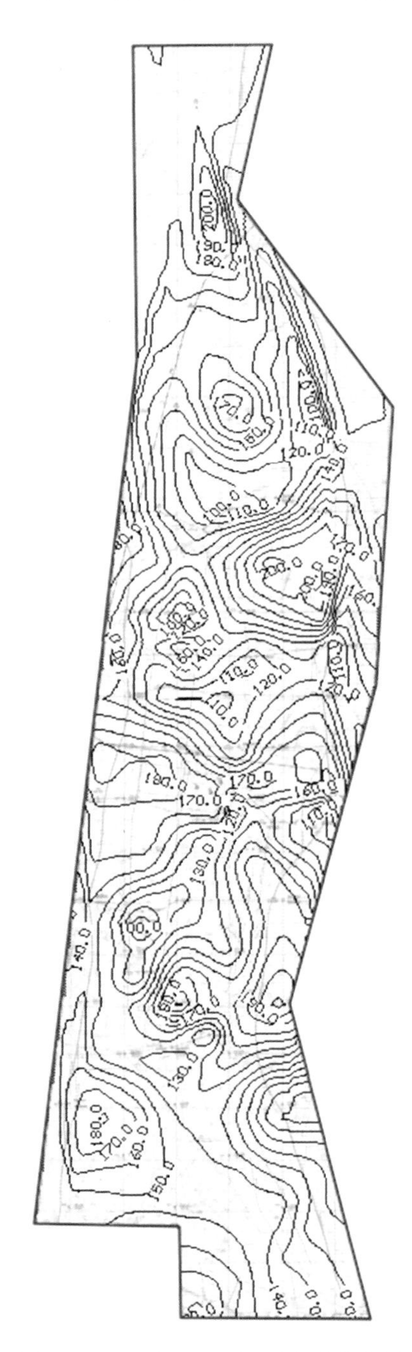

图 10-6　白垩系含水层厚度等值线图

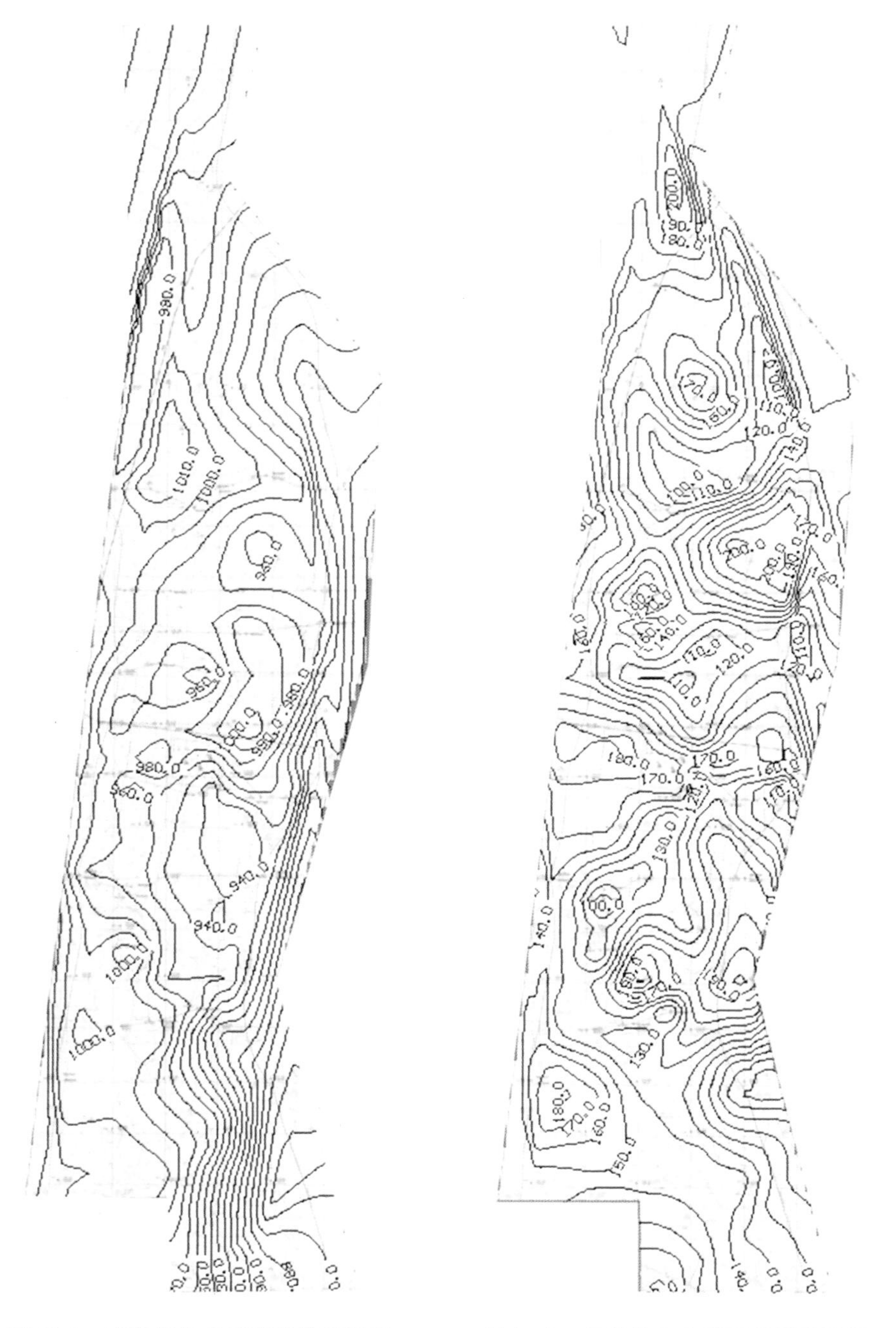

图 10-7　直罗组含水层底板等值线图　　　　图 10-8　直罗组含水层厚度等值线图

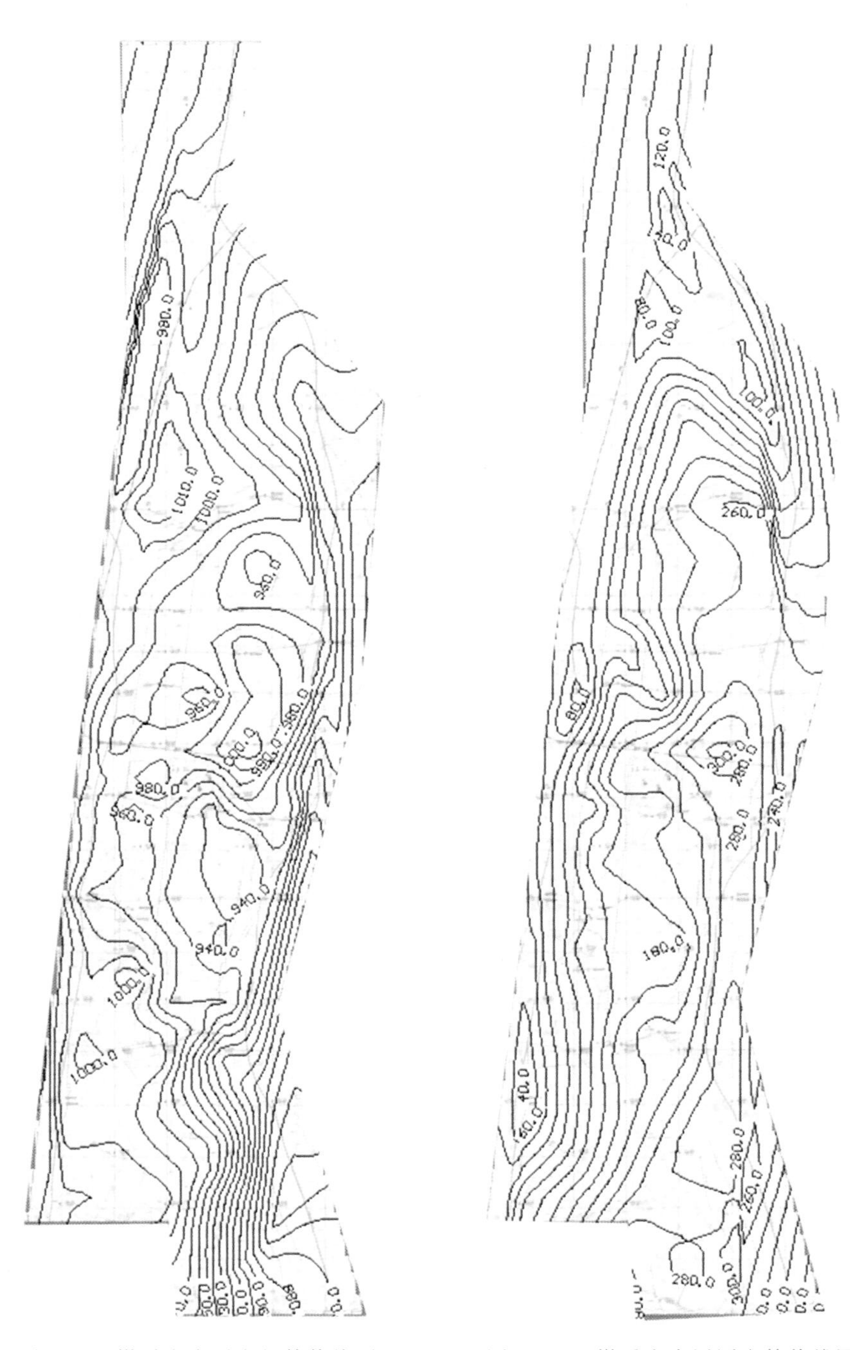

图 10-9　煤系含水层底板等值线图　　　　图 10-10　煤系含水层厚度等值线图

间，距新生界、白垩系和直罗组含水层距离较远，隔水层厚度较大。宝塔山砂岩岩性由灰白色及肉红色中粗粒砂岩构成，以含砾粗砂岩为主。砂岩结构疏松，固结程度差，孔隙发育，含水层厚度为 18.55～69.88 m，平均 56.43 m（图 10-11、图 10-12）。宝塔山砂岩含水层上部为延安组内各煤系含水层，它们之间发育的多层泥岩、砂质泥岩及粉砂岩形成隔水层，且厚度较大，能较好地阻隔各含水层之间的水力联系，含水层顶底板为隔水层。因此，概化为承压含水层。

上述概化的含水层，在模型中均采用等效概化方法将其视为等效含水层。由于各含水层均为非均质，各向异性，其参数在空间上是非均质的。模型利用差分方法，将研究区离散为若干计算单元，每个单元可视为均质含水层。

综合研究区水文地质条件，从地下水流动系统的观点出发，将研究区含水层系统概化为 9 层结构立体化的水文地质模型：第一层为上覆隔水层，第二层为白垩系承压含水层，第三层为隔水层，第四层为直罗组承压含水层，第五层为隔水层，第六层为煤系含水层，第七层为隔水层，第八层为宝塔山含水层，第九层为底板隔水层。本次模拟对象分别为第二层、第四层、第六层及第八层（图 10-13）。

各含水层概化后，具有如下特点：

① 由于整个含水层系统的参数随空间呈现非均质，且水流为各向异性，将其概化为具有多层结构的非均质、各向异性的含水系统。

② 根据放水试验地下水位动态资料，该含水层地下水系统输入、输出随时间变化，为非稳定流场。

③ 利用等效方法，将整个含水层作为一个整体考虑，为近似孔隙流系统。

④ 区内含水层厚度分布较稳定，地下水流呈层流，且具有达西流性质。

10.2.3 含水层空间离散

依据宝塔山砂岩含水层的厚度变化特征以及含水层内部结构特征，并考虑动态变化情况及放水试验变化情况，对研究区进行了三维剖分：网格大小为 50 m×50 m，平面上将计算区域剖分为 250 行 80 列。为了对放水试验情况做更细致的描述，对放水试验区域网格进行了局部加密，最终形成了 270 行 96 列，共计 25 920 个网格，离散结果如图 10-14 所示，图中白色网格为有效单元格，其余网格为无效单元格。图 10-15 所示为 148 行和 31 列在垂向上的剖分情况。

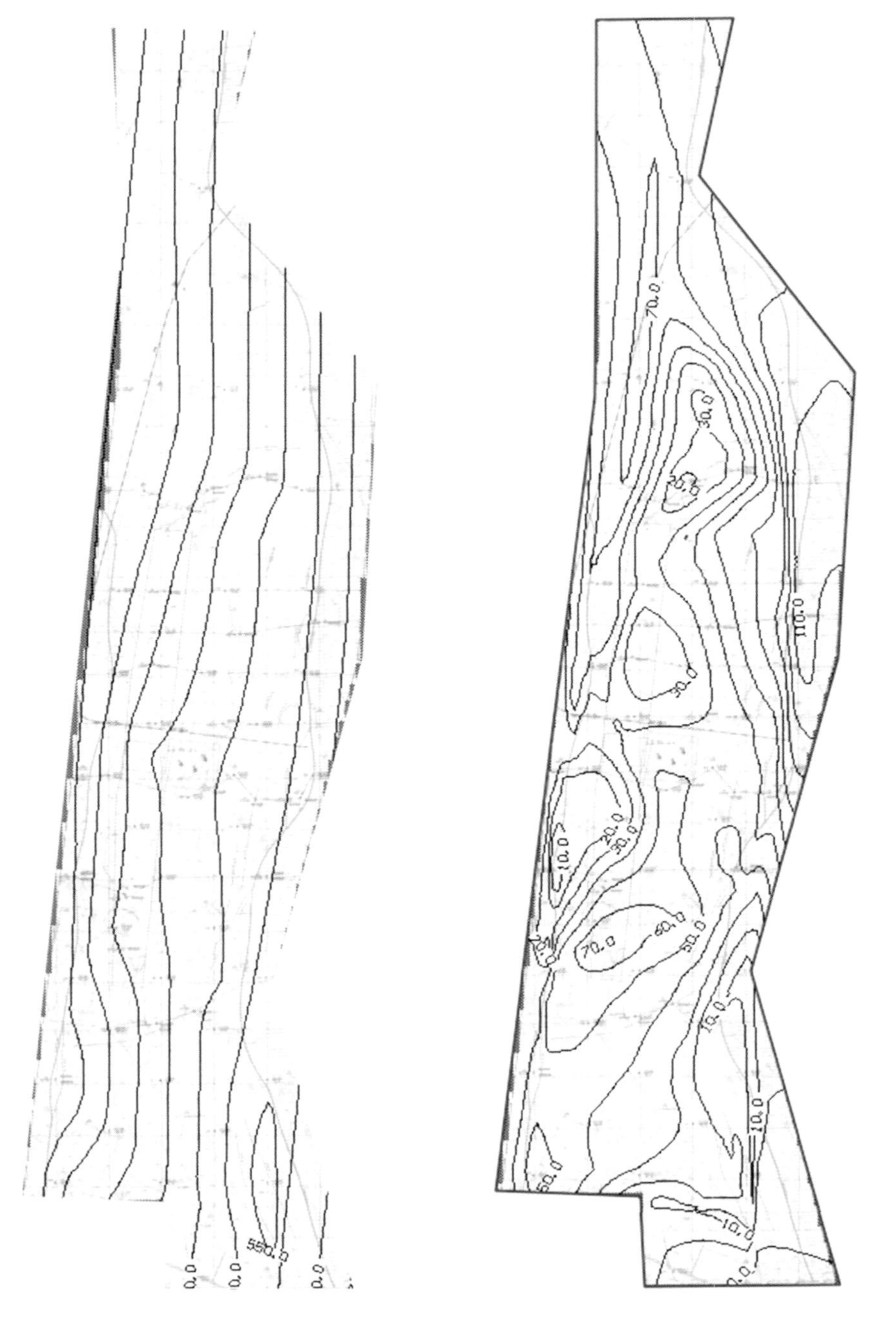

图 10-11　宝塔山含水层底板等值线图　　　图 10-12　宝塔山含水层厚度等值线图

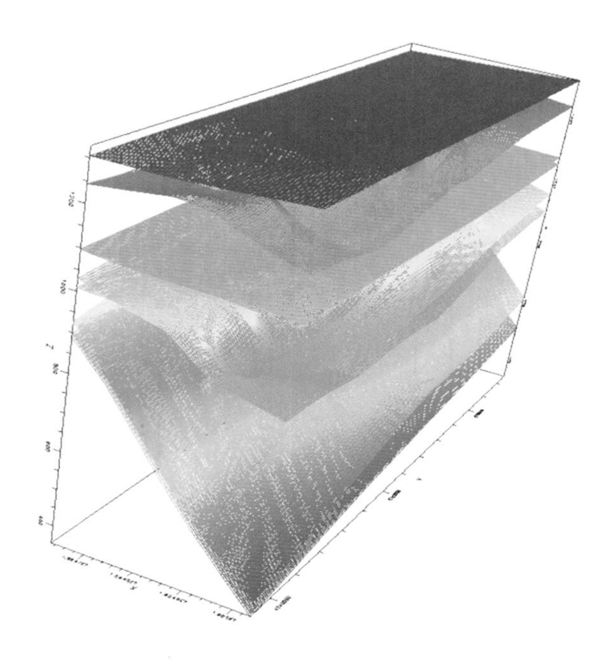

图 10-13 研究区含水层概化模型

10.2.4 模型源汇项的设定

由于井田各含水层上、下部均为厚度较大且较稳定的隔水层,含水层径流条件较差,地下水有利于储存、不利于排泄,储水空间相对封闭,承压水主要接受上游侧向补给,水力坡度小,径流极为缓慢,各含水层在横向上具有不连续性,垂向上具有分段性。含水层深部由于水的交替能力差,径流极为缓慢,甚至几乎不动。

承压水主要通过人为排泄,当矿井在基建和生产阶段时,主要排泄途径为矿井排水。

10.2.5 边界条件

确定模拟区边界类型时,根据工作区水文地质勘察资料、多年地下水位动态资料及多次放水试验资料,对研究区边界的水文地质条件进行了合理概化。

(1) 上、下边界

① 白垩系含水层与新生界含水层之间的隔水层:新生界地层大多由风积砂及中细砂构成。根据钻孔揭露资料,部分地区古近系发育有砂质黏土,与白垩系上部发育的砂质泥岩及泥岩构成相对隔水层,隔水层厚度为 0～171.5 m,平均为 43.79 m。

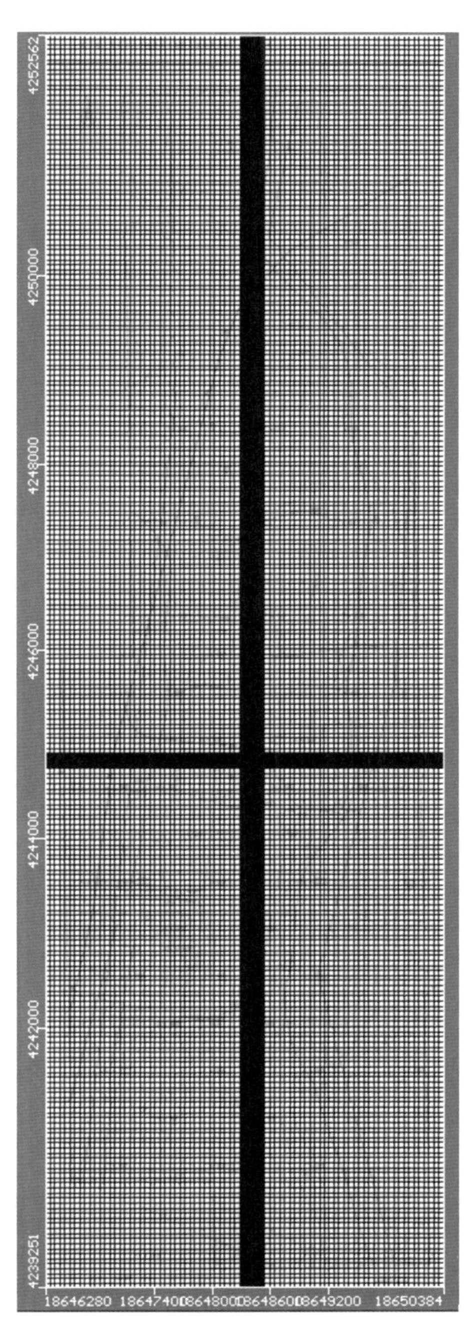

图 10-14　网格单元剖分平面图

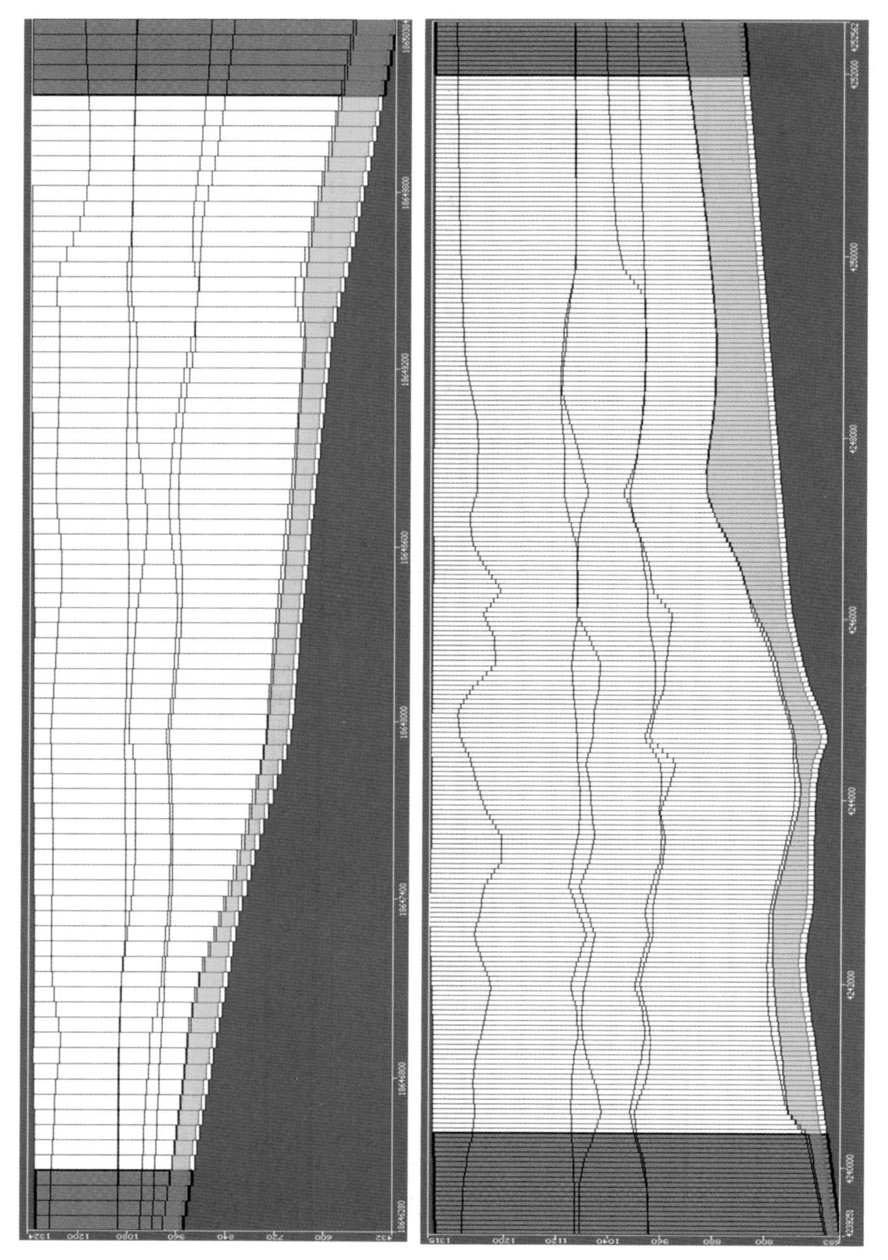

图 10-15　148行和31列在垂向上的剖分图

② 白垩系含水层与直罗组含水层之间的隔水层：白垩系底部发育有杂灰色砾岩、粗砾岩含水层，泥质和钙质胶结，白垩系底部没有隔水层。与下伏直罗组呈不整合接触。直罗组上部发育的泥岩、砂质泥岩及粉砂岩构成隔水层，隔水层厚度为 0～91.6 m，平均为 20.87 m。

③ 直罗组含水层与延安组煤系含水层之间的隔水层：井田内大多数地区直罗组底部发育有七里镇砂岩，不存在隔水层。延安组上部发育数层泥岩、砂质泥岩及粉砂岩形成的隔水层，隔水层厚度为 0～115.64 m，平均为 16.92 m。

④ 延安组煤系含水层与宝塔山砂岩含水层之间的隔水层：延安组 21 煤层底板发育多层泥岩、砂质泥岩及粉砂岩等隔水层，可以有效阻隔煤系含水层与宝塔山砂岩含水层之间的水力联系。

根据对各含水层之间的隔水层分析，模拟的各个含水层上、下部均为厚度较大、隔水效果较好的隔水层，因此在模型中针对各个含水层的上、下边界均概化为隔水边界。

(2) 西部边界

① 水平方向：井田西部边界为 DF_{20} 逆断层，由榆树井井田北部延伸进入本井田，断层走向近南北向，在 22 勘探线北侧转为北东向延伸出本井田，井田内延展长度近 7 000 m，断层倾向西，倾角 45°～60°，切穿所有煤层至白垩系，断层落差大于 150 m，严重破坏中煤组及下煤组(图 10-16)。据井田地质、水文地质勘察资料，DF_{20} 断层水平方向上阻水效果良好，可以将此方向概化为隔水边界。

由图 10-16 可以看出，DF_{20} 断层具有明显的向西倾向，倾角 45°～60°，造成其在不同含水层中断层位置出现差异。模型中，根据 DF_{20} 断层倾角及含水层厚度，计算出 DF_{20} 断层在不同含水层的实际位置，对模型西部边界进行修正。

以往应用数值模拟方法模拟断层，一般沿着断层加密网格，对加密的单位赋以与其他单元不同的水力属性的方法进行处理，但该方法工作量较大，且加密单元的水力参数较难获得。在本次模拟中，采用 Visual MODFLOW 软件中的 Wall (HFB)模块进行模拟，通过分析研究区内断层的特性及其展布规律，将它们作为模型内部的第二类边界条件(隔水或弱透水)边界输入模型中，可大大减少有限差分网络划分密度，有助于改善有限差分方法在断层模拟这一方面的缺陷。

具体设置步骤为：在分析断层的水文地质勘探资料的基础上，初步确定了断层走向、朝向、长度及渗透系数，通过调整 Wall 模块中墙体厚度和渗透系数这两个参数来获得一个合理的渗透系数。

值得注意的是，Visual MODFLOW 软件不能够完全用直线来拟合与网格

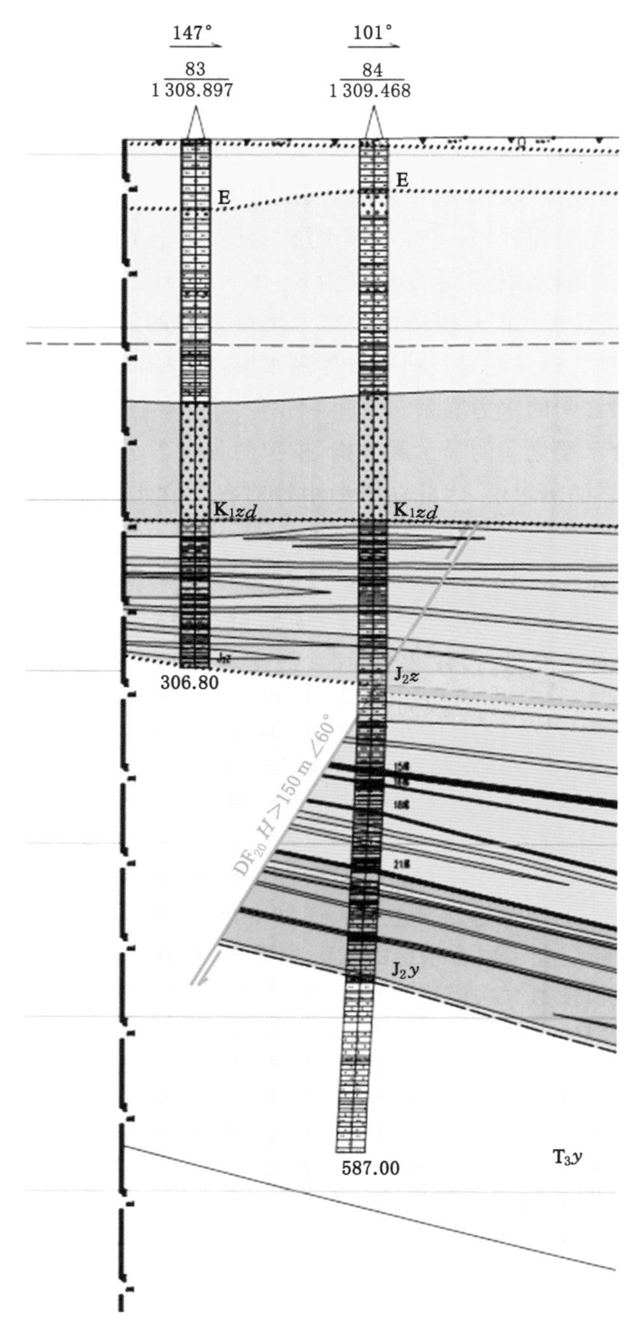

图 10-16 DF_{20}断层剖面示意图

线方向成一定角度的断层，而是以锯齿形来模拟与网格呈夹角关系的断层，这样在数值模拟中墙体边界的总长度将会比概念模拟中断层的总长度更长，也就意味着有更多区域的流体经墙体边界，从而造成渗漏量过大的问题。为弥补数值模型中由于墙体边界长度过长而产生的问题，断层的水力学参数采用修正后的边界渗透系数值输入模型。

② 垂向方向

从两次放水试验结果分析可知，宝塔山砂岩含水层放水时，DF_{20} 断层附近白垩系含水层地下水位出现联动下降现象（B_9 观测孔）。停止放水后，也同时出现水位上升现象。这说明 DF_{20} 断层在垂向上具有透水性，沟通上、下含水层组，各含水层组在 DF_{20} 断层附近具有水力联系。

依据 DF_{20} 断层延伸方向，设置抽、注水井，把 DF_{20} 断层在垂向方向上概化为类似流量边界，各含水层的流量交换量根据各含水层水头差及厚度，依照达西定律进行计算。

(3) 东部边界

井田东部边界为 F_2 大型逆断层，由榆树井井田北部延伸进入本区，南北贯穿全井田，14 勘探线以南断层走向北北西，以北为北北东向，22～26 勘探线间近南北向，向北转为北西向，至 30 勘探线转为北北东向，北延至井田边界。断层倾向总体向东，局部随断层走向转为北东东、南东东、北东向，倾角 40°～70°，大多为 66°左右，断层切穿所有煤层延至白垩系，落差大于 500 m，如图 10-17 所示。

从 F_2 断层示意图中可以看出，各含水层均被 F_2 断层隔断，且根据地质勘探资料，F_2 断层为阻水断层，故白垩系含水层、直罗组含水层、煤系含水层的东部边界沿断层概化为隔水边界；而宝塔山砂岩含水层东部边界上、下部分概化为隔水边界，中间部分概化为流量边界。

(4) 南部边界、北部边界和西北部边界

研究区南部、北部及西北部边界均为人为边界，在模拟过程中通常概化为二类流量边界，但考虑研究区地下水动态的变化及后续防治水和开采过程中水位流场变化均会对边界产生不容忽视的影响，故本次模拟中不采用定流量边界，而是考虑实际水文地质条件，将西北部和东北部边界采用软件中 GHB 边界模块（一般水头边界）来刻画。

GHB 边界是用来处理许多水文地质边界问题的一种工具，是一个抽象边界。当从外部水源进入或流出计算单元的水流量与该计算单元水头和外部水源的水头之差成正比时，可以使用一般水头边界子程序包。

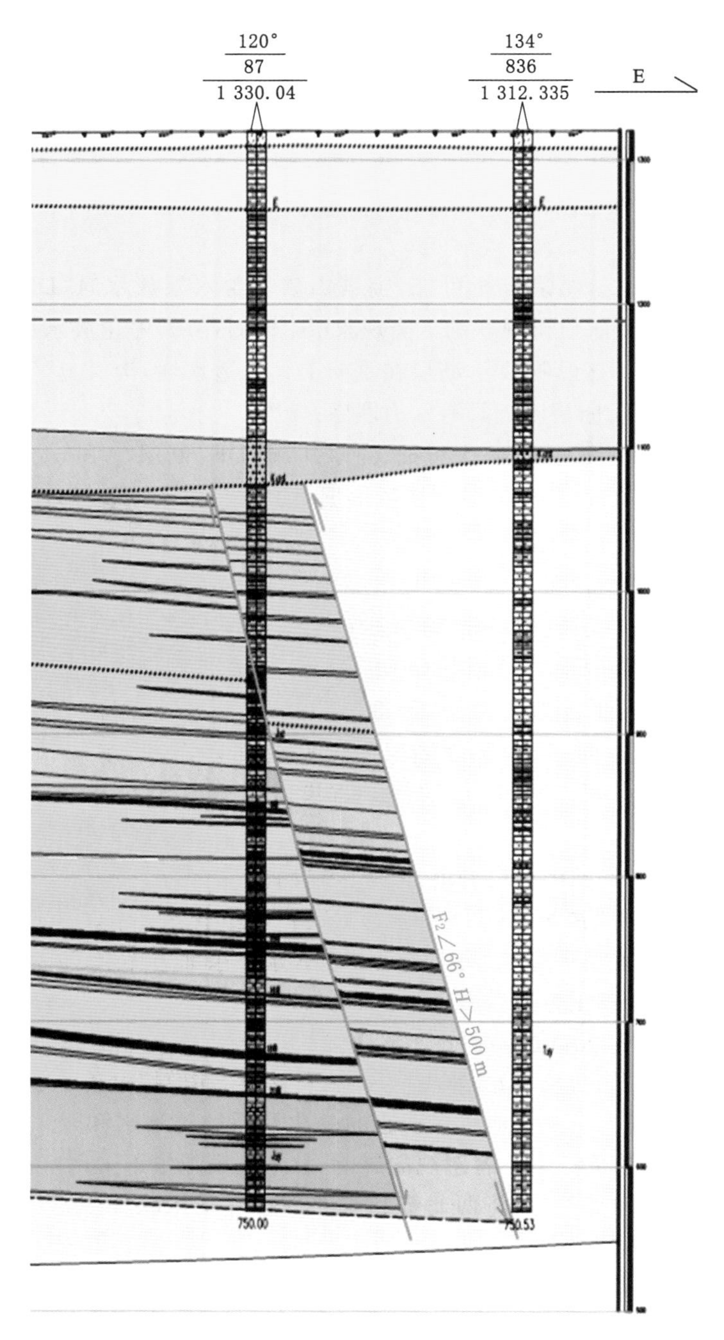

图 10-17 F_2 断层剖面示意图

GHB 边界条件可以刻画研究区地下水流与区域地下水之间的联系，也可以用来模拟矿区受放水或采矿影响产生的地下水位变化情况。GHB 边界条件通过导水系数值来刻画边界处的流量，在模型中可采用默认的计算公式来进行计算，也可人为确定该数值。

根据研究区各边界附近水文地质条件勘探结果，结合研究区内部及相邻地区渗流场分析，各 GHB 边界流量具体数值输入按各边界水位梯度和模拟期间水位动态变化值确定的导水系数值进行输入，见表 10-1。

表 10-1　数值模型各边界概化汇总表

边界名称	边界刻画类型	模型实现
上、下边界	隔水边界	渗透系数：$K_x=K_y=K_z=1\times10^{-8}$
北部边界	各含水层水平隔水边界	采用无效网格和 Wall 模块等效替代
	垂向类似流量边界	抽、注水井等效模拟
东部边界	白垩、直罗、煤系隔水边界	采用无效网格和 Wall 模块等效替代
	宝塔山部分流量边界，部分为隔水边界	注水井等效模拟
南部边界	白垩系 GHB 边界	导水系数＝0.04～0.25
	直罗组 GHB 边界	导水系数＝0.05～0.36
	煤系 GHB 边界	导水系数＝0.06～0.15
	宝塔山 GHB 边界	导水系数＝0.04～0.43
北部边界	白垩系 GHB 边界	导水系数＝0.02～0.16
	直罗组 GHB 边界	导水系数＝0.02～0.13
	煤系 GHB 边界	导水系数＝0.08～0.59
	宝塔山 GHB 边界	导水系数＝0.06～0.35
西北部边界	白垩系 GHB 边界	导水系数＝0.03～0.41
	直罗组 GHB 边界	导水系数＝0.09～0.26
	煤系 GHB 边界	导水系数＝0.02～0.38
	宝塔山 GHB 边界	导水系数＝0.05～0.28

综上所述，模拟区含水层可以概化为上部和下部隔水。西部水平隔水边界，垂向类似流量边界；东部白垩系、直罗组、煤系含水层隔水边界；宝塔山部分隔水、部分流量边界；南部、北部和西北部 GHB 一般水头边界的非均质、各向异性三维承压非稳定流地下水流数值模型如图 10-18 所示。

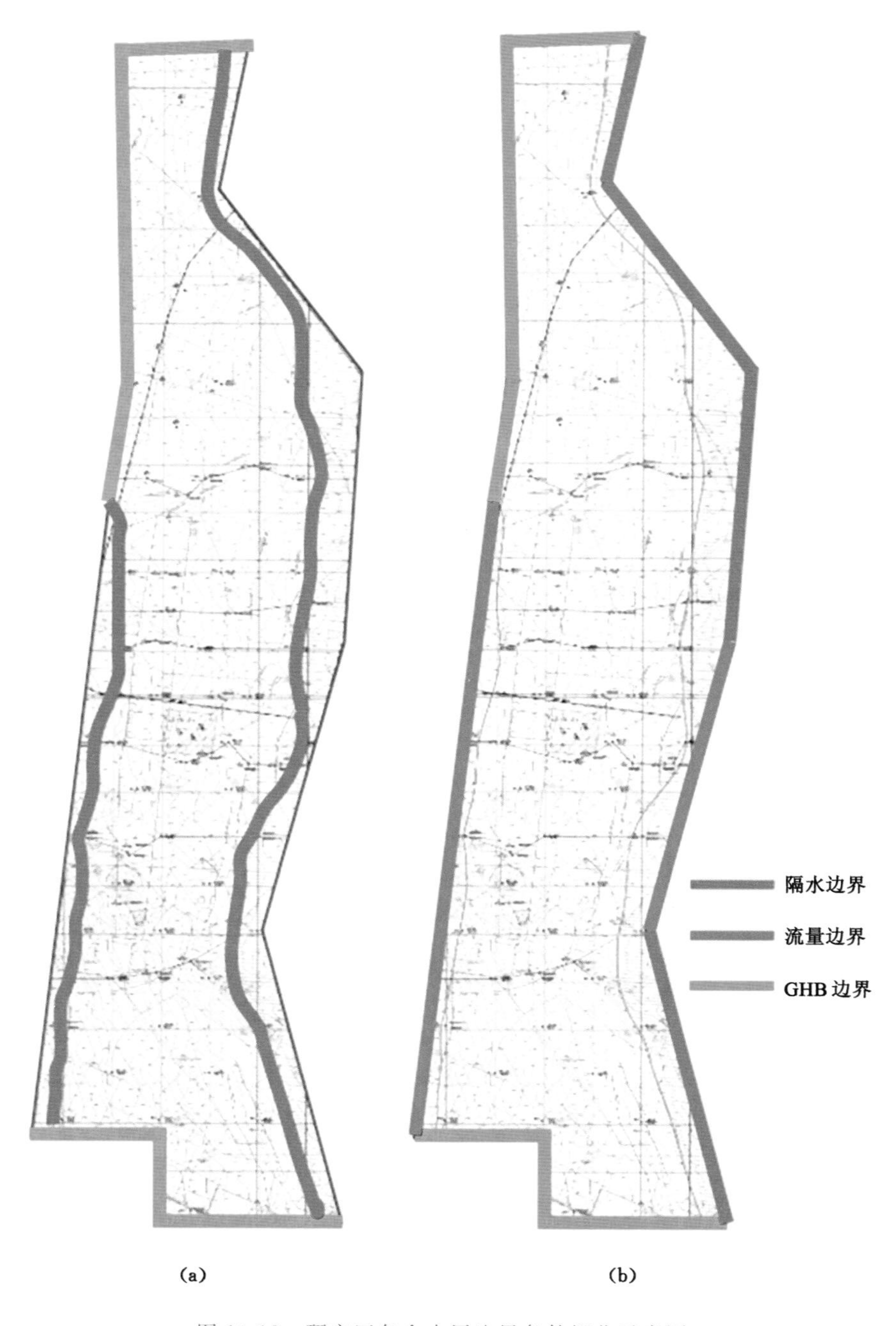

图 10-18　研究区各含水层边界条件概化示意图

10.3　模型的识别与检验

模型的识别与检验就是以降低模型残差为目的而进行的参数调整，从而使模型能够准确再现系统的真实行为，其实质就是运行计算模型程序，得到研究区水文地质模型在给定的各种水文地质参数、各种水文地质边界和源汇项条件下的地下水时空分布规律，将这种规律通过与同时期的实测资料做对比来进行拟合，使建立的模型更为符合实地的水文地质条件。这个过程在整个模拟中极为重要，一般都要通过反复修改各种参数、边界条件和调整各种源汇项才能达到让人比较满意的结果，计算流程如图 10-19 所示。

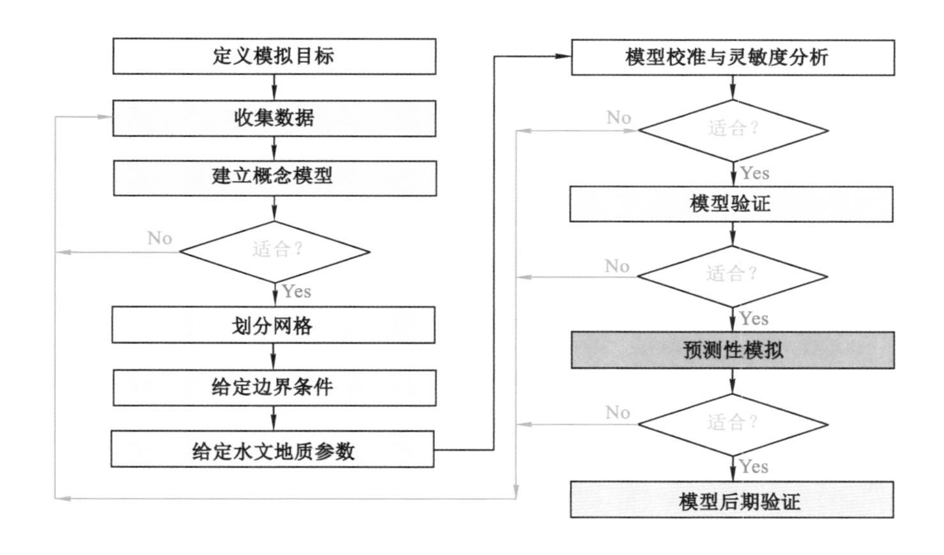

图 10-19　计算流程图

由于本次模拟的含水层水文地质条件复杂，井下出水情况复杂多变，部分资料收集不全，故模型不可能完全刻画出研究区的地下水系统，所以本次识别和检验主要遵循以下几个原则：

(1) 模型模拟出的地下水流场要与实际地下水流场基本一致，表现为模拟出的地下水等值线分布图要与实测的地下水位等值线分布图形状相似。

(2) 模拟的含水层放水试验动态过程要与实测的放水试验动态过程基本相似，表现为模拟与实际的地下水过程线形状相似。

（3）识别的水文地质参数要符合实际水文地质条件。

根据两次放水试验观测数据，对模型进行识别和验证：

（1）2019 年 8 月 23 日 12:00 至 2019 年 10 月 8 日 12:00，井下 F_2 出水点单孔放水试验非稳定流模型识别。

（2）2019 年 10 月 8 日 12:00 至 2019 年 11 月 30 日 12:00，井下 F_1、F_2、F_3 和 F_4 多孔放水试验非稳定流模型验证。

10.3.1 单孔放水试验非稳定流模型识别

F_2 单孔放水试验时间为 2019 年 8 月 23 日 12:00 至 2019 年 10 月 8 日 12:00，总历时 1 104 h。其中，F_2 孔放水时间为 2019 年 8 月 23 日 12:00 至 2019 年 9 月 18 日 12:00，历时 624 h；2019 年 9 月 18 日 12:00 至 2019 年 10 月 8 日 12:00 为水位恢复时间段，历时 480 h（图 10-20）。本次建模，运用此段数据对模型各参数进行进一步的精准识别。

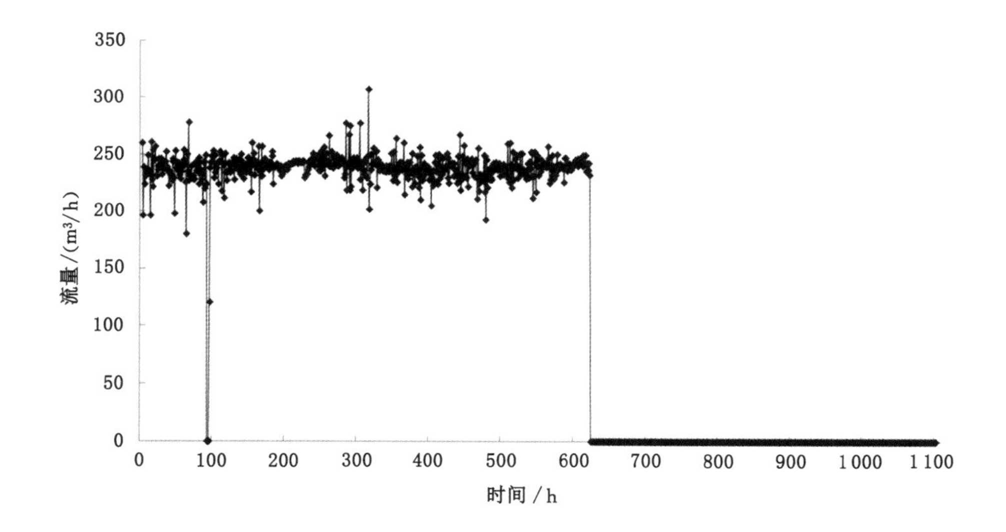

图 10-20　F_2 单孔放水试验流量变化曲线

（1）初始水位

采用 2019 年 10 月 7 日各含水层观测孔水位数据，利用 Visual MODFLOW 提供的插值功能绘制出研究区地下水初始流场，以宝塔山砂岩含水层为例，其形态如图 10-21 所示。

（2）时间离散

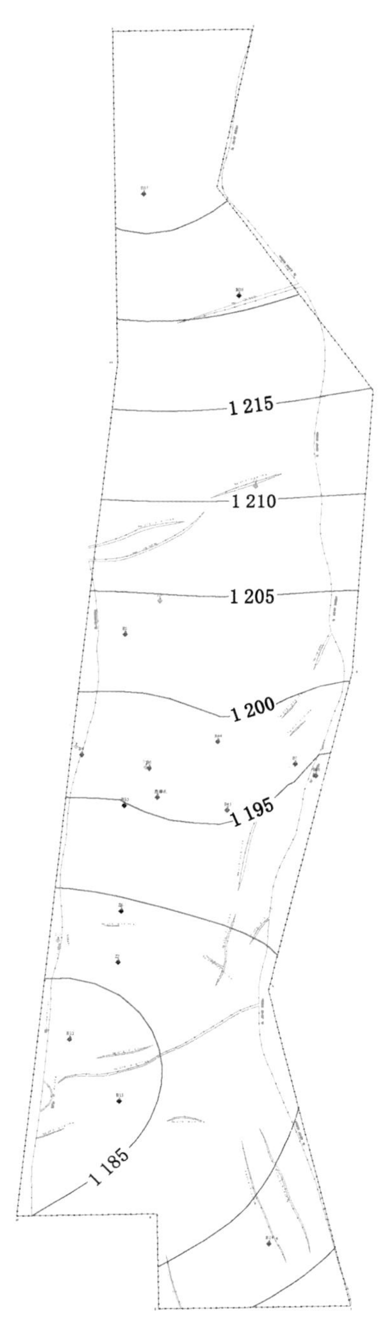

图 10-21　宝塔山砂岩含水层初始流场

本次模型初步识别采用非稳定流计算模块进行计算，识别时间为 1 104 h。计算过程中，时间上采用先密后疏原则，分为 552 个时间段，步长采用“等步长”的方法，仅在放水开始和水位恢复开始两时间段采用 10 的步长，共分为 861 个时段。模型识别的主要数据见表 10-2。

表 10-2　单孔放水试验模型识别主要参数

时间	2019 年 8 月 23 日 12:00 至 2019 年 10 月 8 日 12:00	
流场类型	非稳定流	
放水孔	F_2	
观测孔	白垩系	G_1、B_3、B_5、B_9
	直罗组	Z_1、Z_3、Z_{10}
	煤系	Z_6、Z_7、B_{13}、B_{35}、B_{38}
	宝塔山	B_2、B_4、B_6、B_7、B_{12}、B_{14}、B_{36}、B_{37}、B_{44}、B_{45}
拟合观测孔	白垩系	G_1、B_3、B_5、B_9
	直罗组	Z_1、Z_3、Z_{10}
	煤系	Z_6、B_{13}、B_{38}
	宝塔山	B_2、B_4、B_6、B_7、B_{12}、B_{14}、B_{36}、B_{37}、B_{44}、B_{45}
初始水位	2019 年 10 月 7 日各含水层水位	
应力期	1	
应力期长度	1 104 h	
时间步长	1	

(3) 解算器的选择及设定

求解地下水的流场方程组，在 Visual MODFLOW 中有多种解算器程序包可供选择，本模型采用 Visual MODFLOW 的 WHS 解算器系统求解方程组，设定的迭代次数为 200，残差标准为 0.01。为了防止模型在运行过程中部分计算单元被疏干而导致计算中止，选用了 Rewetting 干湿交替模块，同时对底部单元的最低水位值进行了设置。

(4) 单孔放水试验数值模拟识别结果分析

① 流场拟合

通过反复调整水文地质参数，模拟计算流场与实测流场的形状基本一致，拟合较好，以宝塔山砂岩含水层放水结束时刻流场为例，如图10-22所示。

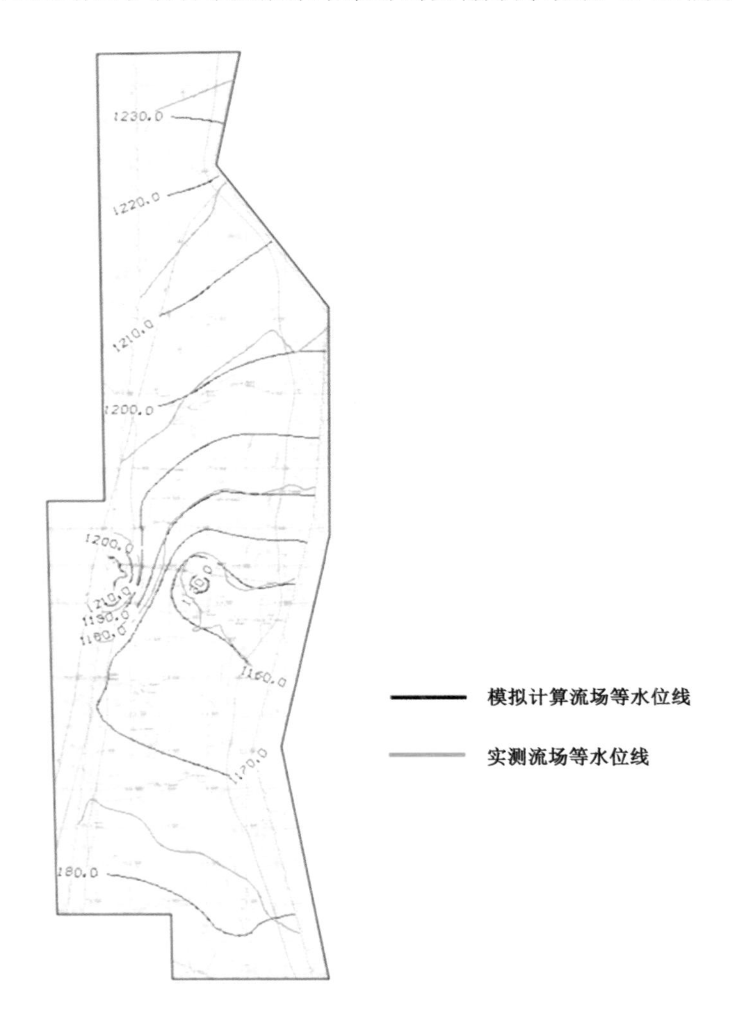

图10-22　单孔放水试验宝塔山砂岩含水层流场拟合图

② 各观测孔拟合效果及分析

选择各含水层水位观测孔实测水位与模拟计算水位进行拟合，部分水位拟合曲线如图10-23～图10-34所示。

a. 宝塔山砂岩含水层观测孔拟合曲线如图10-23～图10-29所示。

b. 煤系含水层观测孔拟合曲线如图10-30、图10-31所示。

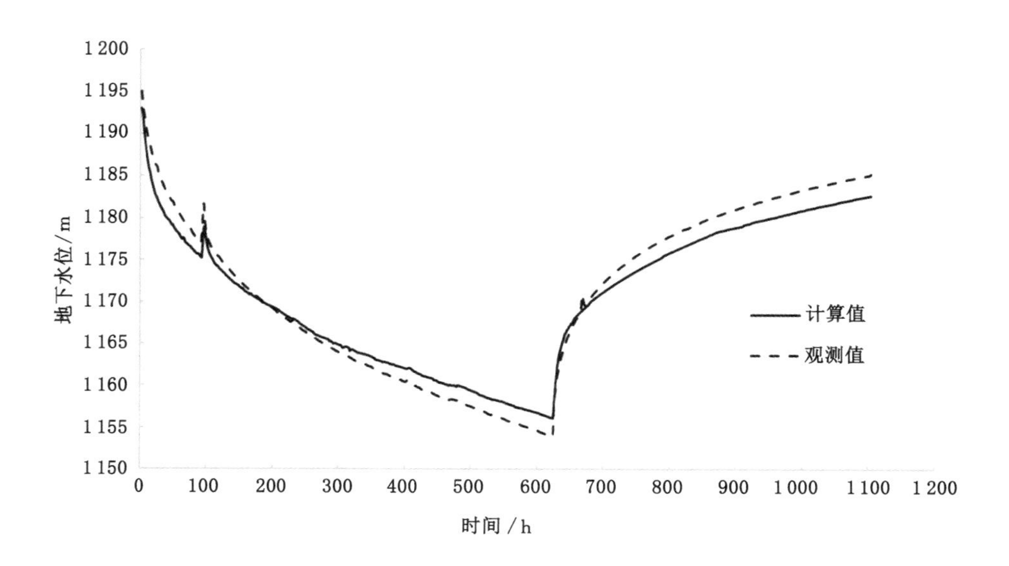

图 10-23 宝塔山砂岩含水层 B_{44} 观测孔计算和观测拟合曲线

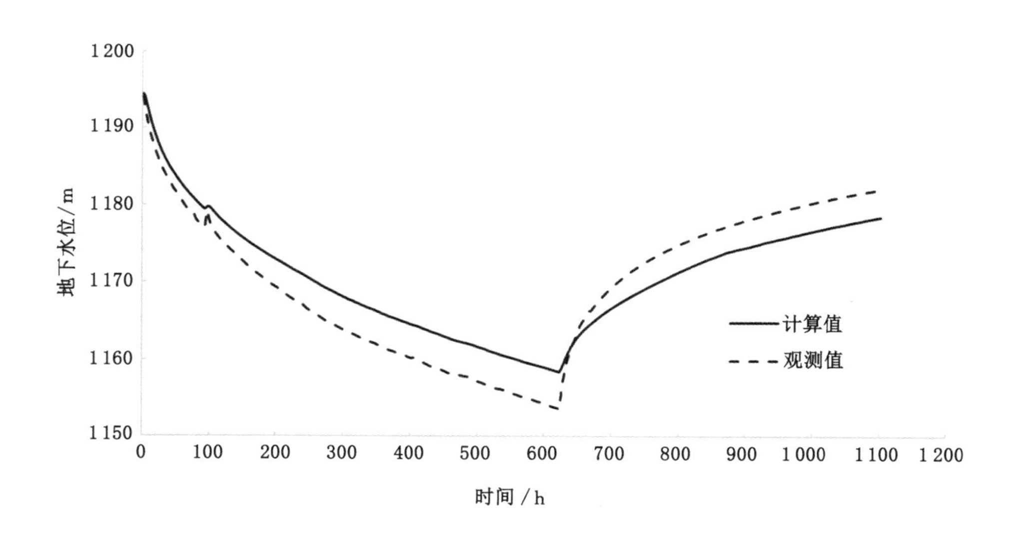

图 10-24 宝塔山砂岩含水层 B_{45} 观测孔计算和观测拟合曲线

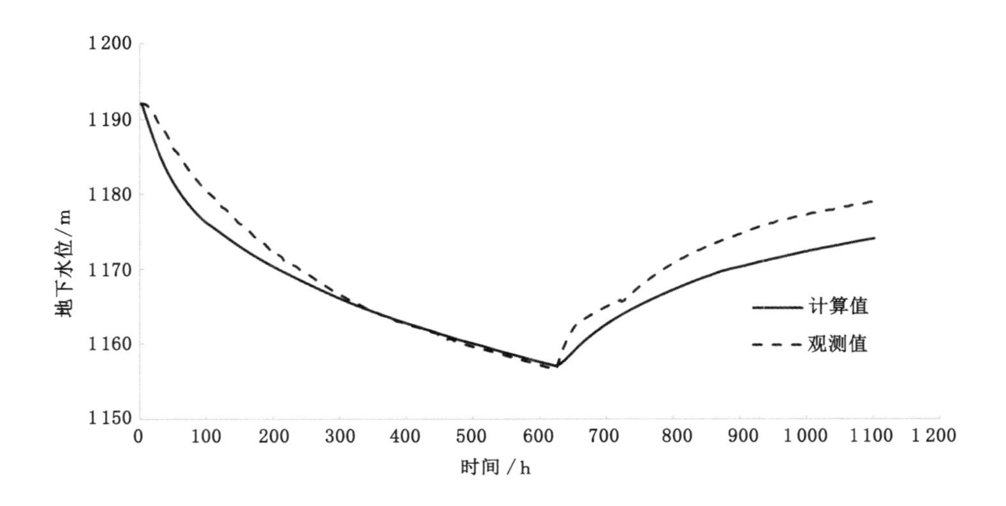

图 10-25　宝塔山砂岩含水层 B_{36} 观测孔计算和观测拟合曲线

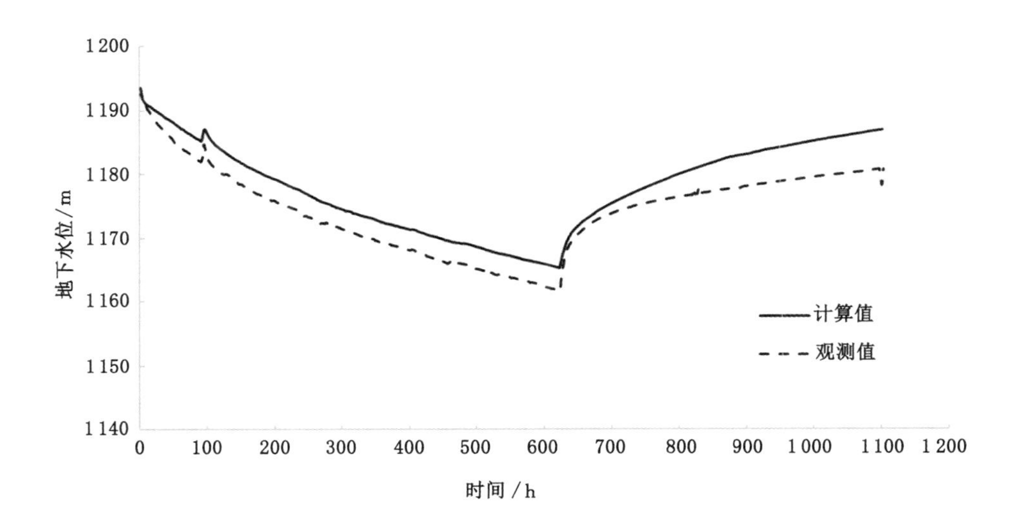

图 10-26　宝塔山砂岩含水层 B_6 观测孔计算和观测拟合曲线

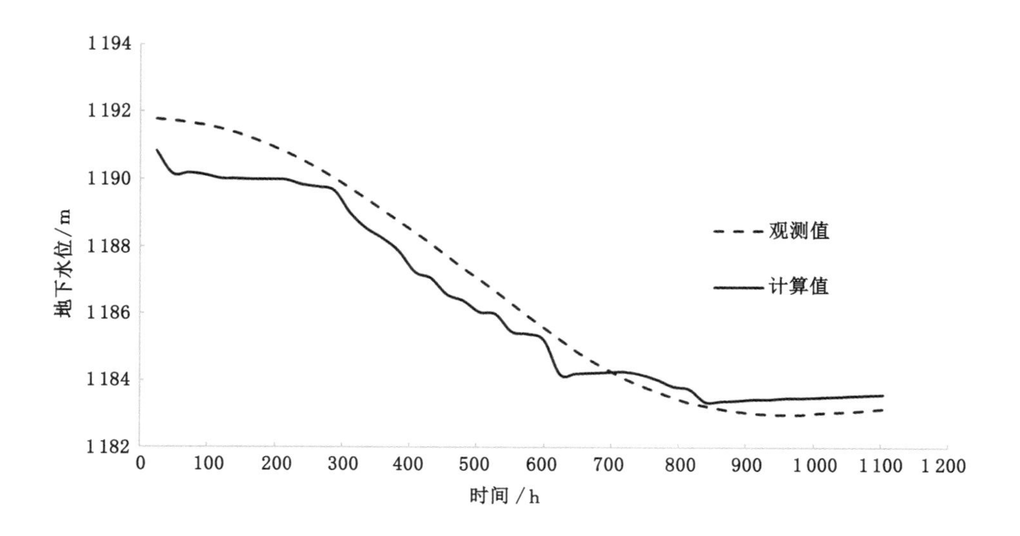

图 10-27　宝塔山砂岩含水层 B_{11} 观测孔计算和观测拟合曲线

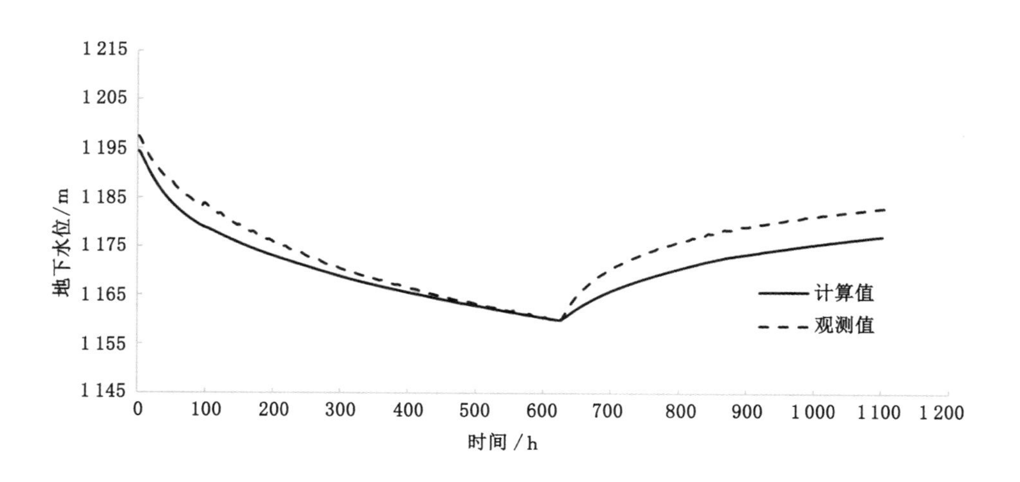

图 10-28　宝塔山砂岩含水层 B_7 观测孔计算和观测拟合曲线

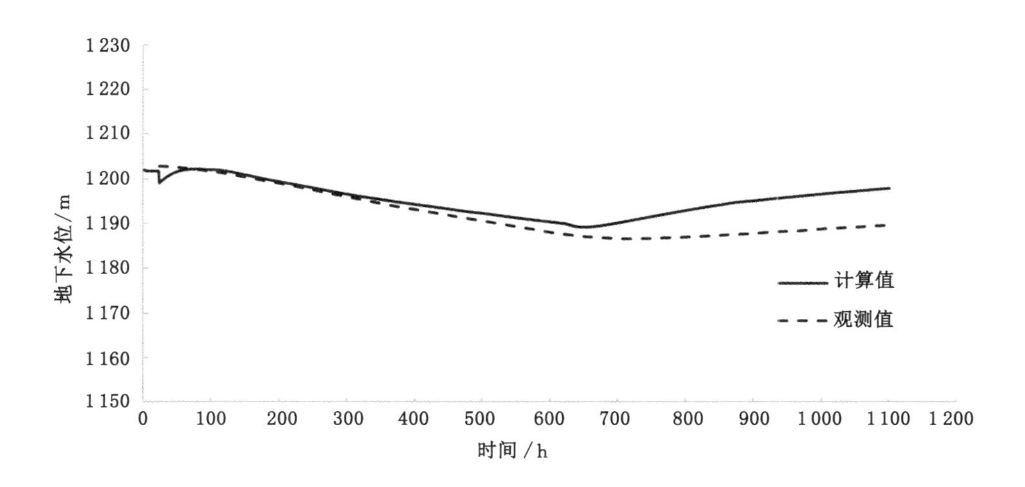

图 10-29　宝塔山砂岩含水层 B_2 观测孔计算和观测拟合曲线

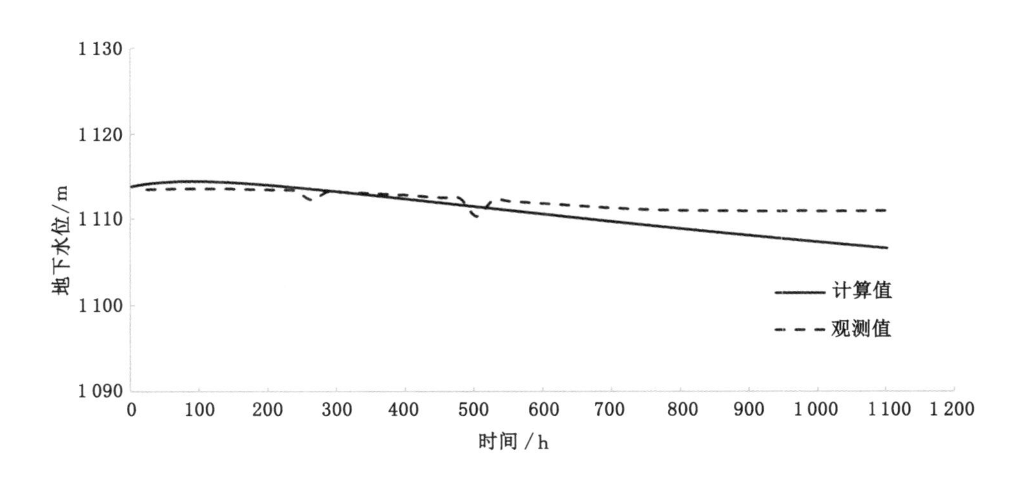

图 10-30　煤系含水层 Z_6 观测孔计算和观测拟合曲线

c. 直罗组含水层观测孔拟合曲线如图 10-32 所示。

d. 白垩系含水层观测孔拟合曲线如图 10-33、图 10-34 所示。

通过分析放水期和一段恢复期观测水位与计算水位拟合曲线不难发现，虽然通过调整参数后在观测数据与计算数据间仍然存在一定的差异，但是整体趋势相同，水位数值拟合相近，证明了本次运用 Visual MODFLOW 进行新上海一

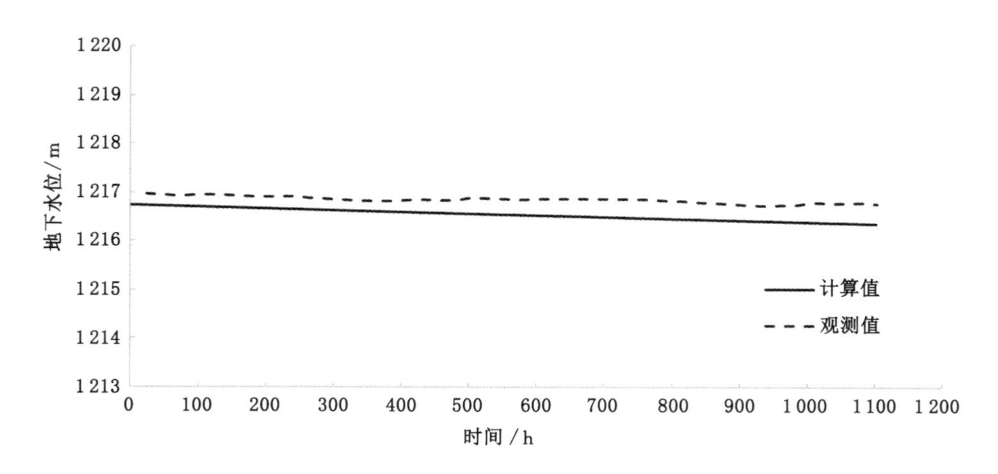

图 10-31 煤系含水层 B_{38} 观测孔计算和观测拟合曲线

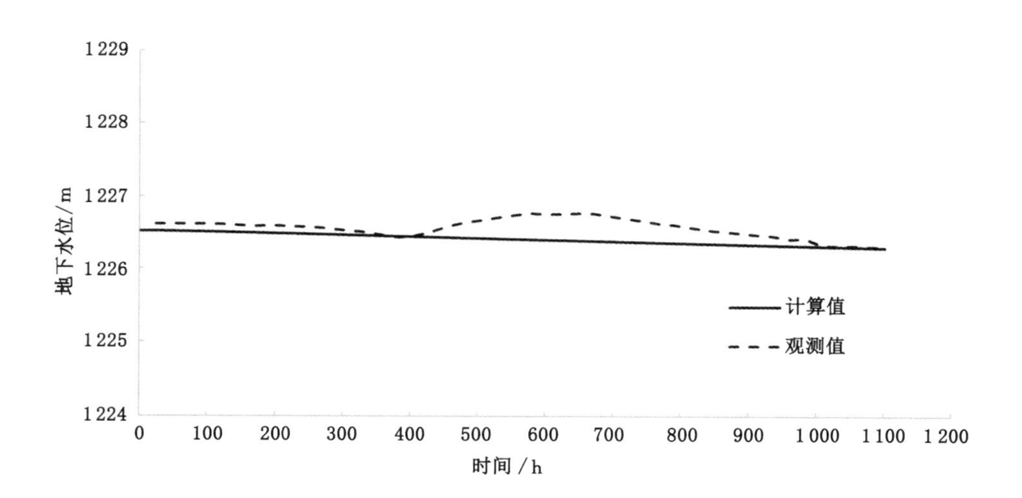

图 10-32 直罗组含水层 Z_1 观测孔计算和观测拟合曲线

号煤矿宝塔山砂岩含水层地下水流数值模拟、地质模型概化合理，数学模型选用得当，通过参数调整能够起到在含水层参数分区上贴近实际地层情况，补给情况符合客观事实，能够较为准确地反映研究区的真实情况。

③ 统计数据拟合

模型的计算值和实测值主要的拟合统计数据有：平均残差(RM)、均方差(RMS)、标准化均方差(NRMS)、相关系数(CC)。

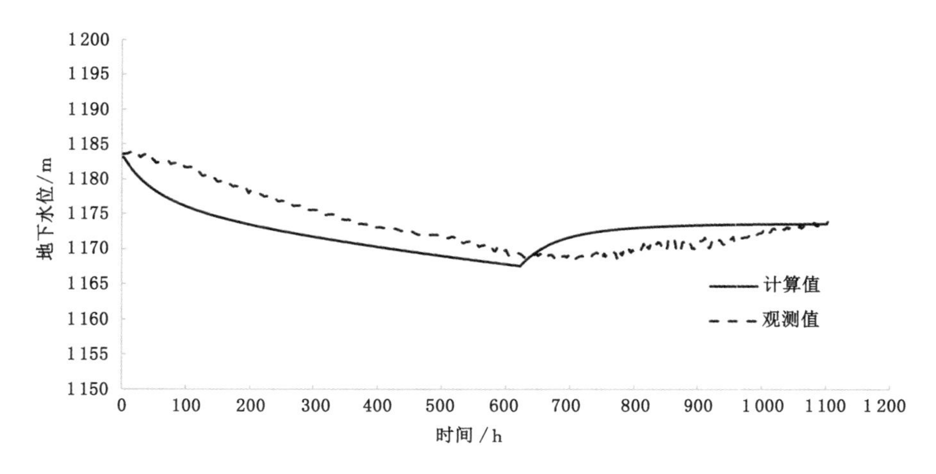

图 10-33　白垩系含水层 B_5 观测孔计算和观测拟合曲线

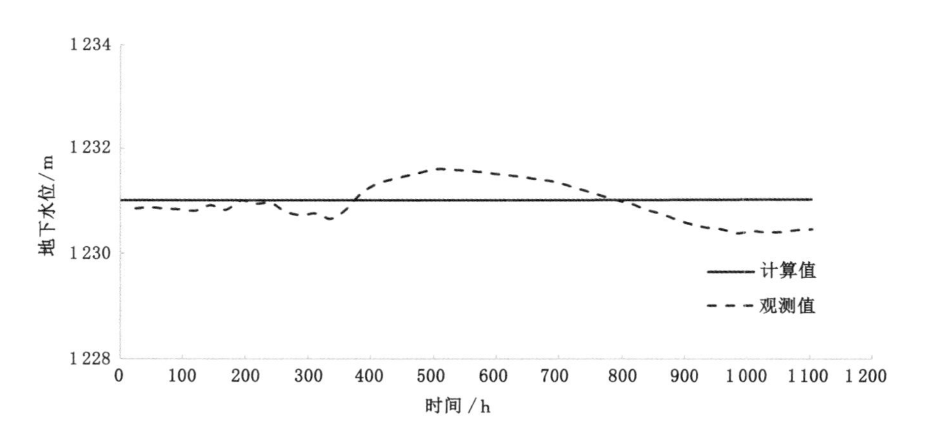

图 10-34　白垩系含水层 G_1 观测孔计算和观测拟合曲线

按照 F_2 放水孔流量变化动态，分别对放水试验过程中关键时间节点（624 h 及 1 104 h）的计算值和观测值的偏离误差进行统计。

单孔放水试验识别统计数据见表 10-3 和图 10-35。

表 10-3　近似稳定流拟合统计参数表

统计参数		RM	RMS	NRMS	CC
数值	624 h	1.516 m	4.759 m	1.641%	0.998
	1 104 h	0.248 m	4.923 m	1.696%	0.998

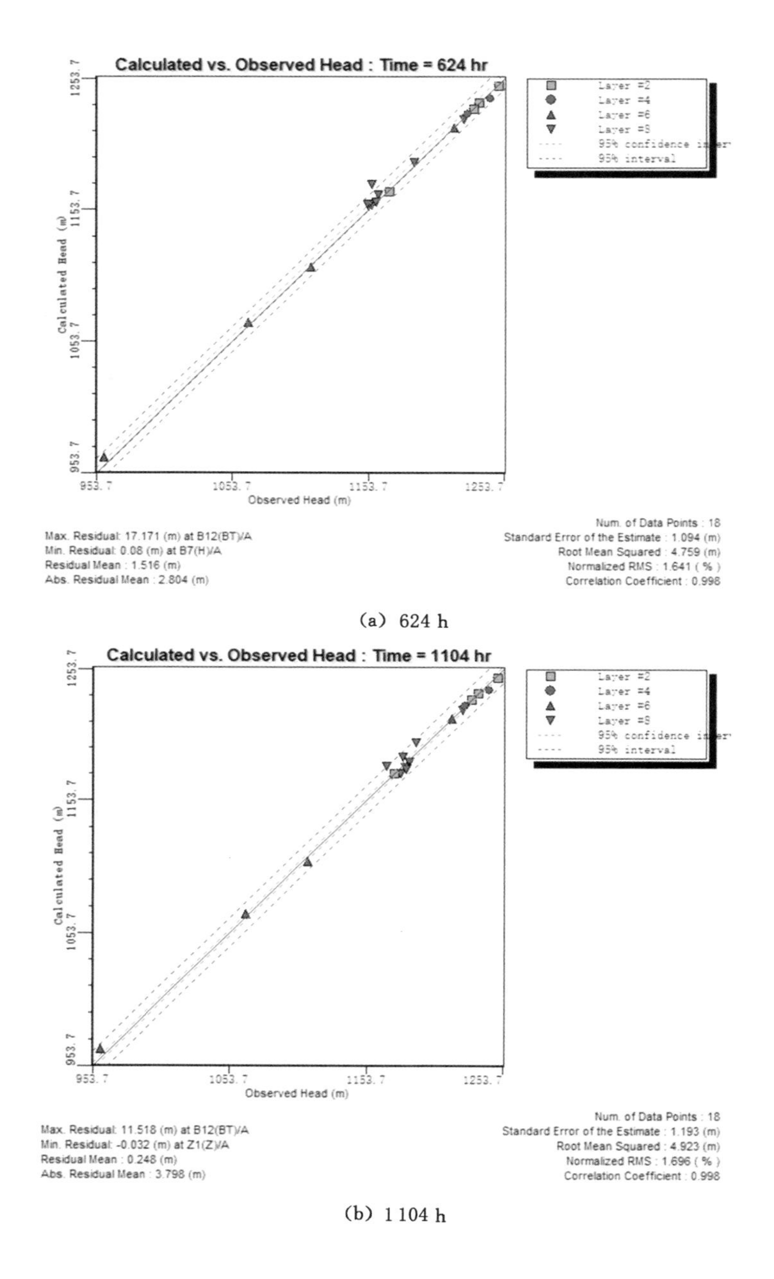

(a) 624 h

(b) 1 104 h

图 10-35 单孔放水试验模型计算值与观测值的偏离误差分析图

由表 10-3 可以看出，本次建立的模型标准化均方差是 1.641%和 1.696%，相关系数均为 0.998，这就表示模型与设定的实测近似稳定流场的拟合性比较好，基本上能够反映出研究区地下水系统的空间变化规律。

通过模型的识别，单孔放水试验模拟的水位动态曲线与实测的水位动态曲线达到了较好的拟合效果，两者的动态变化过程也比较吻合。通过关键时间节点的统计数据分析，观测值与计算值的残差较小，相关系数均达到了较高水平。虽然个别观测孔的计算值和实测值有所偏差，但是都能保持在 95%的置信区间内，说明模型的拟合效果较好。同时，在模拟过程中，没有出现明显的误差累积和扩大的趋势，说明数值模型是可靠的，基本上能够反映出研究区地下水系统的空间变化规律。

10.3.2　多孔放水试验非稳定流模型检验

宝塔山砂岩含水层多孔放水试验时间为 2019 年 10 月 8 日 12:00 至 2019 年 11 月 30 日 12:00，历时 1 272 h。F_2 钻孔于 10 月 8 日 12:00 开始放水，10 月 12 日 12:00 增加 F_3 钻孔叠加放水，10 月 16 日 12:00 增加 F_1 和 F_4 两个钻孔二次叠加放水，各放水孔流量变化曲线如图 10-36 所示。11 月 6 日 12:00 关闭所有放水钻孔。其中，放水 696 h，恢复水位 56 h。模型建立过程中，采用该段数据对识别好的模型进行检验，以验证模型各水文地质参数及边界的准确性以及模型运行的稳定性和可靠性，为模型运用于矿井疏放水方案设计及涌水量预测打下坚实的理论基础。

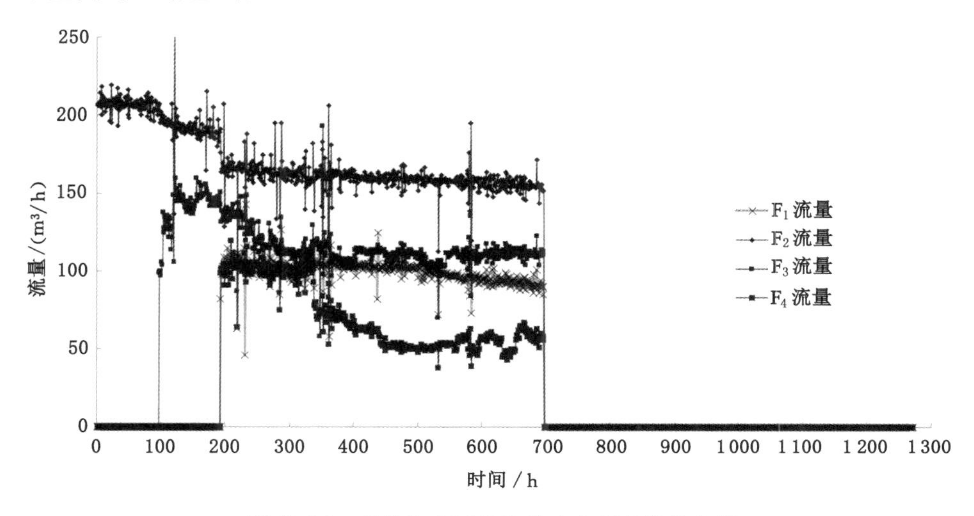

图 10-36　多孔放水试验各放水孔流量变化曲线

检验模型采用单孔放水试验最终恢复流场作为初始水位。按照放水试验观测频率先密后疏的原则，将 1 272 h 放水试验设为 636 个时间段，步长采用“等步长”的方法，部分时段加密，共分为 984 个时段。模型检验的主要数据见表 10-4。

表 10-4　多孔放水试验模型检验主要参数

时间	2019 年 10 月 8 日 12:00 至 2019 年 11 月 30 日 12:00	
流场类型	非稳定流	
放水孔	F_1、F_2、F_3、F_4	
观测孔	白垩系	G_1、B_3、B_5、B_9
	直罗组	Z_1、Z_3、Z_{10}
	煤系	Z_6、Z_7、B_{13}、B_{35}、B_{38}
	宝塔山	B_2、B_4、B_6、B_7、B_{12}、B_{14}、B_{36}、B_{37}、B_{44}、B_{45}
拟合观测孔	白垩系	G_1、B_3、B_5、B_9
	直罗组	Z_1、Z_3、Z_{10}
	煤系	Z_6、B_{13}、B_{38}
	宝塔山	B_2、B_4、B_6、B_7、B_{12}、B_{14}、B_{36}、B_{37}、B_{44}、B_{45}
初始水位	单孔放水试验恢复流场	
应力期	1	
应力期长度	1 272 h	
时间步长	1	

多孔放水试验数值模拟识别结果分析：

① 流场拟合

通过模型运算模拟出的计算流场与实测流场的形状基本一致，拟合较好，以宝塔山砂岩含水层多孔放水结束时刻流场为例，如图 10-37 所示。

② 各观测孔拟合效果及分析

选择各含水层水位观测孔实测水位与模拟计算水位进行拟合，部分水位拟合曲线如图 10-38～图 10-47 所示。

③ 统计数据拟合

按照多孔放水试验流量变化动态，分别对放水试验过程中关键时间节点 696 h(放水停止)及 1 272 h(放水试验结束)的计算值和观测值的偏离误差进行统计(图 10-48、表 10-5)。

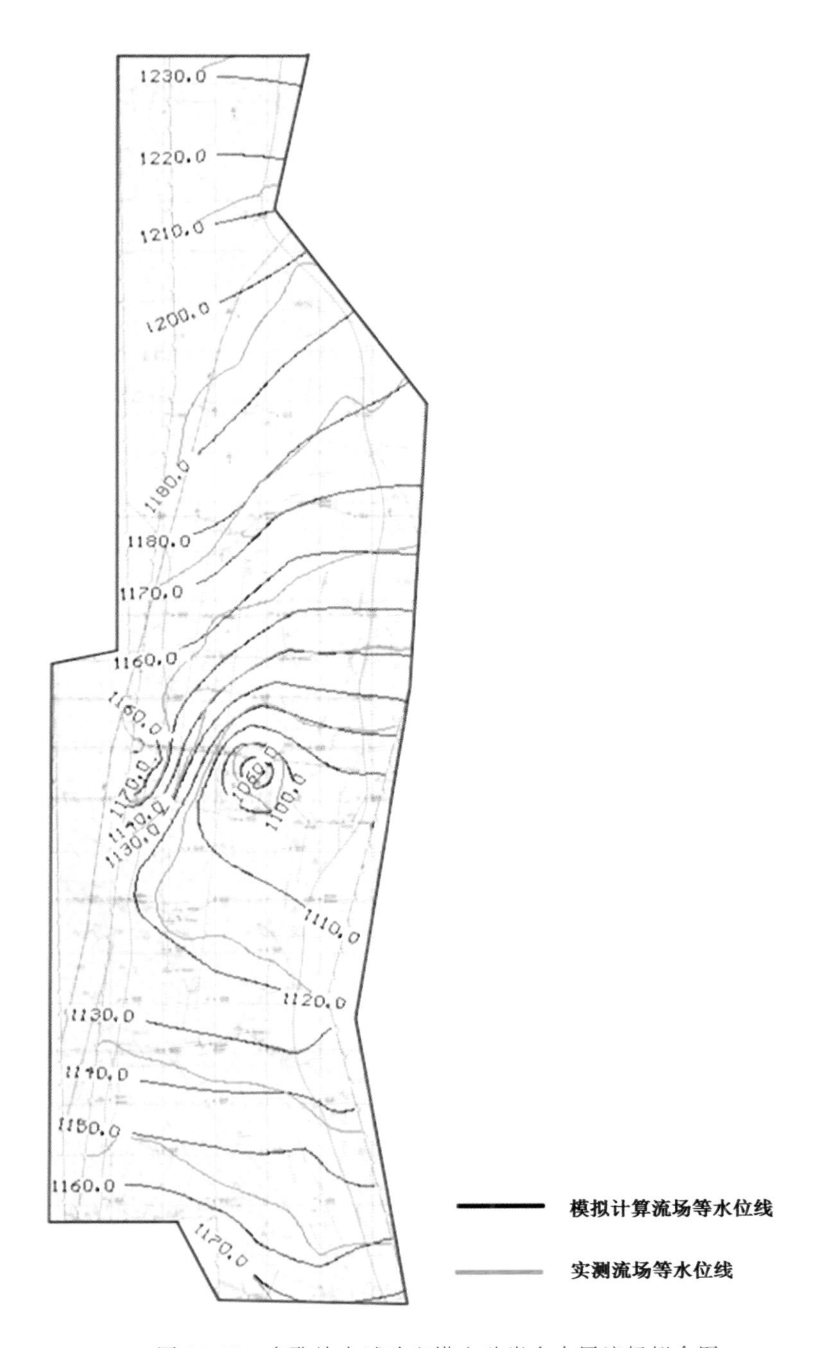

图 10-37　多孔放水试验宝塔山砂岩含水层流场拟合图

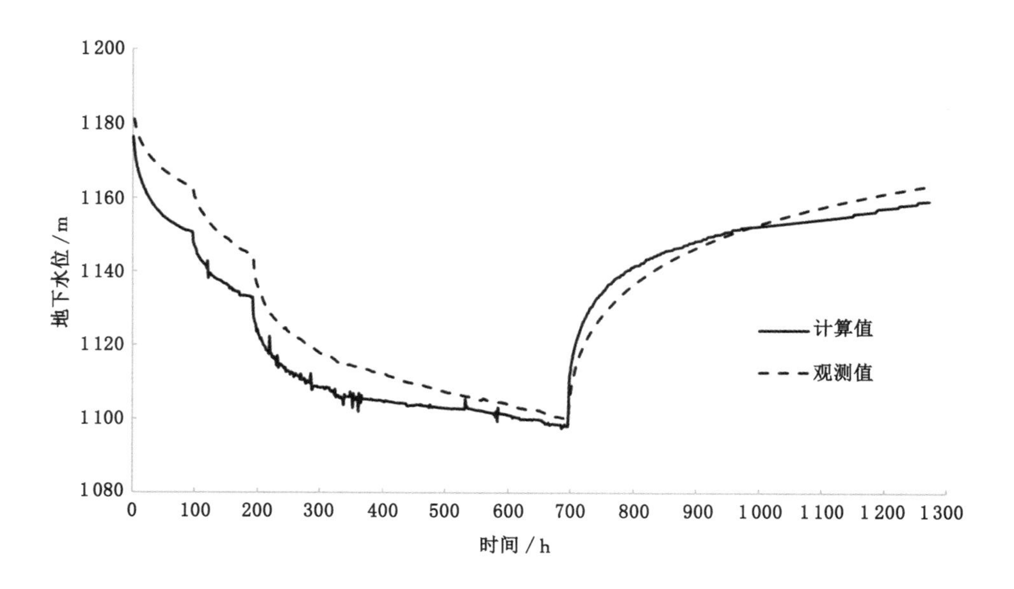

图 10-38　宝塔山砂岩含水层 B_{44} 观测孔计算和观测拟合曲线

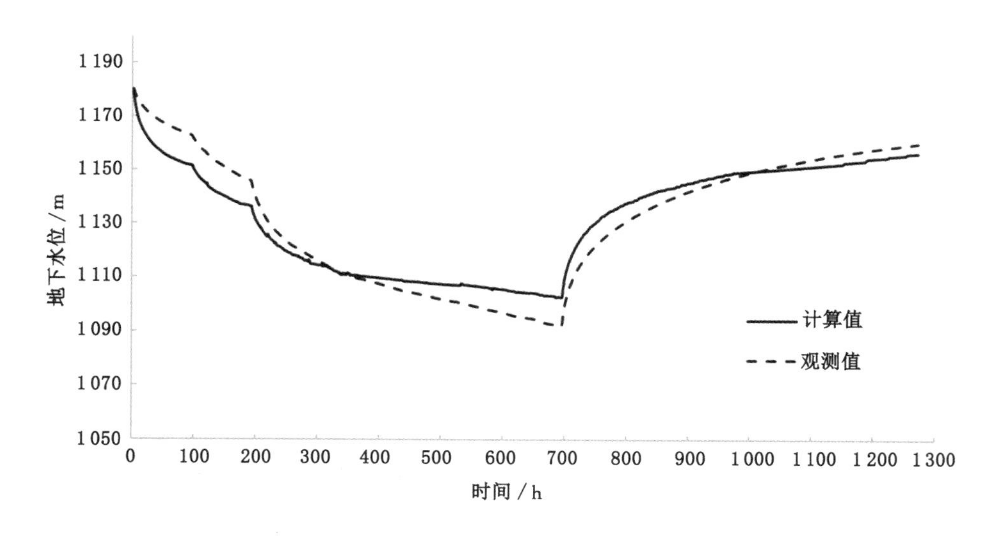

图 10-39　宝塔山砂岩含水层 B_{45} 观测孔计算和观测拟合曲线

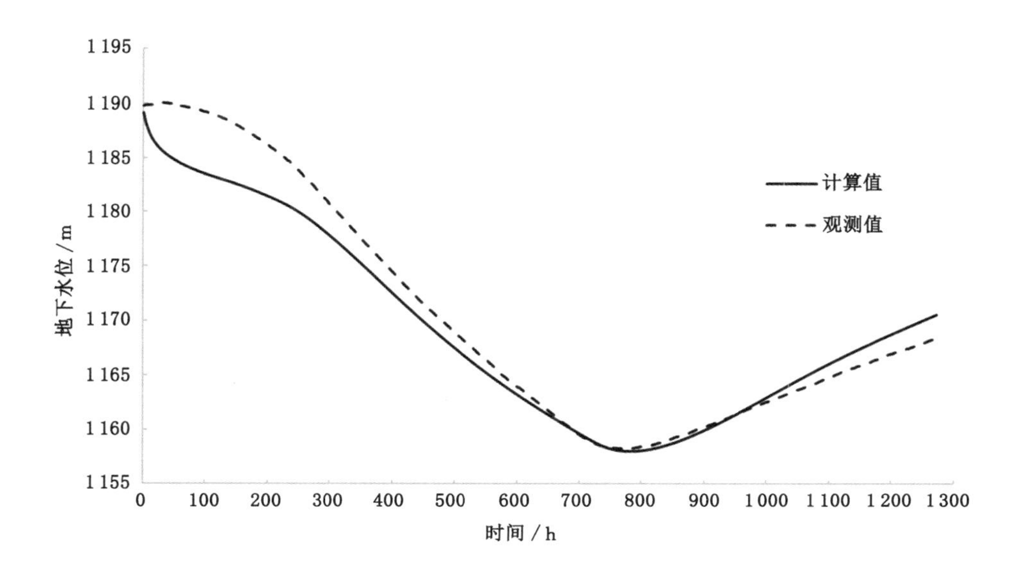

图 10-40　宝塔山砂岩含水层 B_2 观测孔计算和观测拟合曲线

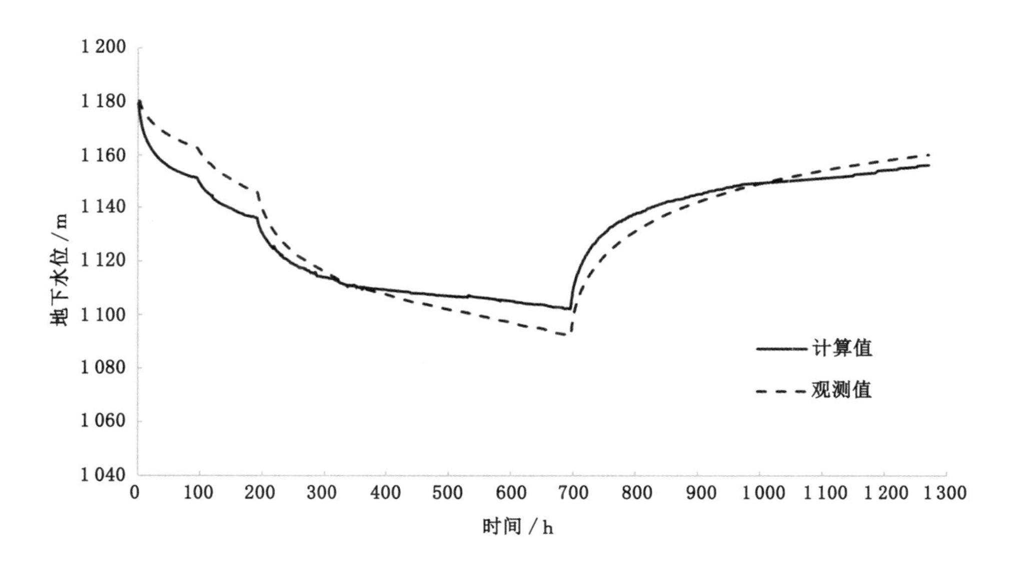

图 10-41　宝塔山砂岩含水层 B_4 观测孔计算和观测拟合曲线

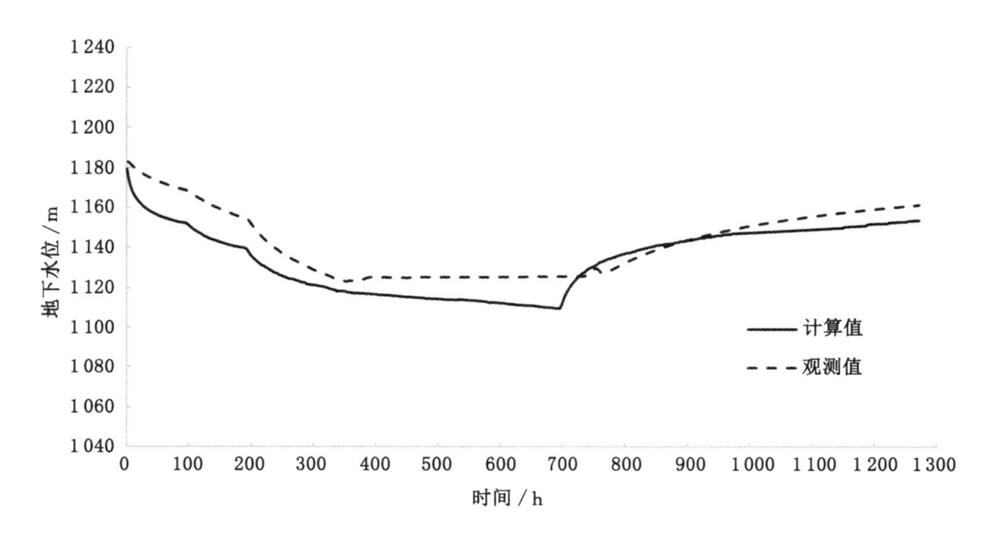

图 10-42 宝塔山砂岩含水层 B_7 观测孔计算和观测拟合曲线

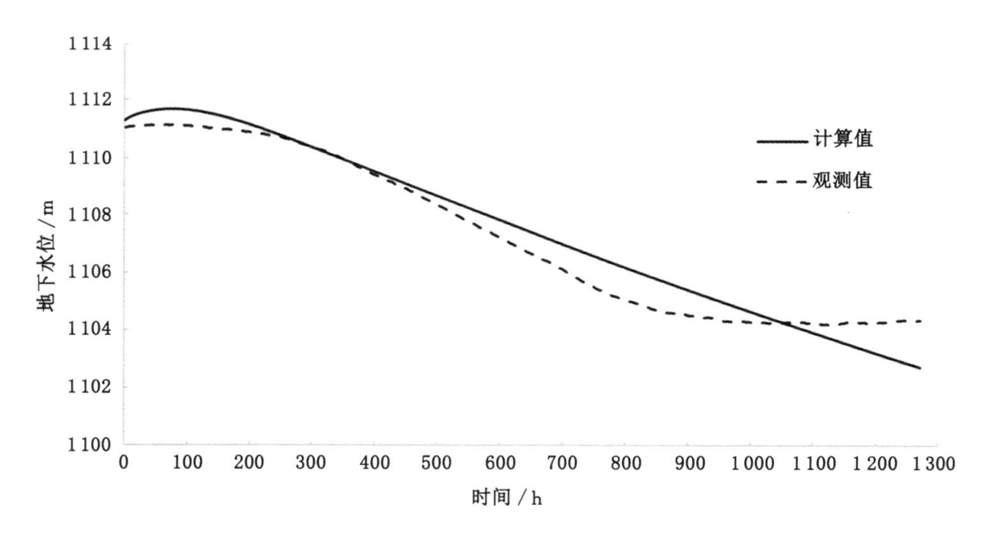

图 10-43 煤系含水层 Z_6 观测孔计算和观测拟合曲线

表 10-5 近似稳定流拟合统计参数表

统计参数		RM	RMS	NRMS	CC
数值	696 h	−0.156 m	8.201 m	2.813%	0.994
	1 272 h	1.013 m	7.316 m	2.506%	0.995

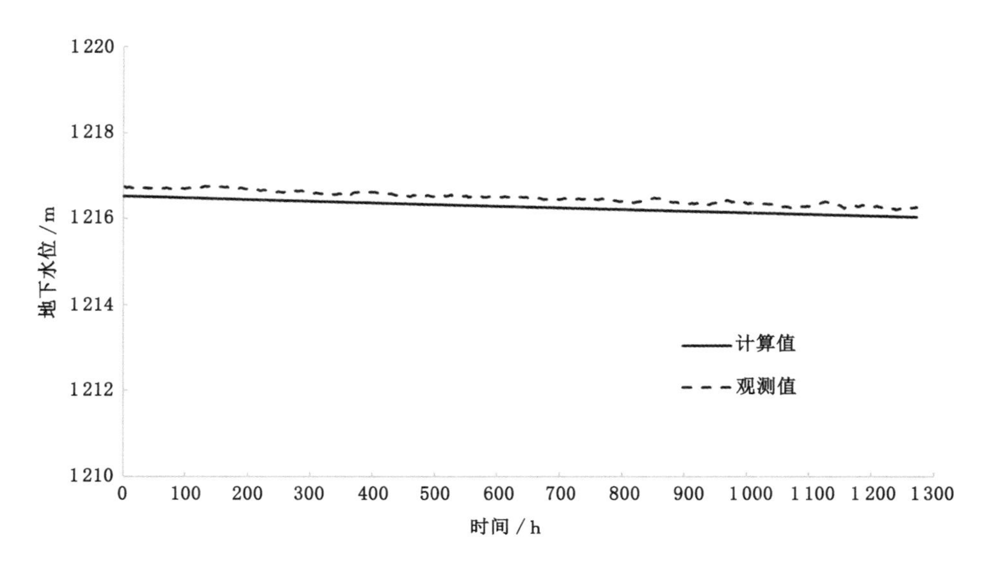

图 10-44　煤系含水层 B_{38} 观测孔计算和观测拟合曲线

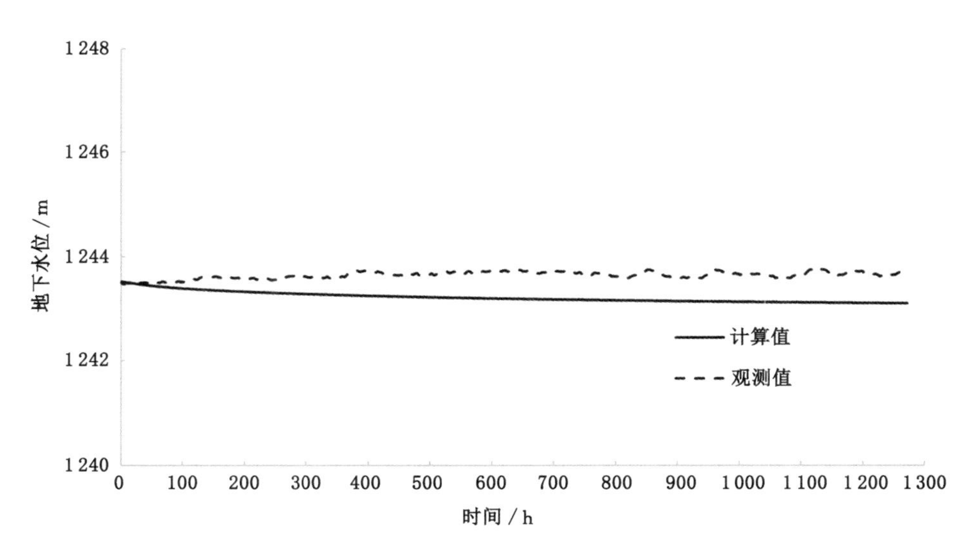

图 10-45　直罗组含水层 Z_{10} 观测孔计算和观测拟合曲线

由表 10-5 可以看出，本次建立的模型标准化均方差是 2.813％和2.506％，相关系数为 0.994 和 0.995，这就表示模型与设定的实测近似稳定流场的拟合性比较好，基本上能够反映出研究区地下水系统的空间变化规律。

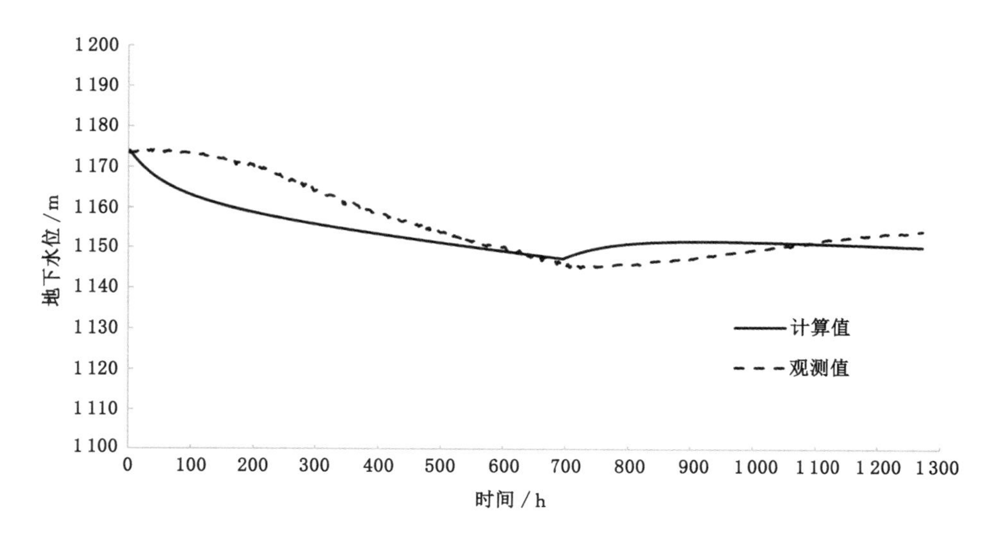

图 10-46 白垩系含水层 B_9 观测孔计算和观测拟合曲线

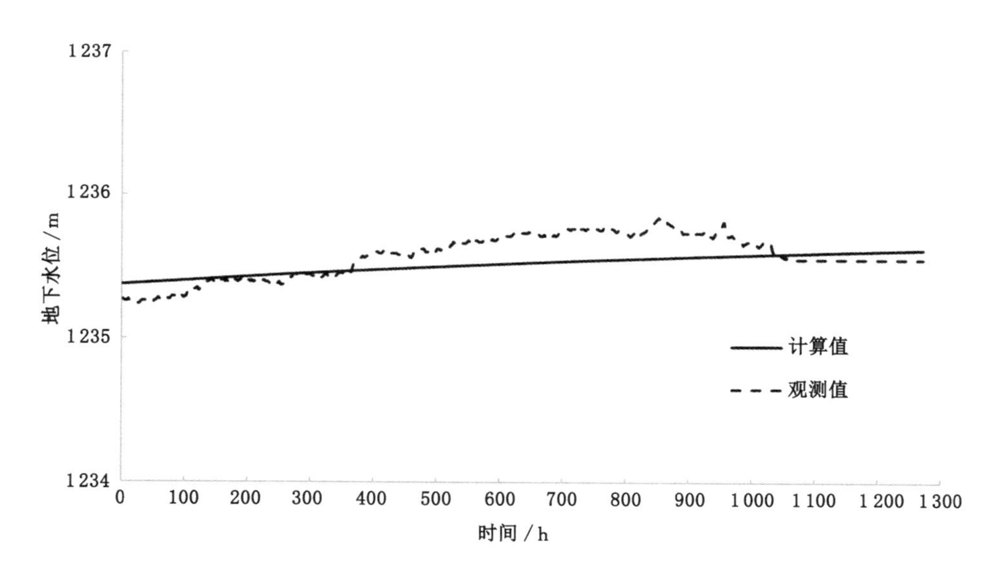

图 10-47 白垩系含水层 B_3 观测孔计算和观测拟合曲线

通过模拟模型拟合图和主要统计数据分析，多孔放水试验模拟计算得到的水位动态变化和实际水位动态变化基本一致，计算水位接近实测水位，两者相差比较小，偏离误差统计数据均在允许的范围内。

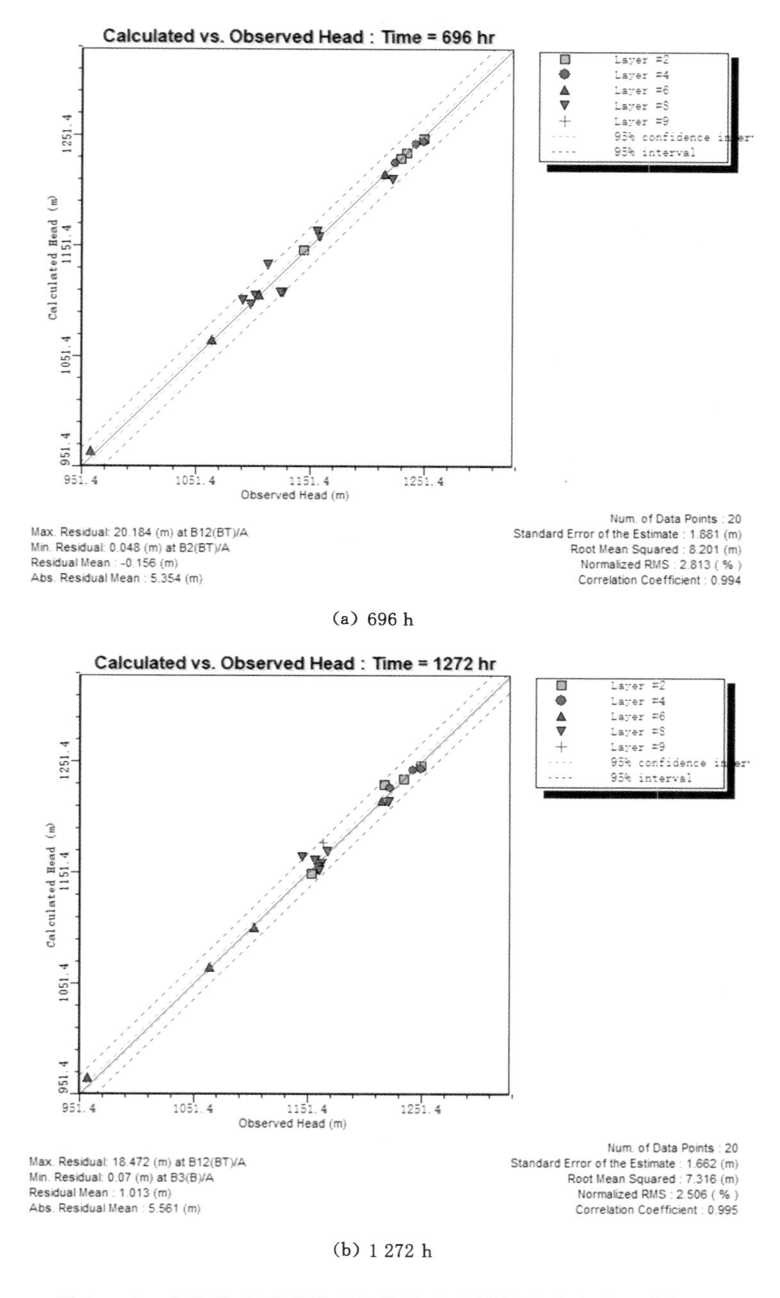

(a) 696 h

(b) 1 272 h

图 10-48　多孔放水试验模型计算值与观测值的偏离误差分析图

从整体拟合效果上讲，各分区计算参数符合水文地质条件，模型计算出来的水位动态与实测水位动态同步升降，计算水位与实测水位相差较小，说明模拟模型能够较准确地刻画实际水文地质条件，模型结构符合实际。

10.3.3 宝塔山砂岩含水层水文地质参数反演及边界验证

水文地质参数“反演”，是数学运算中的解逆问题，即利用水头函数解算地下水均衡方程，而水头函数是一个多元函数，它是均衡场地质条件和均衡条件的表征。解算均衡方程，就是在已知水头函数的条件下，对组成均衡场的各要素进行判别。这种判别在地质上可以理解为对均衡区水文地质条件(包括边界条件)的一次全面验证，其结果可以对条件做出重新认识，其方法是根据观测点的资料来反求水文地质参数与验证边界。

(1) 水文地质参数反演

通过模型的识别与验证获得了新上海一号煤矿宝塔山砂岩含水层的水文地质参数，参数识别分为5个区(图10-49)，水平渗透系数1～3.2 m/d，垂向渗透系数取水平渗透系数的1/10，即0.1～0.32 m/d，储水率为1.3×10^{-7}～2.5×10^{-6}(表10-6)。

表10-6 水文地质参数分区表

分区	K_x/(m/d)	K_y/(m/d)	K_z/(m/d)	S_s/m^{-1}
Ⅰ	3.2	3.2	0.32	1.3×10^{-7}
Ⅱ	1	1	0.1	2.5×10^{-6}
Ⅲ	2.5	2.5	0.25	8.6×10^{-7}
Ⅳ	1.2	1.2	0.12	2.2×10^{-7}
Ⅴ	1.4	1.4	0.14	3.7×10^{-7}

本次地下水系统数值模拟是在充分研究本区地下水系统结构的基础上进行的。模型识别过程中所涉及的物理量是在实际调查和放水试验的基础上确定的，因此在调参时就做到了有规律可循，消除了无目的调试点盲目性，大大提高了调参的置信度。从识别结果来看，地下水系统参数的级别大小及其边界上的水量交换强弱程度和实际系统基本相一致，较好地反映了实际地下水系统的结构与功能特征。

(2) 模型边界条件验证及水均衡识别

通过在模型中设定ZBud模块，模型可以识别出各边界在数值模拟期内各边界的流量状态及整个研究区的水均衡状态(图10-50、图10-51及表10-7)。

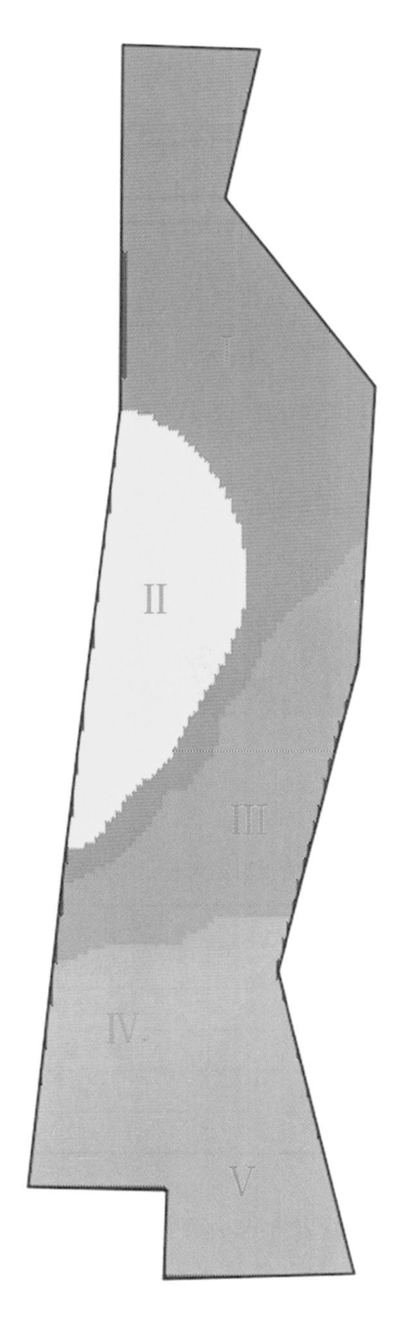

图 10-49　宝塔山砂岩含水层水文地质参数分区图

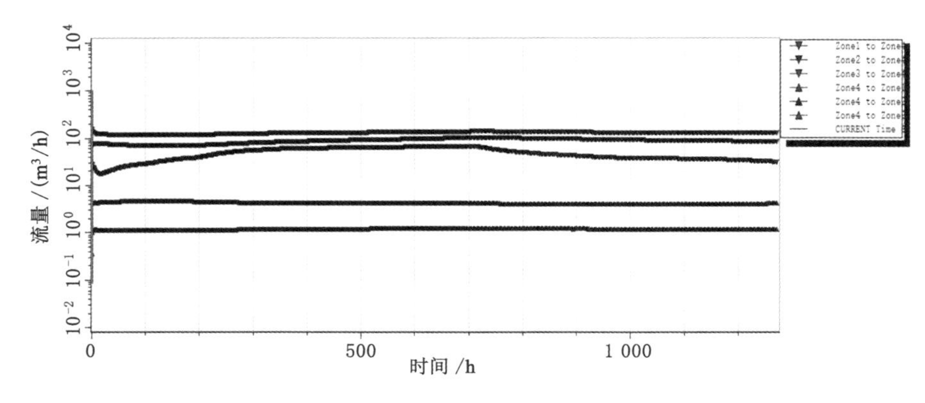

图 10-50　各边界流量变化曲线图

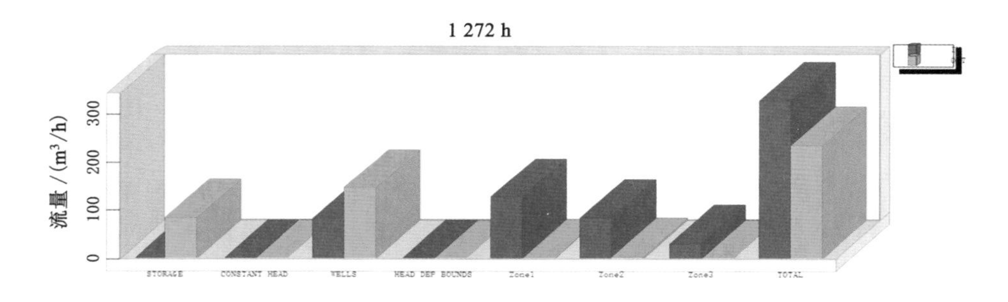

图 10-51　数值模拟期内水均衡图

表 10-7　数值模拟期内含水层水均衡计算

补给量/(m³/d)		排泄量/(m³/d)	
西部边界	1 094.6	东部边界	2 547.2
北部边界	3 542.7	南部边界	968.1
西北边界	7 238.4	放水量	9792
合计	11 875.7	合计	13 297.3
均衡差	−1 421.6		

新上海一号煤矿宝塔山砂岩含水层模拟期补给量主要为西部、北部和西北部边界补给量，排泄量主要为井下各放水点放水量及东部、南部边界的流出量。总体来说，处在一个弱的负均衡状态。

综上所述，通过对数值模型的单孔放水试验识别和多孔放水试验检验，可以认为所建立的新上海一号煤矿宝塔山砂岩含水层地下水流三维非稳定流模型可靠、边界条件概化正确、反演的水文地质参数合理，能够反映研究区地下水动态主要影响因素，比较准确地模拟了地下水水流变化状况，正确地描述了研究区渗流场的本质特征，再现了研究区地下水流场的实际变化规律。其成果可以用于预测工作面涌水量，评价工作面开采前底板水预疏放的可行性和可靠性，拟订和优化含水层疏放水方案，制定有效的防治水措施，指导矿区安全生产。

10.4 疏放水设计约束条件

选取和确定疏放水方案应考虑：

(1) 疏放水方案首要的是利于安全生产，经济合理(以最少资金获得最大疏水效果)，设备易于解决，供电条件便利。

(2) 考虑开发技术条件，疏放水工程的进程应与开拓、开采进程相适应。

井下疏放水孔的布置应考虑：

(1) 疏放水时，疏放水水头高度不能低于疏放孔开孔高程。

(2) 钻孔疏放水量与矿井排水设施的排水量要相适应。

(3) 为了不断维持向外的扩大降落漏斗，疏放水不能中断。

(4) 不管选用哪种疏放水方案，工作面或相邻区甚至包括整个水文地质单元在内，建立较完善的动态观测网是必不可少的，而且应在疏放前建成。

具体要求及约束条件：

(1) 疏放水范围：18煤层工作面群南北长2 573 m、东西宽1 410 m，则宝塔山砂岩含水层一分区疏放水面积为3 627 930 m^2。

(2) 18煤层一分区宝塔山砂岩含水层水位降至18煤层工作面群计算安全水位，18煤层工作面群安全水位为770～900 m。

10.5 底板宝塔山砂岩含水层疏放水方案

为了对不同疏放水钻孔对底板宝塔山砂岩含水层疏放水效果进行分析，本次疏放水方案共设置了4种条件：1#钻场疏放水(简称“一号方案”)、1#+2#钻场疏放水(简称“二号方案”)、1#+2#+3#钻场疏放水(简称“三号方案”)、1#+2#+3#+4#钻场疏放水(简称“四号方案”)。下面分别对每种疏放水方案的放水水量、宝塔山砂岩含水层水位降深及疏放水时间进行分析。

10.5.1 1#钻场疏放水方案

在前期的水文地质补充勘探及放水试验工作中，18煤层工作面群疏放水区域附近已有 4 个放水试验钻孔，把此区域作为 1# 钻场，按照放水试验后期每个钻孔疏放水量的平均值(2 000 m^3/d)进行设计放水，基于 Visual MODFLOW，利用建立的宝塔山砂岩含水层地下水流三维数值模型进行预测(图 10-52)。

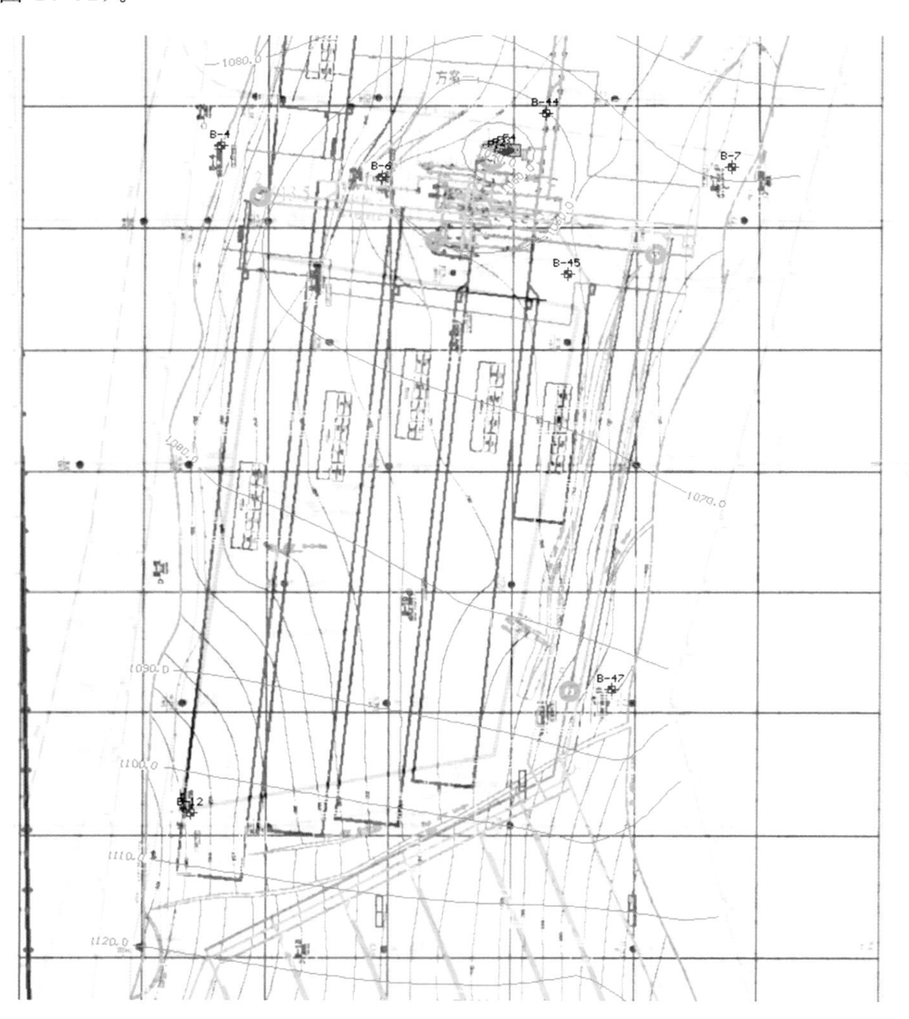

图 10-52　一号方案地下水位预测图

经过模型 730 d 的运行，可以发现虽然 18 煤层一分区的地下水位有了一定程度的下降，但远远没有达到安全水位的要求。降落漏斗主要集中在疏放水钻孔附近且影响范围有限。从空间疏放水分布规律来讲，一分区西北部、西南部地下水位下降较快，而中部和东部区域则下降幅度有限，下降速率规律为：西北部＞西南部＞中部＞东部＞东北部＞东南部。

由一号方案 B_{12} 观测孔（位于 121183 工作面南端）预测水位变化曲线图（图 10-53）可以看出，该点处地下水位下降幅度较小，远未达到其安全水位值。同时可以看出，模型运行 3 480 h（145 d）后，整个渗流场就趋于稳定，水位不再下降，故一号方案达不到疏放水设计要求。

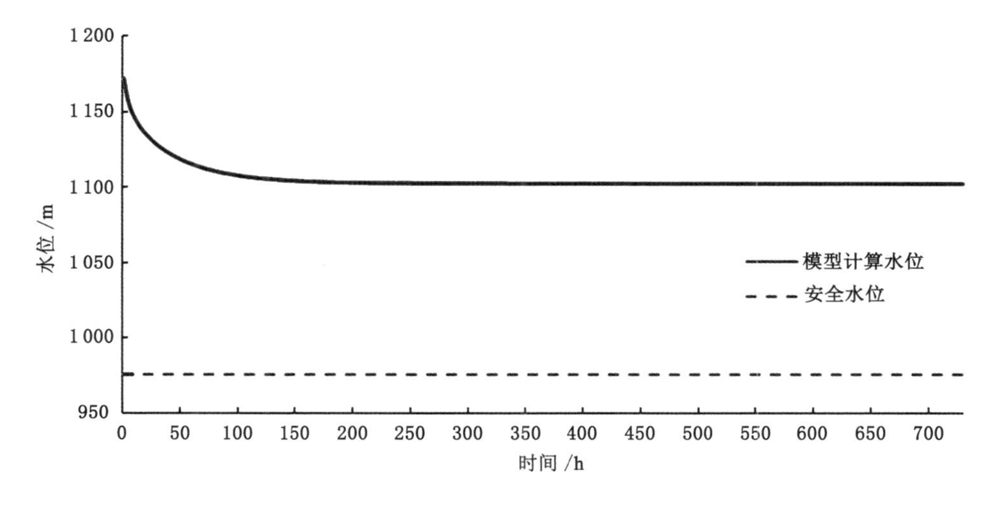

图 10-53　一号方案 B_{12} 观测孔预测水位变化曲线

由图 10-54 可以看出，一号方案仅有 1# 钻场 4 个钻孔对宝塔山砂岩含水层进行疏放水，经过 145 d 后，18 煤层一分区大部分区域突水系数大于 0.1 MPa/m，局部小范围区域突水系数为 0.06～0.1 MPa/m，说明 18 煤层一分区整体受底板宝塔山砂岩含水层的水害威胁较大。

10.5.2　1# ＋2# 钻场同时疏放水方案

在一号方案的基础上，在 2# 钻场增加 2 个疏放水钻孔，单孔设计疏放水量为 3 000 m^3/d，运用模型进行调试运算。

经模型运行 730 d 后发现，虽然二号方案下一分区宝塔山砂岩含水层地下水位下降幅度较一号方案明显，但一分区大部分仍未达到安全水位的要求，仅在 121183 工作面西北部分地区能降到安全水位以下（图 10-55）。

由二号方案 B_{12} 观测孔预测水位变化曲线图（图 10-56）可以看出，该点处地下水位下降幅度虽有较大提升，但仍远未达到其安全水位值。同时可以看出，模型运行 4 224 h（176 d）后，整个渗流场就趋于稳定，水位不再下降，故二号方案未达到安全水位要求。

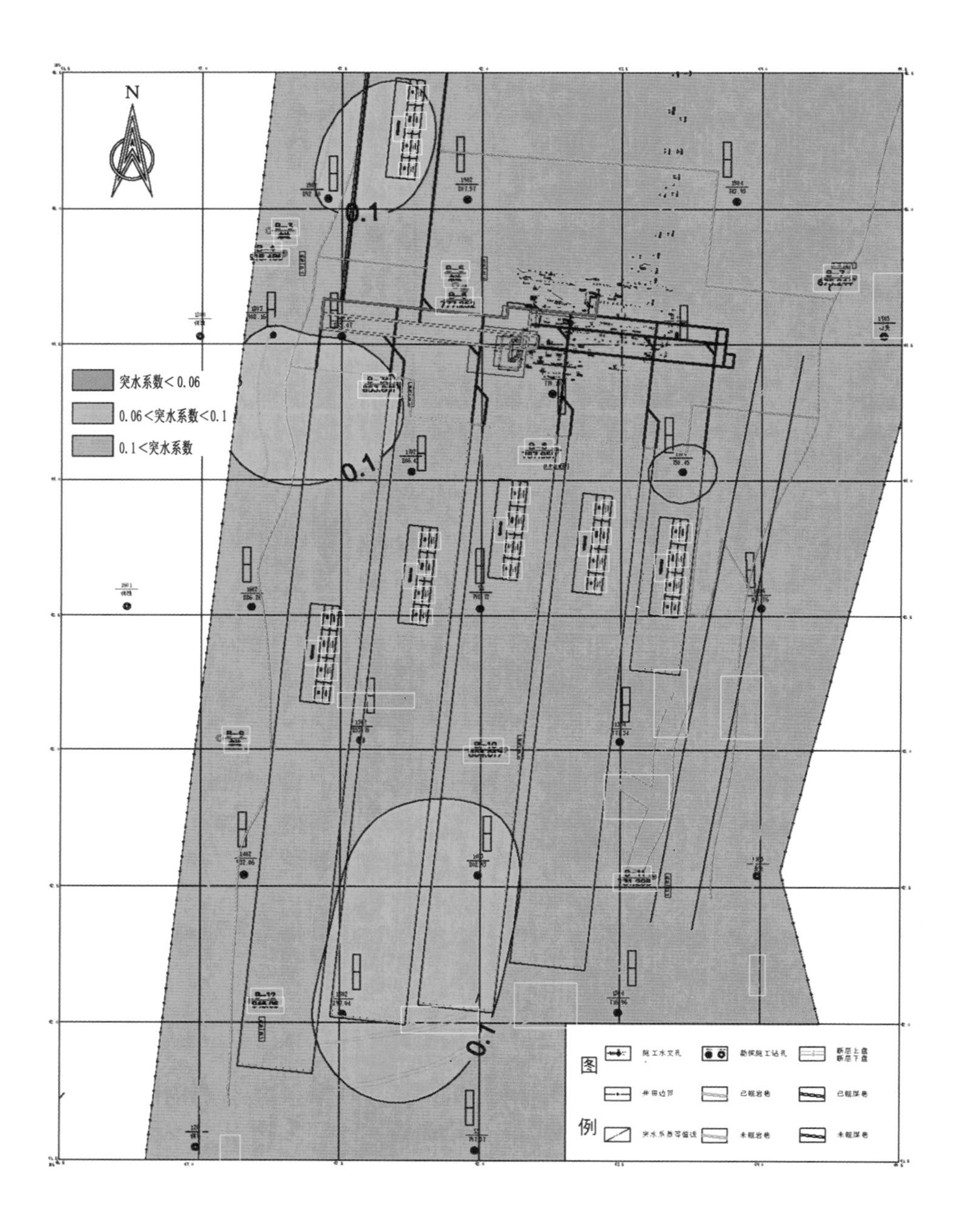

图 10-54　一号方案实施后 18 煤层一分区突水系数等值线图

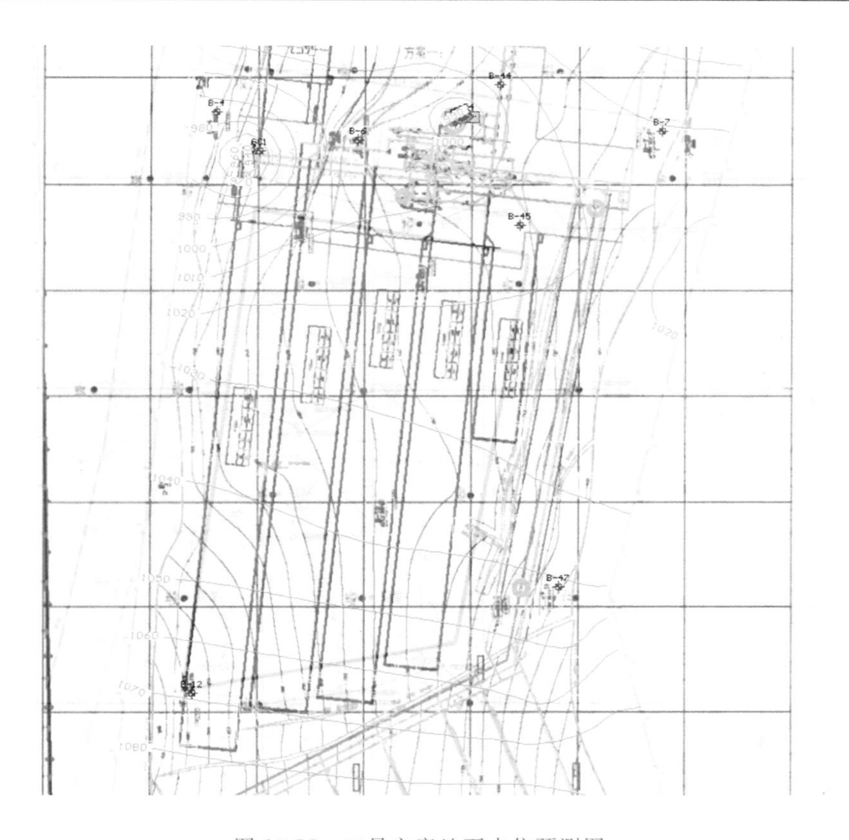

图 10-55　二号方案地下水位预测图

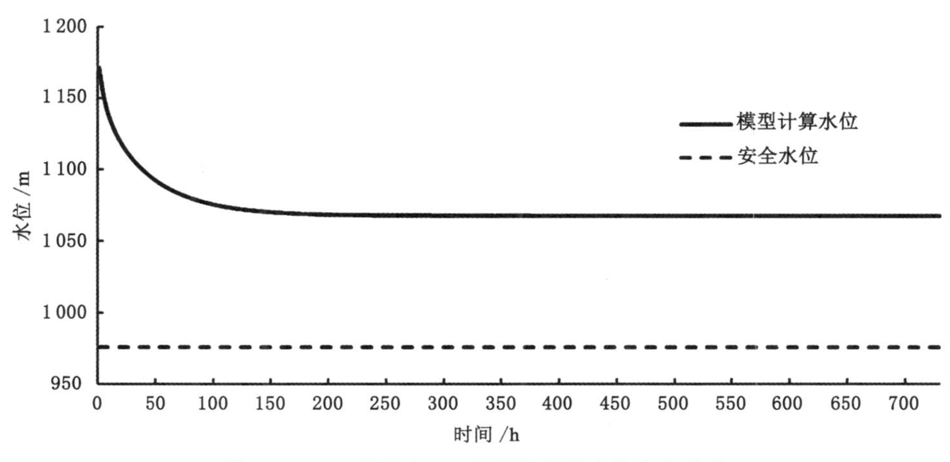

图 10-56　二号方案 B_{12} 观测孔预测水位变化曲线

由图 10-57 可以看出，二号方案包括 1# 钻场 4 个钻孔和 2# 钻场 2 个钻孔对宝塔山砂岩含水层进行疏放水。经过 176 d 后，18 煤层一分区约一半区域突水系数大于 0.1 MPa/m，另一半区域突水系数为 0.06～0.1 MPa/m，说明增加 2# 钻场疏放水后，18 煤层一分区整体受底板宝塔山砂岩含水层的水害威胁有所减小，但是各工作面仍然不同程度受底板水害威胁。

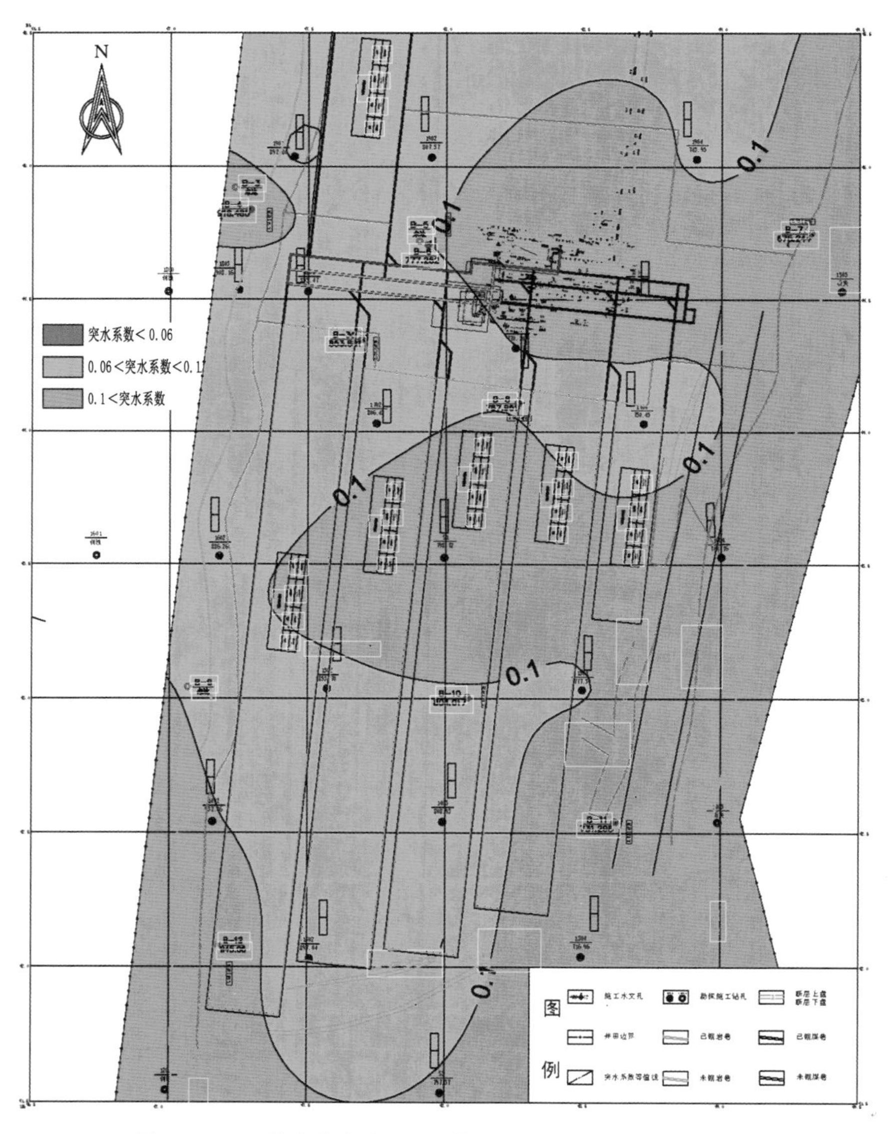

图 10-57　二号方案实施后 18 煤层一分区突水系数等值线图

10.5.3　1# ＋2# ＋3# 钻场疏放水方案

在二号方案的基础上，在 3# 钻场增加 2 个疏放水钻孔，设计单孔疏放水量为 3 000 m^3/d。但在前期的研究和工作实践中发现，该钻场的开孔标高较低（＋775 m），水量、水压均较大，如 3 个钻场同时放水时，该钻场的疏放水钻孔疏放水量很大，对矿井排水系统造成较大压力，故该方案设计为：首先 1# 和 2# 钻场进行疏放水，当宝塔山砂岩含水层水位下降到 2# 钻场的开孔标高后（＋913 m），再进行 3# 钻场的疏放水。

在 3# 钻场增加 2 个疏放水钻孔，在二号方案模型运算的基础上，对 2# 钻场疏放水钻孔的放水时间和疏放水量进行调整，使其运算水位在达到开孔高程后减小其疏放水量，同时 3# 钻场的疏放水钻孔开始疏放水。

经模型运行 730 d 后发现，虽然三号方案下一分区宝塔山砂岩含水层地下水位下降幅度进一步明显，但一分区大部分区域仍未达到安全水位的要求，仅在 121183 工作面西北部、121181 工作面北部等较小区域能降到安全水位以下（图 10-58）。

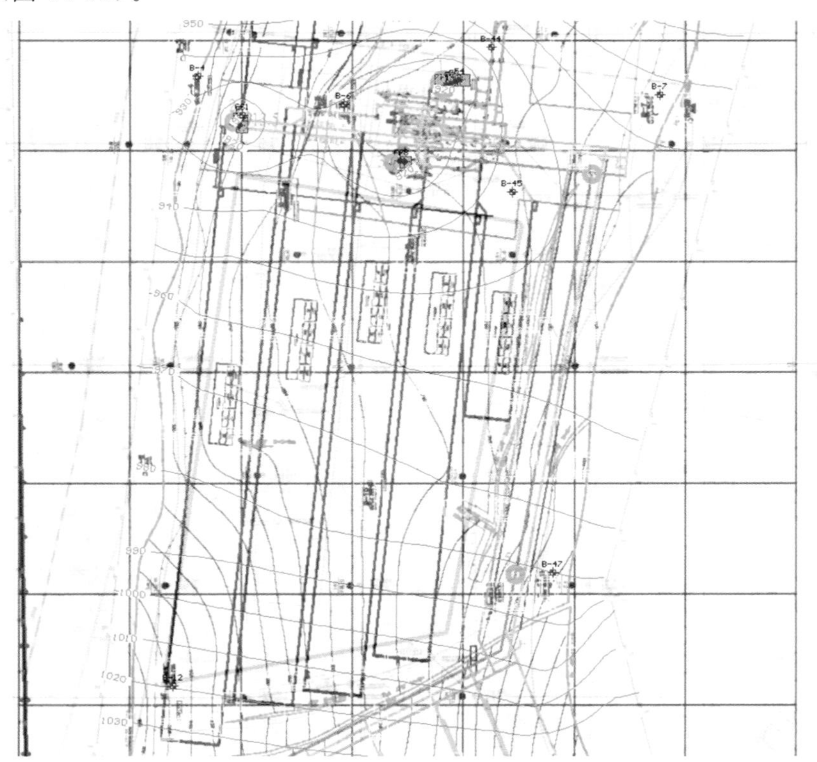

图 10-58　三号方案地下水位预测图

由三号方案 B_{12} 观测孔预测水位变化曲线图(图 10-59)可以看出,该点处地下水位下降幅度有了较大提升,但仍未达到其安全水位值。同时可以看出,模型运行 4 872 h(203 d)后,整个渗流场就趋于稳定,水位不再下降,故三号方案达不到疏放设计要求。

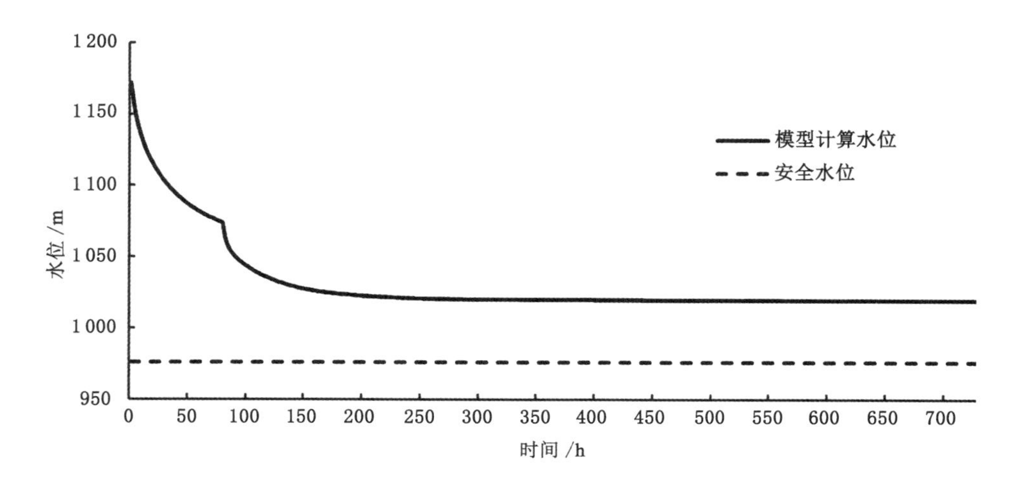

图 10-59 三号方案 B_{12} 观测孔预测水位变化曲线

由图 10-60 可以看出,三号方案包括 1# 钻场 4 个钻孔、2# 钻场 2 个钻孔和 3# 钻场 2 个钻孔对宝塔山砂岩含水层进行疏放水。经过 203 d 后,18 煤层一分区除了小范围区域突水系数大于 0.1 MPa/m,绝大部分区域突水系数为 0.06~0.1 MPa/m,小范围区域突水系数小于 0.06 MPa/m,说明增加 3# 钻场疏放水后,18 煤层一分区整体受底板宝塔山砂岩含水层的水害威胁大幅减小,仅有西翼两个工作面受底板水害威胁较大。

10.5.4 1# +2# +3# +4# 钻场疏放水方案

在三号方案的基础上,继续在 4# 钻场增加 2 个疏放水钻孔,设计单孔疏放水量为 3 000 m^3/d。同时仍采用先 1#、2# 钻场疏放水,降低宝塔山砂岩含水层水头压力后,3#、4# 钻场再疏放水。

在三号方案的基础上,在 4# 钻场增加 2 个疏放水钻孔,通过模型运算,对 2# 钻场疏放水钻孔的放水时间和疏放水量进行调整,使其运算水位在达到疏放水钻孔开孔标高后减小并停止放水,同时 3#、4# 钻场的疏放水钻孔开始疏放水。

模型运行 730 d 后,2# 钻场在模型运算到 2 304 h(96 d)后,水位下降到疏

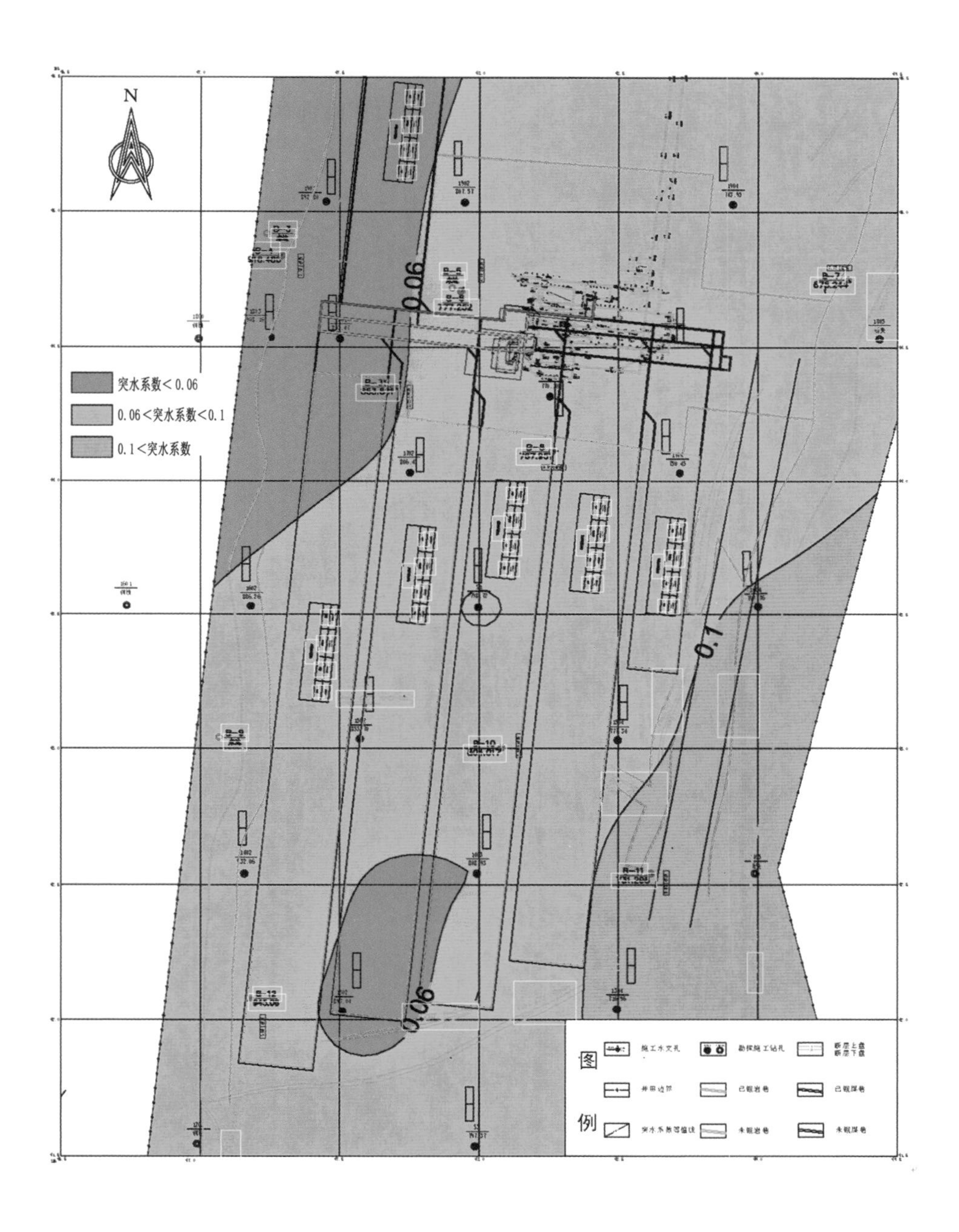

图 10-60　三号方案实施后 18 煤层一分区突水系数等值线图

放水钻孔开孔标高以下，该钻场不再进行疏放水。模型计算渗流场显示，四号方案下一分区宝塔山砂岩含水层地下水位下降幅度较为明显，一分区大部分工作面能达到安全水位的要求以下，仅 122185 工作面东南部区域未能达到安全水位（图 10-61）。

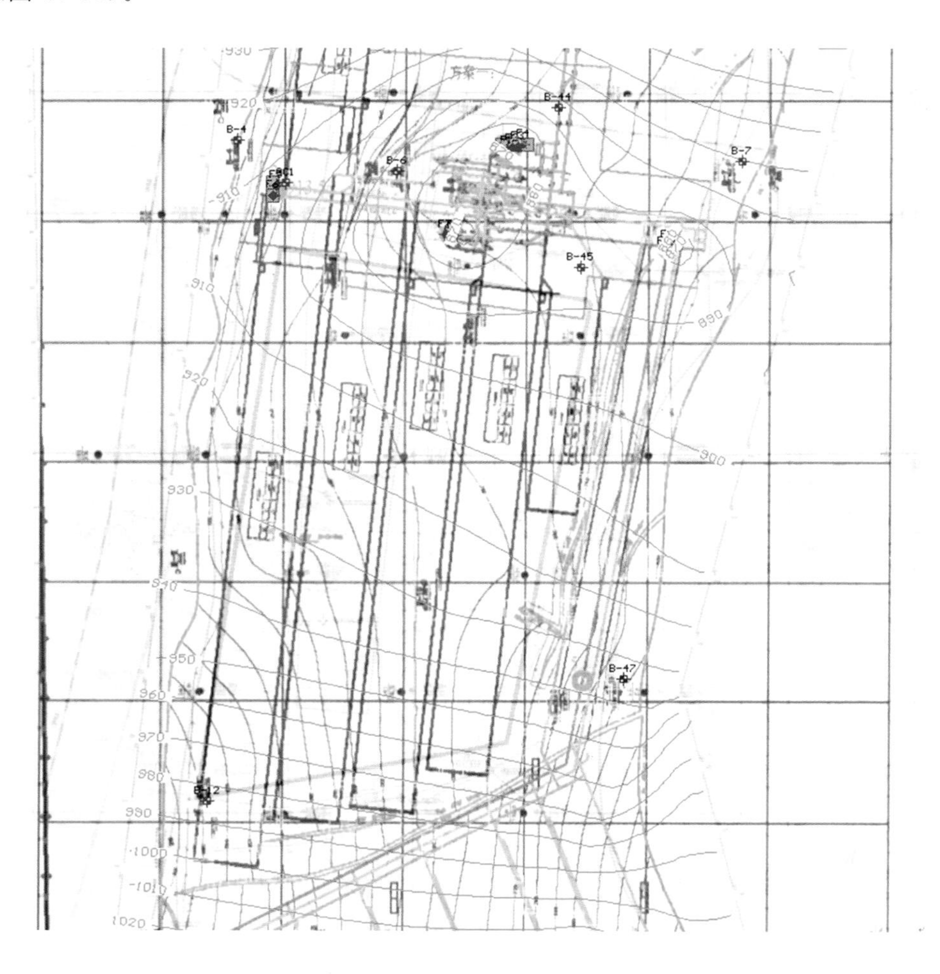

图 10-61　四号方案地下水位预测图

由四号方案 B_{12} 观测孔预测水位变化曲线图（图 10-62）可以看出，该点的地下水位已基本达到其安全水位值，但 121185 工作面附近的 B_{47} 观测孔数据（图 10-63）显示，其未达到安全水位。同时可以看出，模型运行 5 160 h（215 d）后，整个渗流场就趋于稳定，水位不再下降。

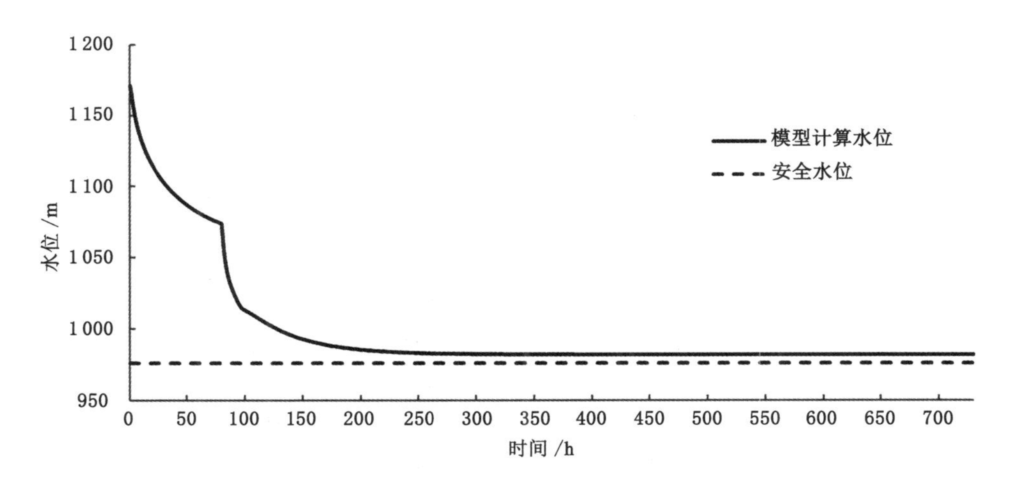

图 10-62　四号方案 B_{12} 观测孔预测水位变化曲线

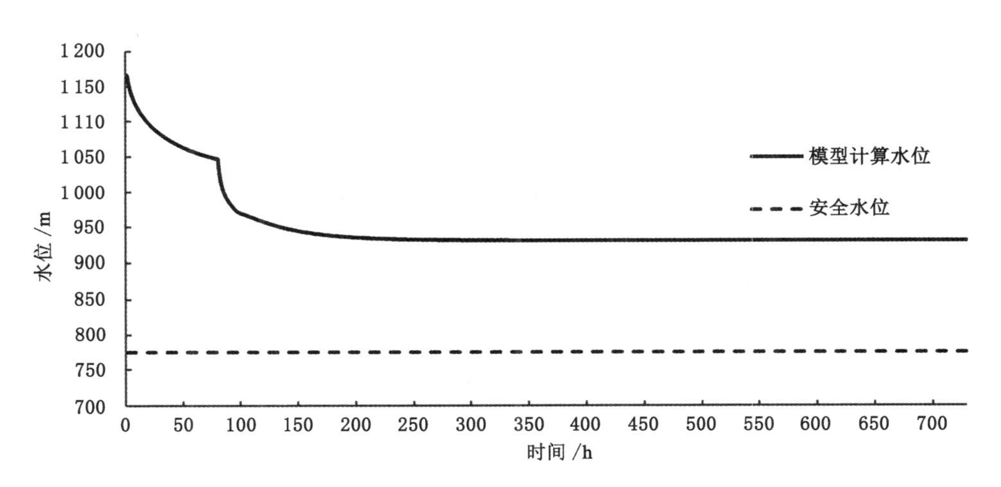

图 10-63　四号方案 B_{47} 观测孔预测水位变化曲线

由图 10-64 可以看出，四号方案包括 1# 钻场 4 个钻孔、2# 钻场 2 个钻孔、3# 钻场 2 个钻孔和 4# 钻场 2 个钻孔对宝塔山砂岩含水层进行疏放水。经过 215 d 后，18 煤层一分区除了小范围区域突水系数大于 0.1 MPa/m，部分区域突水系数为 0.06～0.1 MPa/m，部分区域突水系数小于 0.06 MPa/m，说明增加 4# 钻场疏放水后，18 煤层一分区整体受底板宝塔山砂岩含水层的水害威胁再次大幅减小，仅有西翼两个工作面受一定底板水害威胁。

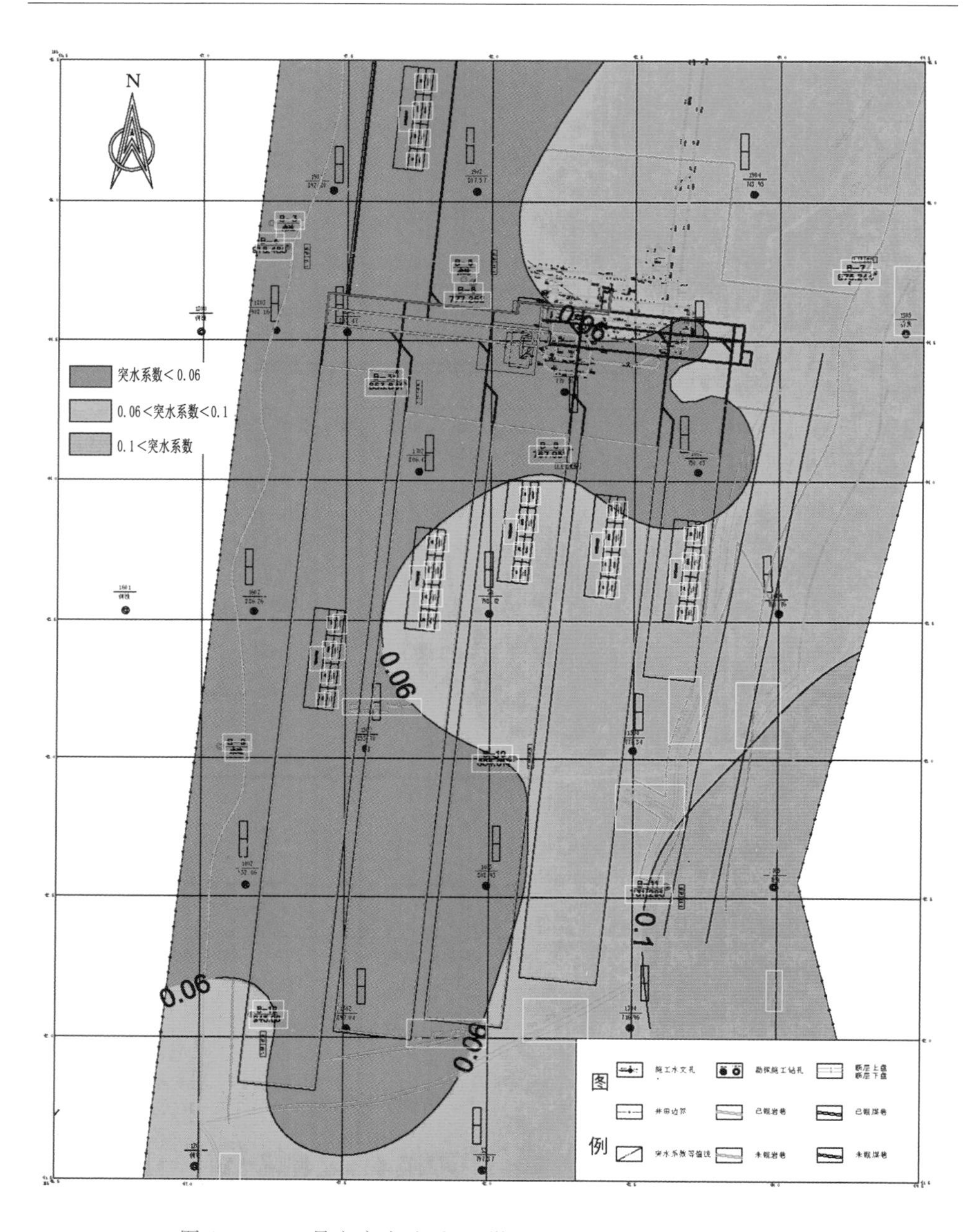

图 10-64　四号方案实施后 18 煤层一分区突水系数等值线图

10.6　各疏放水方案效果分析

本次 18 煤层一分区工作面群疏放水模拟预测，一共设计了 4 种方案，基于 Visual MODFLOW 软件平台，利用检验好的数值模型对 4 种方案的疏放水效果进行了预测，其总结果见表 10-8。

表 10-8　各疏放水方案情况汇总表

疏放水方案	设计疏放水钻场	疏放水效果	疏放水量/(m^3/d)	时间/d	备注
一号方案	1#	未达到	8 000	>730	1#
二号方案	1# +2#	未达到	14 000	>730	1# +2#
三号方案	1# +2# +3#	小部分达到	17 000	203	1# +3# 2# 钻场流量减小
四号方案	1# +2# +3# +4#	大部分达到	0～96 d:26 000 96～215 d:20 000	215	1# +3# +4#， 2# 钻场于 96 d 停止疏放水工作

针对 18 煤层工作面群的实际生产情况，考虑长时间分散疏放加短时间集中疏放的疏水降压原则，根据上一节中 4 个疏放方案的模拟预测分析，设计的 18 煤层工作面群范围内宝塔山砂岩含水层疏水方案如下：疏放层位为宝塔山砂岩含水层，疏放区域范围为 121183、121181、122181、122183、122185 这 5 个工作面构成的工作面群，疏放水位为计算的安全水位。在疏放区范围内设置 4 个疏放水钻场，其中 1# 疏放场为 4 个钻孔，单井放水量为 2 000 m^3/d；2#、3#、4# 钻场均设置 2 个钻孔，单井放水量为 3 000 m^3/d。

四号方案模拟预测结果显示：18 煤层工作面群范围内含水层整体疏放效果较好，疏放水时间合适，疏放水钻孔施工成本在可控范围内，疏放水量能够达到要求，费用较低。

但需要注意的是，18 煤层工作面群范围内宝塔山砂岩含水层疏放水方案必须根据现场情况开展，如果在条件发生变化或者方案可行性不强时，则需要根据实际条件进行方案调整和优化。

10.7 各疏放水方案总疏放水量与水位降深分析

10.7.1 各疏放水方案总疏放水量

根据18煤层一分区宝塔山砂岩含水层4种疏放水方案的疏放水量和时间可以计算出各方案总疏放水量(表10-9)。

表10-9 各疏放水方案总疏放水量

疏放水方案	疏放水量/(m^3/d)	时间/d	总疏放水量/(10^4 m^3)
一号方案	8 000	>730	>584
二号方案	14 000	>730	>1 022
三号方案	17 000	203	345.1
四号方案	0～96 d:26 000 96～215 d:20 000	215	487.6

由表10-9可以看出,一号和二号方案由于疏放水钻场太少,即使疏放时间超过730 d,总疏放水量分别超过584×10^4 m^3和1 022×10^4 m^3,宝塔山砂岩含水层的水位依然没有达到要求,这主要是小范围大流量的疏放水影响范围有限,不能覆盖18煤层一分区,导致无效疏放水量增大,但是水位降深仅局限在疏放水钻场附近。三号方案总疏放水量345.1×10^4 m^3,小范围宝塔山砂岩含水层水位满足要求,但是由于3#钻场自身标高较低,并且距离1#和2#钻场较近,其影响范围依然有限。四号方案总疏放水量487.6×10^4 m^3,使得大范围宝塔山砂岩含水层水位满足要求。

10.7.2 各疏放水方案水位降深

基于数值模型的18煤层一分区宝塔山砂岩含水层水位变化预测结果,绘制各疏放水方案18煤层一分区宝塔山砂岩含水层水位变化曲线图(图10-65)。

由图10-65可以看出,随着疏放水钻场的增加,18煤层一分区宝塔山砂岩含水层各区域地下水水位均有不同程度的下降,其中1个钻场相对无疏放水对地下水水位影响较大,2个钻场和3个钻场对地下水水位影响较小,而4个钻场对地下水水位影响进一步增大,说明4#钻场对降低宝塔山砂岩含水层地下水水位作用较大,同时也证明了对标高较低区域宝塔山砂岩含水层的疏放效果较好。

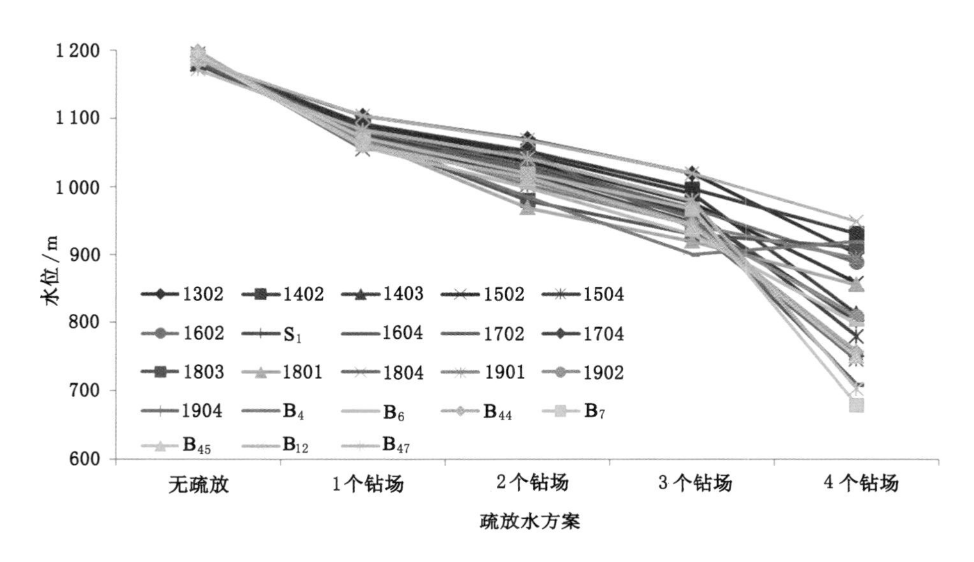

图 10-65 各方案 18 煤层一分区宝塔山砂岩含水层水位变化曲线图

由图 10-66 可以看出,宝塔山砂岩含水层平均水位与各区域水位变化基本一致,随着疏放水钻场的增加,地下水平均水位呈现出逐渐下降的趋势,并且 1 个钻场和 4 个钻场对地下水平均水位的影响较大。

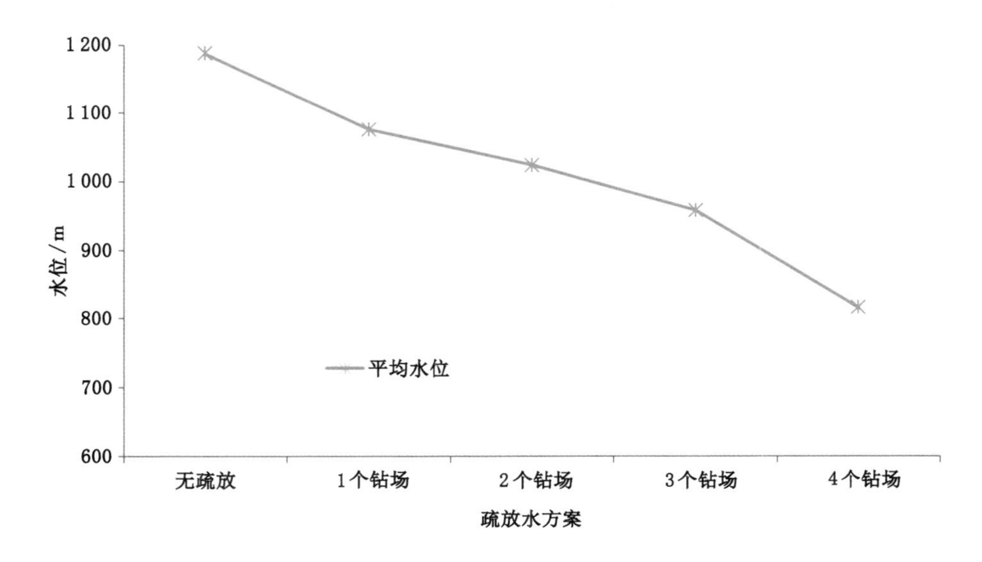

图 10-66 各方案 18 煤层一分区宝塔山砂岩含水层平均水位变化曲线图

参考文献

[1] 王佟,邵龙义.中国西北地区侏罗纪煤炭资源形成条件及资源评价[M].北京:地质出版社,2013.

[2] 董书宁,虎维岳.中国煤矿水害基本特征及其主要影响因素[J].煤田地质与勘探,2007,35(5):34-38.

[3] 虎维岳,田干.我国煤矿水害类型及其防治对策[J].煤炭科学技术,2010,38(1):92-96.

[4] 武强,王洋,赵德康,等.基于沉积特征的松散含水层富水性评价方法与应用[J].中国矿业大学学报,2017,46(3):460-466.

[5] 武强,许珂,张维.再论煤层顶板涌(突)水危险性预测评价的"三图-双预测法"[J].煤炭学报,2016,41(6):1341-1347.

[6] 孙亚军,崔思源,徐智敏,等.西部典型侏罗系富煤区地下水补径排的同位素特征[J].煤炭学报,2017,42(2):293-299.

[7] 吕玉广,肖庆华,程久龙.弱富水软岩水-沙混合型突水机制与防治技术:以上海庙矿区为例[J].煤炭学报,2019,44(10):3154-3163.

[8] 靳德武.我国煤矿水害防治技术新进展及其方法论思考[J].煤炭科学技术,2017,45(5):141-147.

[9] 马莲净,赵宝峰,徐会军,等.特厚煤层分层综放开采断层-离层耦合溃水机理[J].煤炭学报,2019,44(2):567-575.

[10] 李东,刘生优,张光德,等.鄂尔多斯盆地北部典型顶板水害特征及其防治技术[J].煤炭学报,2017,42(12):3249-3254.

[11] 洪益青,祁和刚,丁湘,等.蒙陕矿区深部侏罗纪煤田顶板水害防控技术现状与展望[J].中国煤炭地质,2017,29(12):55-58,62.

[12] 赵宝峰.工作面受顶板水害威胁程度的模糊综合评价[J].辽宁工程技术大学学报(自然科学版),2018,37(1):27-30.

[13] 吕玉广,齐东合.顶板突(涌)水危险性"双图"评价技术与应用:以鄂尔多斯盆地西缘新上海一号煤矿为例[J].煤田地质与勘探,2016,44(5):108-112.

[14] 吕玉广,李宏杰,夏宇君,等.基于多类型四双法的煤层顶板突水预测评价

研究[J].煤炭科学技术,2019,47(9):219-228.

[15] 高振宇,何渊,任建刚,等.布尔台矿 42201 工作面底板砂岩承压水防治技术[J].煤矿安全,2017,48(S1):43-47.

[16] 贾立城,张子敏,肖新建.鄂尔多斯盆地南部直罗组砂岩的孔渗性特征及其控制因素[J].世界核地质科学,2009,26(3):134-140.

[17] 邢秀娟,柳益群,李卫宏,等.鄂尔多斯盆地南部店头地区直罗组砂岩成岩演化与铀成矿[J].地球学报,2008,29(2):179-188.

[18] 吴兆剑.鄂尔多斯盆地杭东地区直罗组砂岩物源分析与砂岩型铀矿成矿水化学模型[D].北京:中国地质大学(北京),2013.

[19] 李宏涛,蔡春芳,罗晓容,等.鄂尔多斯北部直罗组中烃类包裹体地球化学特征及来源分析[J].沉积学报,2007,25(3):467-473.

[20] 唐建云,郭艳琴,宋红霞,等.定边地区侏罗系延安组延 9 储层成岩作用特征[J].西安科技大学学报,2017,37(6):865-871.

[21] 孟康,金敏波,吴保祥.鄂尔多斯盆地马岭油田侏罗系延安组储层特征研究[J].沉积与特提斯地质,2019,39(3):73-83.

[22] 郭正权,张立荣,楚美娟,等.鄂尔多斯盆地南部前侏罗纪古地貌对延安组下部油藏的控制作用[J].古地理学报,2008,10(1):63-71.

[23] 潘星,王海红,王震亮,等.三角洲平原砂岩差异成岩及其对储层分类的控制作用:以鄂尔多斯盆地西南部殷家城地区延安组为例[J].沉积学报,2019,37(5):1031-1043.

[24] 刘昊娟,王震亮,任战利,等.志丹延安组下部储层特征与物性影响因素[J].西北大学学报(自然科学版),2011,41(3):497-502.

[25] 吴基文,翟晓荣,沈书豪,等.淮北桃园煤矿北八采区太原组灰岩含水层放水试验水质监测成果分析[J].科学技术与工程,2015,15(19):74-79.

[26] 王赫生,李燕,龚健师,等.基于大型放水试验的矿区流场演化规律模拟研究[J].煤炭工程,2012,44(12):105-108.

[27] 高家平,张金陵,丁亚恒,等.基于放水试验过程中的水化学场变化特征研究[J].矿业研究与开发,2018,38(9):46-49.

[28] 杨小刚,叶勇,田茂虎.放水试验在岱庄煤矿下组煤水害防治中的应用[J].西部探矿工程,2007,19(11):92-95.

[29] 潘国营,王佩璐.基于群孔大型放水试验的寒灰水疏放可行性研究[J].河南理工大学学报(自然科学版),2011,30(6):674-678.

[30] 田增林,黄选明,曹海东,等.基于 AquiferTest 的底板放水试验参数计算与评价研究[J].煤炭工程,2018,50(9):96-100.

[31] 邵红旗,曹祖宝,李建文,等.一种放水试验分析方法及其应用[J].水文地质工程地质,2014,41(2):7-12,43.

[32] 赵宝峰,曹海东,马莲净,等.煤层顶板巨厚砂砾岩含水层可疏放性评价[J].矿业安全与环保,2018,45(4):102-105.

[33] 赵宝峰,马莲净.基于多含水层放水试验的顶板水可疏降性评价[J].煤炭工程,2018,50(3):71-74,78.

[34] 荆自刚,李白英.煤层底板突水机理的初步探讨[J].煤田地质与勘探,1980,8(2):51-56.

[35] 王作宇,刘鸿泉.承压水上采煤[M].北京:煤炭工业出版社,1993.

[36] 张金才,张玉卓,刘天泉.岩体渗流与煤层底板突水[M].北京:地质出版社,1997.

[37] 钱鸣高,缪协兴,许家林.岩层控制中的关键层理论研究[J].煤炭学报,1996,21(3):2-7.

[38] 施龙青,宋振骐.采场底板“四带”划分理论研究[J].焦作工学院学报(自然科学版),2000,19(4):241-245.

[39] 武强,张志龙,张生元,等.煤层底板突水评价的新型实用方法Ⅱ:脆弱性指数法[J].煤炭学报,2007,32(11):1121-1126.

[40] 国家煤矿安全监察局.煤矿防治水细则[M].北京:煤炭工业出版社,2018.